物理講義のききどころ　1

# 力学のききどころ

物理講義のききどころ 1

# 力学のききどころ

和田純夫──著

岩波書店

# はじめに

このシリーズは，必ずしも相容れない2つの目標の実現を目指して書き始めた．第1は，受験参考書に負けない「学習者に親切」な教科書を書こうという目標であり，第2は，大学の物理らしい「物理学の本質」が理解できる解説をしようという目標である．

第1の目標をどのように目指したかは，この本を手に取っていただければすぐにわかっていただけるだろう．新しい知識の体系を理解するには，新しい概念を1つずつ頭に入れ，階段を一歩一歩登っていかなければならない．そのためには，どこに階段があるのか，築かなければならない土台は何なのかを見きわめる必要がある．そこでまず，階段の一段一段を示すために，すべての内容を見開き2ページの項目に分割した．次に，その一段を登るためにはどこに力を入れなければならないのかを示すため，項目ごとに［ぽいんと］と［キーワード］を付けた．また，階段がどのようにつながっているのかを示すため，項目間の関係を表わす［チャート］を「この本の使い方」につけた．もちろん説明の仕方も，できるだけ飛躍がないように丁寧にしたつもりである．

読者の皆さんに物理をわかっていただき，試験でいい成績を取っていただきたいというのが筆者の願いであるが，単に問題解法のテクニックばかりでなく，物理学というものがどのように構成されているのか，その全体像も理解した気になっていただきたいとも願っている．これがこの本の第2の目標である．そのために，物理の本質にかかわることは多少面倒なことでも，正面から解説を試みた．学問をする以上はその本質を理解したいと思うのは当然のことである．そればかりでなく，一度本質を理解すれば，具体的な問題の解法もはるかに容易になるという，現実的な利点も忘れてはならない．

この巻で扱う力学の中心課題は，運動方程式というものを解いて物体の運動の様子を計算することである．もちろん個々の問題が解けることも重要だが，どのような原理で問題が解けるのか，また単に答を求めるばかりでなく，その答の性質を一般的な観点から理解するということが，「力学の本質」である．そしてその時に重要なのが，「エネルギー」，「保存則」，「ラグランジュ方程式」といった概念である．この本では，このような概念を学ぶことを「力学の基礎」として第Ⅰ部にまとめた．そしてその応用が第Ⅱ部である．もちろん第Ⅰ部を完全に理解しなくても解ける問題はたくさんある．その関係は［チャート］を見ていただければわかるので，学習のときは必要に応じて，順番を変えて読むのもいいだろう．

このシリーズは，筆者が東京大学教養学部で行なってきた講義が基礎となっている．講義録を作るにあたっては，本学部物理教室の諸先輩の発想を多数借用した．また，特に影響を受けた本として，ランダウ，リフシッツ著『理論物理学教程 力学』がある．この本における力学の見方を，日本の大学教養課程の教科書として合うように書き換えたらどのような本になるかというのが，執筆中常に頭にあったテーマである．すでに世の中には多数の力学の教科書が出版されているが，この本もそれなりの役割を果たすことができればと願っている．

1994年8月3日

和田純夫

# この本の使い方

この本で，特に注目してほしいのは，各章の［ききどころ］，各節の［ぽいんと］と［キーワード］である．まずそこを読んで，そこでは何を学ばなければならないのかを理解し，そして目的意識をもって本文を読んでいただきたい．［ぽいんと］や［キーワード］に書いてあることが具体的にはどういうことなのか，それが理解できれば，式の細かいことでわからないことがあっても，あまり悩まずに先に進むことを勧める（もちろん，後で再度考えてみることは重要だが）．

また次ページに，各章の節見出しを使って，各項目間の関係を示した（チャート図）．ただし，表現は多少簡略化してある．授業の進め方が教師により異なるので，授業の復習のときにどこを読んだらいいか，この図から考えていただきたい．また特定のことだけを早く知りたいと思うときにも，どれだけのことを学んでおかなければならないかがわかる．チャート図で二重線は，主要な流れを意味する．また点線は，無理にそこを通る必要はないが，通ったほうが理解は深まるということを意味する．また矢印で結ばれていない節を参照することもままあるが，その部分は無視しても全体の理解にはさしつかえないはずである．また章末問題には，なるべく詳しい解答を付けた．解けなくても解答を本文の一部のつもりで読んでほしい．

この本のもう1つの特徴は，「ラグランジュ方程式」を多用したことである．これは高校では学ばない概念であるし，大学の教養課程でも必ずしも学ぶとは限らない．しかし3.1節を見ていただければわかるように簡単な式である．そしてこの式を使うことで，さまざまな問題が統一的に把握できる．その醍醐味を学ぼうというのが，この本のねらいでもある．ラグランジュ方程式を学んで，大学の力学がわかった気になれば幸いである．

●記法について

節はたとえば，1.2節などと表わす．これは第1章の2番目の節という意味である．

各節の式には，(1),(2)という数字が付いている．同じ節の式はこの形で引用したが，他の節の式はたとえば(1.2.3)というように引用した．1.2節の(3)式という意味である．

章末問題で，たとえば［1.2節］とあるのは，これは1.2節に関連する問題であることを示す．

# 第I部　力学の基礎

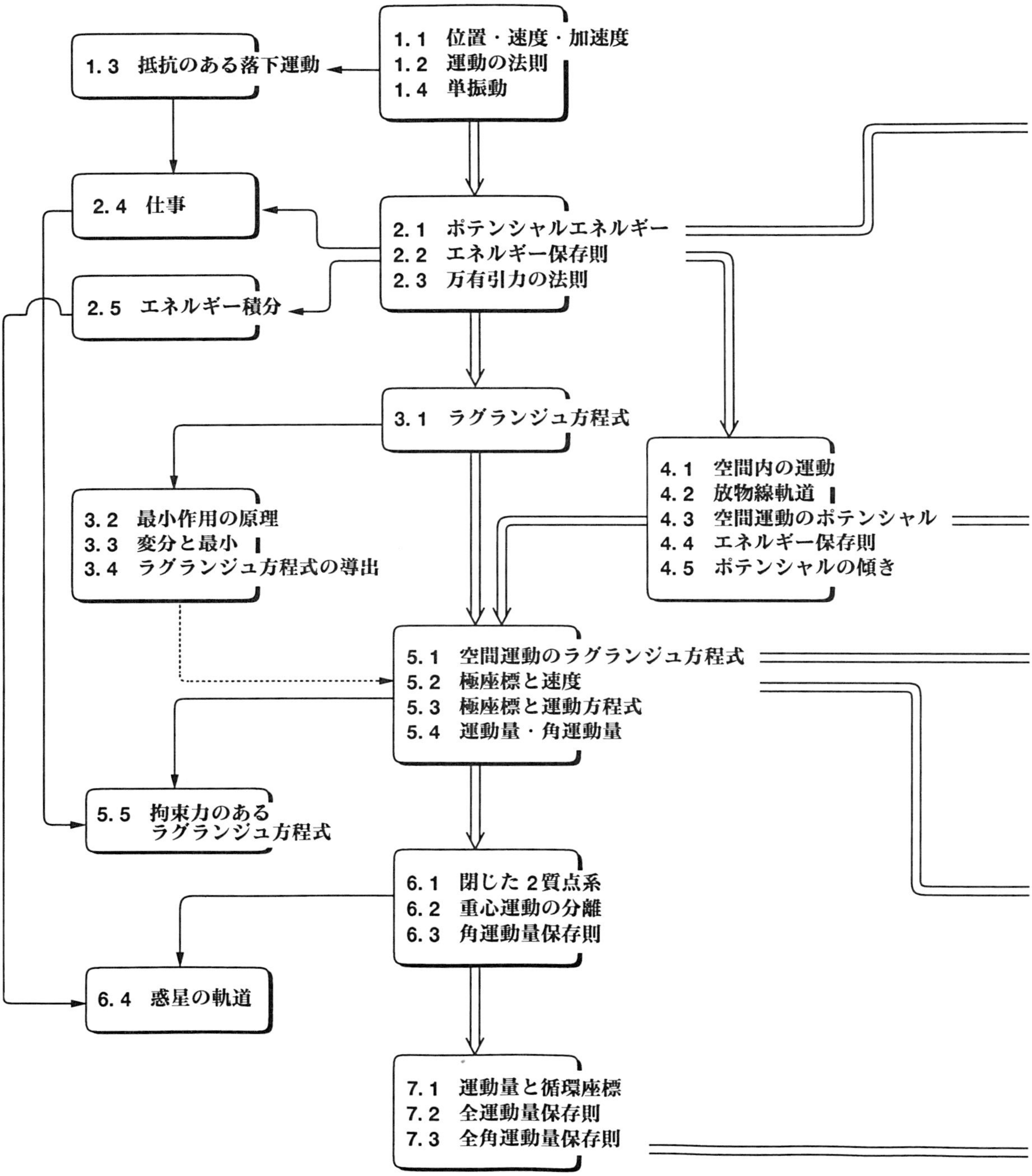
1.1　位置・速度・加速度
1.2　運動の法則
1.4　単振動
1.3　抵抗のある落下運動
2.4　仕事
2.1　ポテンシャルエネルギー
2.2　エネルギー保存則
2.3　万有引力の法則
2.5　エネルギー積分
3.1　ラグランジュ方程式
3.2　最小作用の原理
3.3　変分と最小
3.4　ラグランジュ方程式の導出
4.1　空間内の運動
4.2　放物線軌道
4.3　空間運動のポテンシャル
4.4　エネルギー保存則
4.5　ポテンシャルの傾き
5.1　空間運動のラグランジュ方程式
5.2　極座標と速度
5.3　極座標と運動方程式
5.4　運動量・角運動量
5.5　拘束力のある
ラグランジュ方程式
6.1　閉じた2質点系
6.2　重心運動の分離
6.3　角運動量保存則
6.4　惑星の軌道
7.1　運動量と循環座標
7.2　全運動量保存則
7.3　全角運動量保存則

# 第II部　力学の応用

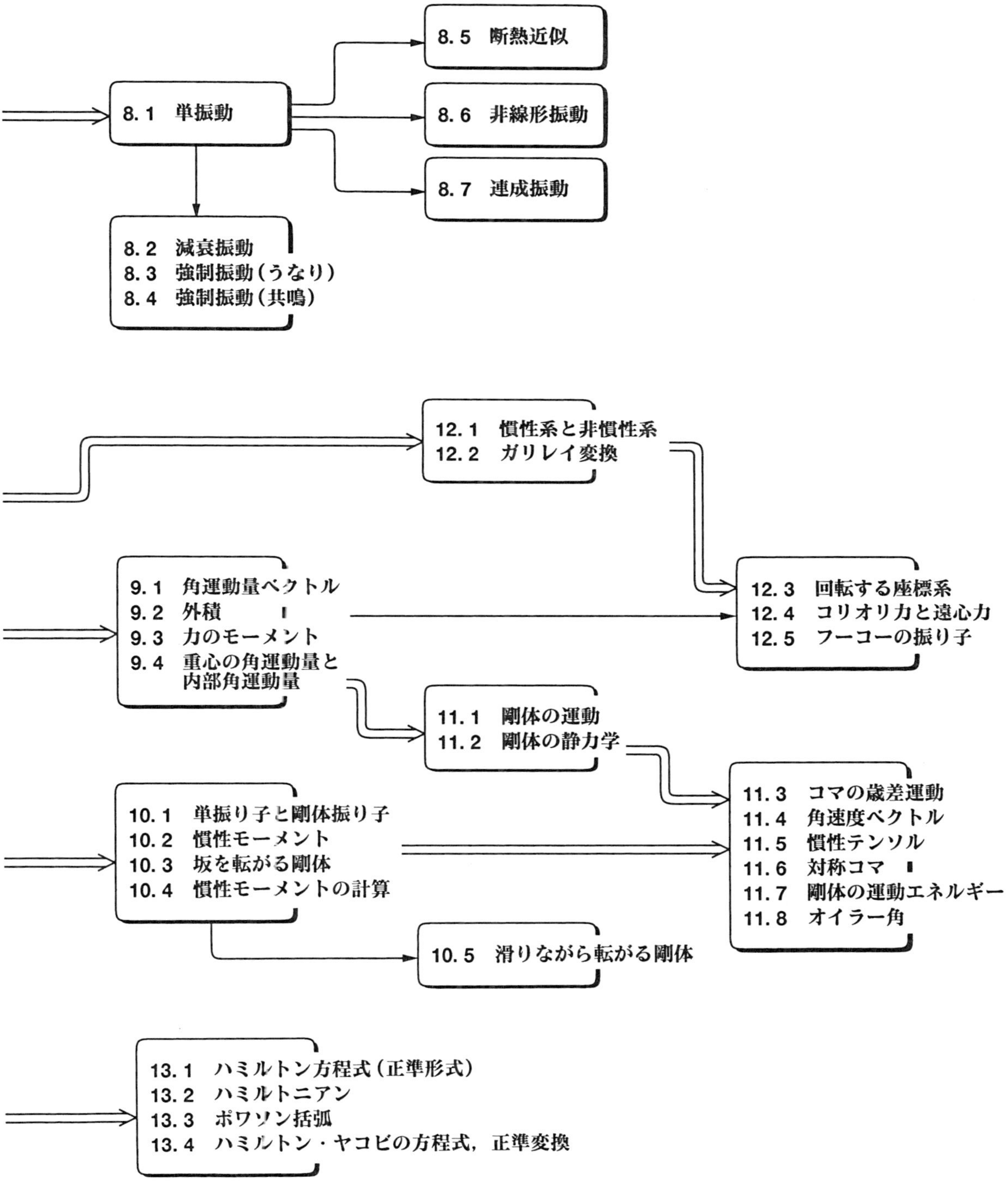
8.1　単振動
8.5　断熱近似
8.6　非線形振動
8.7　連成振動
8.2　減衰振動
8.3　強制振動（うなり）
8.4　強制振動（共鳴）
12.1　慣性系と非慣性系
12.2　ガリレイ変換
9.1　角運動量ベクトル
9.2　外積
9.3　力のモーメント
9.4　重心の角運動量と内部角運動量
12.3　回転する座標系
12.4　コリオリ力と遠心力
12.5　フーコーの振り子
11.1　剛体の運動
11.2　剛体の静力学
10.1　単振り子と剛体振り子
10.2　慣性モーメント
10.3　坂を転がる剛体
10.4　慣性モーメントの計算
11.3　コマの歳差運動
11.4　角速度ベクトル
11.5　慣性テンソル
11.6　対称コマ
11.7　剛体の運動エネルギー
11.8　オイラー角
10.5　滑りながら転がる剛体
13.1　ハミルトン方程式（正準形式）
13.2　ハミルトニアン
13.3　ポワソン括弧
13.4　ハミルトン・ヤコビの方程式，正準変換

# 目　次

# 1

# 質点の1次元的な運動

ききどころ

重さはあるが大きさのない仮想的な物体を「質点」と呼ぶ．大きさのある物体は質点の集合と考えればよいから，質点の運動をまず理解することが力学の基本となる．

質点の状態を表わす量としては，各時刻での位置，速度，加速度などがある．これらは数学的には微分というものを使って関連がつけられる．そしてこの関係を使い，力学の出発点である「ニュートンの運動方程式」というものが表現できる．このことを，質点が直線上を運動しているという最も簡単な状況で説明するのが，第1章の目的である．

ニュートンの運動方程式は，数学的には微分方程式と呼ばれるもので，問題が複雑になるほどその答を見つけるのも難しい．しかし，基本的で実用上も重要な問題には，多項式や三角関数などの，簡単な関数だけを使って解ける問題も多い．それらをいくつか選び，力学の解法の実例を紹介しよう．

# 1.1 位置・速度・加速度

ぽいんと

大きさのある物体は回転したり変形したりするので，その運動は複雑である．そこで力学では，重さはあるが大きさはないもの(**質点**と呼ぶ)の運動を考えることから出発する．

質点の運動の様子は，各時刻での位置が決まれば完全にわかる．しかし普通は，位置はすぐに求まらない．力学の法則でまず決まるのは，位置の変化率を表わす速度，あるいは速度の変化率を表わす加速度である．そこでこの節では，質点が曲がらずに直線の上を運動するという最も単純な例を取り上げ，位置・速度・加速度の関係について説明する．

**キーワード：質点，位置，速度，加速度，等速運動，等加速度運動**

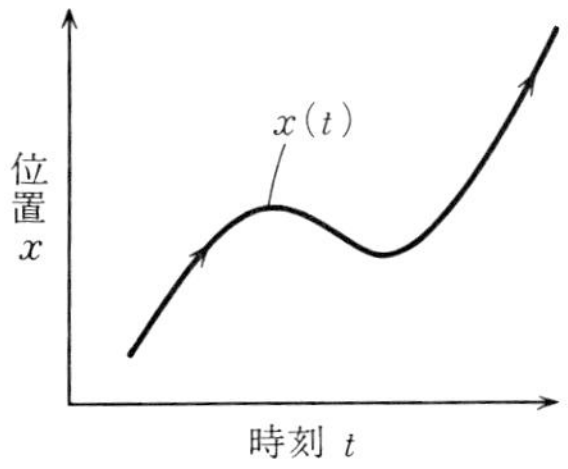


**図1**　質点の運動の表示

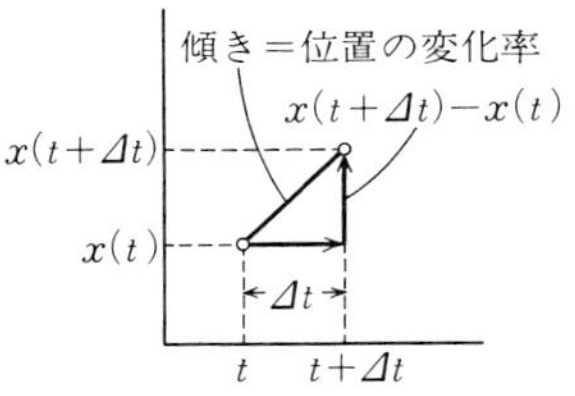


**図2**

▶ $\varDelta t\to 0$ は，$\varDelta t$ を 0 に限りなく近づけていくということを示す．また，その操作を lim (リミット)という記号を使って

$$\lim_{\varDelta t\to 0}$$

と表現する．

## ■時刻と位置

質点が任意の直線上を動くとする．その直線上の**位置**(座標)を $x$ で表わし，時刻 $t$ での質点の位置を $x(t)$ と書く．この質点の動きは，横軸を時刻 $t$，縦軸を位置 $x$ としたグラフで示される(図1)．

一般に質点は直線上を行ったり来たり，速く動いたりゆっくり動いたりするので，グラフは曲線になる．

## ■位置の変化率(速度)

時刻が $t$ から微小な時間 $\varDelta t$ 経過し，$t+\varDelta t$ となったとき，質点が $x(t)$ から $x(t+\varDelta t)$ まで動いたとする．その間の位置の変化率(単位時間当たりの位置の変化)は

$$\text{位置の変化率} = \frac{x(t+\varDelta t)-x(t)}{\varDelta t}$$

である．これはグラフでは，点 $(t, x(t))$ と点 $(t+\varDelta t, x(t+\varDelta t))$ を結ぶ直線の傾きになる(図2)．

時間の経過 $\varDelta t$ を 0 に近づけると，この直線は $(t, x(t))$ でのグラフの接線になる．したがって $\varDelta t\to 0$ の極限では，変化率は接線の傾きになる．これを $t$ での質点の**速度**といい，$v(t)$ と書く．

$$v(t) = \lim_{\varDelta t\to 0}\frac{x(t+\varDelta t)-x(t)}{\varDelta t}$$

この式は，関数 $x(t)$ の $t$ での微分(微分係数)の定義に他ならない．つまり速度 $v(t)$ とは，位置 $x(t)$ の微分だということになる．

$$\textbf{速度}\quad v(t) = \frac{dx(t)}{dt} \tag{1}$$

## ■速度の変化率(加速度)

速度 $v(t)$ は，横軸を時刻，縦軸を速度としたグラフに図示することができる．一般には，速度は時間とともに変化するから，グラフは曲線となる．時刻が $t$ から $t+\Delta t$ まで経過したときの速度の変化率は

$$\text{速度の変化率} = \frac{v(t+\Delta t)-v(t)}{\Delta t}$$

となる．これは，グラフ上の2点 $(t, v(t))$ と $(t+\Delta t, v(t+\Delta t))$ を結ぶ直線の傾きである．$t$ での瞬間的な変化率は，時間の経過 $\Delta t$ を0に近づければ求まる．これは $t$ でのグラフの接線の傾きになる．これを**加速度**といい，$a(t)$ と書く．

$$a(t) = \lim_{\Delta t\to 0}\frac{v(t+\Delta t)-v(t)}{\Delta t}$$

この式は速度 $v(t)$ の微分に他ならない．また $v$ は $x$ の微分であったから，結局

$$\textbf{加速度}\quad a(t) = \frac{dv(t)}{dt}$$

あるいは

▶ $x$ を $t$ で2回微分するとき，このように表わす．これを，$x$ の2階微分と呼ぶ．

$$a(t) = \frac{d}{dt}\left(\frac{dx(t)}{dt}\right) = \frac{d^2x(t)}{dt^2} \tag{2}$$

となる．

[例]　**等速運動と等加速度運動**

質点の位置 $x$ が，時刻 $t$ の2次式で表わされるとしよう(図3)．

$$x(t) = A+Bt+Ct^2 \tag{3}$$

$A, B, C$ は定数(時刻によらない数)である．速度と加速度はこれを微分すれば求まるから

$$v = \frac{dx}{dt} = B+2Ct, \qquad a = \frac{dv}{dt} = 2C \tag{4}$$

加速度が定数となるので，この運動を**等加速度運動**と呼ぶ．

特に(3)が1次式のとき，つまり $C=0$ のときは，(4)からわかるように速度 $v$ が定数になるので，**等速運動**と呼ばれる．

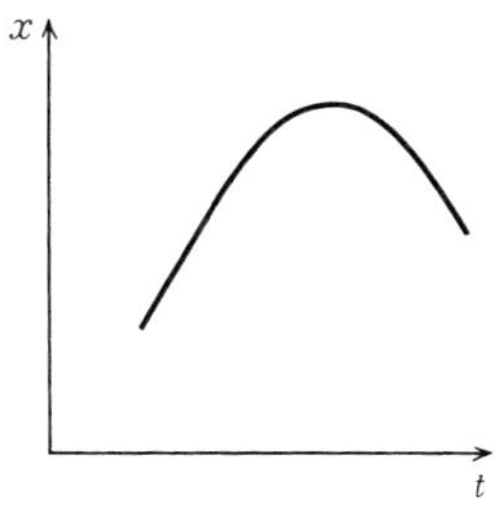


**図3**　等加速度運動
(加速度 $C$ がマイナスのとき)

# 1.2 運動法則とその解法例(重力による落下)

ぽいんと

物体の運動の様子を決めるのが，力学の基本法則である．それにはいくつかの(お互いに同等な)形式が知られているが，歴史的に最も古いものが

質量×加速度 = 力

という**ニュートンの運動法則**(**ニュートンの運動方程式**)である．

前節で述べたように，加速度とは位置を時刻で2回微分したものである．したがって，物体(質点)の位置を求めるには，この式を2回積分しなければならない．この節では簡単な問題を取り上げ，積分の手順を説明する．

**キーワード：ニュートンの運動方程式，重力加速度，初期条件，一般解，特解**

## ■一定の重力中での直線運動

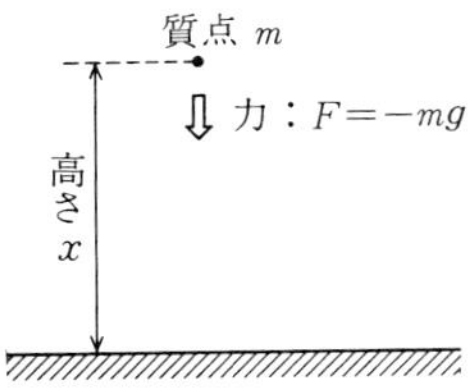


**図1**　重力による落下

**例題**　質量 $m$ の質点が，重力を受けて垂直に落下する運動を考える(図1)．地表からの高さを $x$ で表わす．重力 $F$ は質量に比例し，下向きだからマイナスを付けて

$$F = -mg$$

と書ける．($g$ は比例定数で**重力加速度**と呼ばれる．地表では，場所により多少異なるがだいたい $g=9.8\ \mathrm{m/sec^2}$ である．) したがって運動方程式は，

$$m\frac{d^2x}{dt^2} = -mg \qquad (1)$$

となる．これを解け．

[解法 I]　運動方程式により加速度が決まるので，これを積分し速度を求める．さらに速度を積分すれば位置が求まる．

速度を $v$ とすれば，(1)は(両辺を $m$ で割って)

$$\frac{dv}{dt} = -g$$

と書ける．微分して $-g$ になる関数は，逆に $-g$ を(不定)積分すれば求まる．つまり

$$v(t) = \int(-g)dt = -gt+v_0$$

$v_0$ は積分定数である．これは $t=0$ での質点の速度になるので $v_0$ と書いた．

▶**積分定数**：不定積分をしたときに現われる大きさが任意の定数．不定積分とは，微分すればもとに戻る関数だが，定数は微分するとなくなってしまうので，何でもかまわない．しかし物理の問題では，後で述べるように他の条件から決まる．

速度は位置の微分であるから，

$$\frac{dx}{dt} = v = -gt+v_0$$

これを積分すれば

$$x(t) = \int(-gt+v_0)dt$$
$$= -\frac{1}{2}gt^2+v_0t+x_0 \qquad (2)$$

$x_0$は，やはり積分定数で大きさは任意．これは$t=0$での質点の位置になるので$x_0$と書いた．

［解法Ⅱ］ 運動方程式を見て，その解の形が想像できれば，その形を式に代入して実際に答であることを確かめればよい．

(1)は，$x(t)$を2回微分すると定数(つまり$-g$)になることを意味する．つまり等加速度運動である．2回微分すると定数になる関数は2次式であるから

$$x(t) = A+Bt+Ct^2$$

と書く．$A, B, C$は定数で，運動方程式により決定する．この式を2回微分すると

$$\frac{d^2x}{dt^2} = 2C$$

となるから，(1)と比較して$C=-(1/2)g$であればよいことがわかる．$A$と$B$は何でも構わない．これは(2)の$x_0$と$v_0$に対応する．

## ■任意定数と運動を決定するための条件

▶**一般解と特解**：(1)のすべての解は，任意定数を2個含む(2)の形に書けるので，これを一般解と呼ぶ．2つ条件を与え，この定数の値を決めた答を，(1)の特解と呼ぶ．

上の例で解に任意定数(積分定数)があるが，それは運動方程式だけでは運動の状態は完全には決まらないということを意味する．任意定数は2つなので，運動の状態を決定するには運動方程式以外の条件が2つ必要である．

たとえば(2)からわかるように，$t=0$での質点の位置$x_0$($=A$)と速度$v_0$($=B$)を指定すれば運動は決まる．これを**初期条件**という．

初期条件は$t=0$で指定する必要はない．別の時刻，たとえば$t=t_1$での位置と速度が$x_1, v_1$であったとすれば，解は

$$x(t) = -\frac{1}{2}g(t-t_1)^2+v_1(t-t_1)+x_1 \qquad (3)$$

となる(章末問題1.1)．

初期条件以外でも，適当な条件を2つ与えれば運動を決めることができる．たとえば2つの異なった時刻での位置を決めてもよい(章末問題1.2)．

運動の問題を解くときに，2つの条件は勝手に決められる，しかも決めなければ答は一意的には求まらないということは，ニュートンの運動方程式の重要な性質である．

# 1.3 抵抗のある場合の落下運動

**ぽいんと**

前節の問題を少し複雑にし，落下する質点が抵抗を受けるとする．計算は面倒になるが，前節の解法 I と同様にして解ける．微分方程式を解くための１つの標準的な方法である変数分離法というものを学ぶ．

**キーワード：抵抗力，変数分離法**

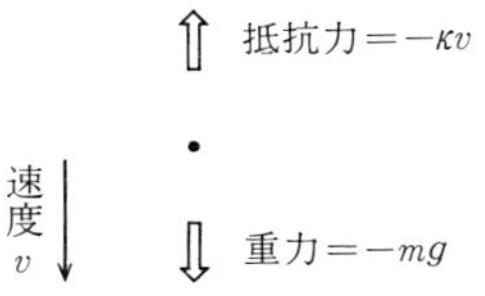


**図 1**　抵抗を受ける落下

**例題**　物体が媒質(気体や液体)中を運動するときには，それらを押しのけながら進まなければならないので，運動方向と逆向きの力を受ける．これを**抵抗力**と呼ぶ．

速度が増せば抵抗力も大きくなる．ここでは簡単な速度に比例する抵抗力を考える(図 1)．比例係数を $-\kappa$（カッパ）とすれば，重力を受けながら落下する質点に働く力 $F$ は

$$F = -mg - \kappa \frac{dx}{dt}$$

となる．$\kappa$ は正の定数で，抵抗力にマイナスを付けたのは，速度と逆の方向に力が働くからである．運動方程式は

$$m\frac{d^2x}{dt^2} = -mg - \kappa\frac{dx}{dt} \tag{1}$$

となる．これを解け．

［解法］　前節の解法 I と同様に，まず積分で速度 $v$ を求める．(1)を $v$ で表わせば

$$m\frac{dv}{dt} = -mg - \kappa v \tag{1'}$$

これを変形すると，

$$\frac{1}{v+\dfrac{mg}{\kappa}}\frac{dv}{dt} = -\frac{\kappa}{m} \tag{2}$$

となる．これを $t$ で積分すると

$$\int \frac{1}{v+\dfrac{mg}{\kappa}}\frac{dv}{dt}dt = \int\left(-\frac{\kappa}{m}\right)dt$$

▶合成関数の積分公式
$$\int f\frac{dv}{dt}dt = \int f dv$$

となるが，合成関数の積分公式を使うと

$$\int \frac{1}{v+\dfrac{mg}{\kappa}}dv = \int\left(-\frac{\kappa}{m}\right)dt \tag{3}$$

これを積分すれば

▶**簡便法**：(2)の両辺に $dt$ を掛けて

$$\frac{1}{v+mg/\kappa}dv = -\frac{\kappa}{m}dt$$

とし，積分記号を付ければ(3)になる．「$dt$ を掛ける」ということに厳密な意味はないが，これで必ず正しい結果が求まる．

▶ $\int \frac{1}{x+a}dx$
$= \log|x+a| +$定数

▶ (1′)を
$\frac{dv'}{dt} = -\frac{\kappa}{m}v' \quad \left(v' \equiv v+\frac{mg}{\kappa}\right)$
とすれば，(4)は理解しやすい．

▶ $\int e^{ax}dx$
$= \frac{1}{a}e^{ax}+$定数

$$左辺 = \log\left|v+\frac{mg}{\kappa}\right| + 定数$$

$$右辺 = -\frac{\kappa}{m}t + 定数$$

「定数」とは積分定数のことで，式ごとに異なる任意の定数である．これより

$$\log\left|v+\frac{mg}{\kappa}\right| = -\frac{\kappa}{m}t + 定数$$

両辺の指数を取れば

$$v+\frac{mg}{\kappa} = \pm e^{(-\frac{\kappa}{m}t+定数)} = (定数)\cdot e^{-\frac{\kappa}{m}t} \tag{4}$$

これで速度が求まった．次にもう一度積分し位置 $x$ を求める．(4)は

$$\frac{dx}{dt} = -\frac{mg}{\kappa} + (定数)\cdot e^{-\frac{\kappa}{m}t} \tag{4′}$$

これを積分すれば

$$x = \int\left\{-\frac{mg}{\kappa} + (定数)\cdot e^{-\frac{\kappa}{m}t}\right\}dt$$

$$= -\frac{mg}{\kappa}t + Ae^{-\frac{\kappa}{m}t} + B \tag{5}$$

となる．$A, B$ は任意定数である．これが(1)の一般解である．

## ■変数分離法

(1′)がなぜ解けたのかを考えてみよう．それは微分方程式が

$$\frac{dv}{dt} = f(v)g(t)$$

という形をしていたからである．$f(v)$ と $g(t)$ はそれぞれ $v$ と $t$ の任意の関数で，(1′)では $f=v+mg/\kappa$，$g=-\kappa/m$(定数) であった．

微分方程式がこの形であるときは，左上で説明した簡便法を使って

$$\frac{1}{f(v)}dv = g(t)dt$$

と書き直し，両辺に積分記号を付ければ

$$\int\frac{1}{f(v)}dv = \int g(t)dt$$

となる．左辺には $v$ しかなく右辺には $t$ しかないので，(原理的には)積分ができる形になっている．$v$ と $t$ を両辺に分離したことが重要なので，**変数分離法**と呼ばれている．(4′)も同じ理由で解けたと考えられる．

# 1.4 単振動

ぽいんと

バネにぶらさがった質点が上下に振動する問題を考える．抵抗力は考えない．この運動は，単振動あるいは調和振動と呼ばれ，物理では，この問題の運動方程式と同じ形の式が頻繁に現われる．解の形を頭にたたき込んでおくこと．

**キーワード：単振動（調和振動），振幅，周期，振動数，角速度（角振動数），初期位相**

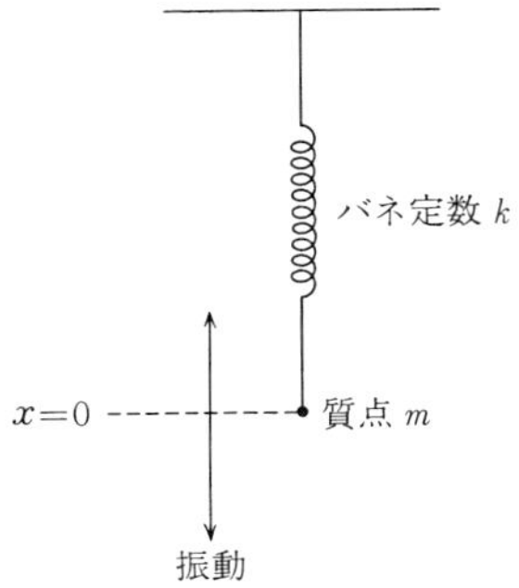

図 1

**例題**　バネの先端に質量 $m$ の質点がぶらさがっている（図 1）．バネの質量は無視できるとする．バネが自然に垂れ下ったときの質点の位置を $x=0$ とする．バネ定数を $k(>0)$ とすれば，質点に働く力は

$$F = -kx$$

となる．$x=0$ からのずれの方向と逆向きの力が働くので，マイナスの符号が付く．運動方程式は

$$m\frac{d^2x}{dt^2} = -kx \tag{1}$$

これを解け．

▶この $\omega$ を角速度と呼ぶ．右ページ参照．

［解法］　$\omega^2=k/m$ とすると

$$\frac{d^2x}{dt^2} = -\omega^2 x \tag{1'}$$

となる．この式の解は，三角関数の微分公式を思い出せば想像がつく．たとえば $x=\sin\omega t$ とすると

▶ $\frac{d}{dx}\sin ax = a\cos ax$
$\frac{d}{dx}\cos ax = -a\sin ax$

$$\frac{dx}{dt} = \omega\cos\omega t, \qquad \frac{d^2x}{dt^2} = -\omega^2\sin\omega t$$

最後の式の右辺は $-\omega^2 x$ に等しいからこの $x$ は(1)の解になる．$x=\cos\omega t$ としても同じことである．そして最も一般的な解（一般解）は

$$x = B\sin\omega t + C\cos\omega t \tag{2}$$

（$B, C$ は任意定数）となる（章末問題 1.6）．この式は

▶三角関数の加法定理より明らかに
$B = A\cos\theta_0$
$C = A\sin\theta_0$

$$x = A\sin(\omega t+\theta_0) \tag{3}$$

とも書ける．この表現では $A$ と $\theta_0$ が任意定数である．

**注意**　上記の解法では，(1)を積分したのではなく，三角関数の知識を利用していきなり解を見つけだした．だから，(2)が一般解である保証はないように思えるかもしれない．しかし，この解は任意定数を 2 つ含んでいるので，一般解であると言える．任意の初期条件（ある時刻での位置と速度の値）を与えたとき，それに応じて 2 つの任意定数の値を適当に決めれば，条件を満たす解が求まるからである．数学では，「微分方程式の解の一意性の定理」と呼ばれることだが，詳しいことはこの本では触れない．（2.5 節で，(1)を積分して解を求める方法を説明する．）

## ■振幅・周期・振動数・角速度・位相

この運動の時刻と位置の関係をグラフで表わすと，図2のようになる．

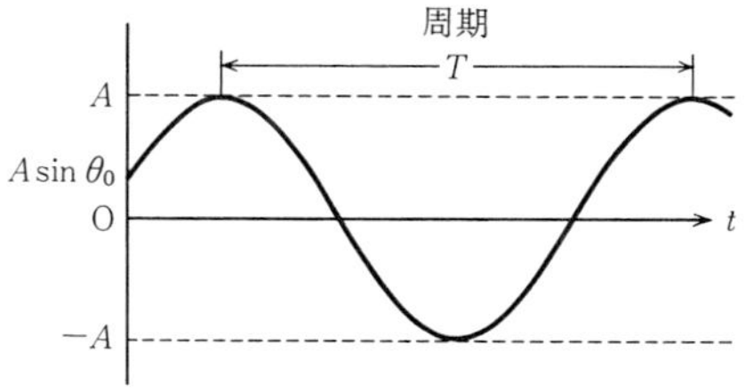


図2

この運動に関係したいくつかの重要な言葉を説明しておく．

**振幅**($A$)：質点は $x=A$ と $x=-A$ の間を振動するので，$A$ をこの運動の振幅と呼ぶ．

**周期**($T$)：$\omega t+\theta_0$ が $2\pi$ だけ変化するごとに，つまり時間 $t$ が $2\pi/\omega$ だけ変化するごとに，質点は同じ運動を繰り返す．そこで $T=2\pi/\omega$ を周期と呼ぶ．

**振動数**($\nu$ あるいは $f$)：振動の回数は，単位時間当たり $1/T=\omega/2\pi$ である．この量を振動数，あるいは周波数と呼ぶ．

**角速度あるいは角振動数**($\omega$)：この運動は，半径 $A$ の円周上を等速で回転する点の，$y$ 座標の変化とも考えられる．$x$ 座標は cos になるが，これも単振動である(図3参照)．単位時間経過するごとに角度が $\omega$ ラジアンだけ増すので，$\omega$ を角速度という．角振動数とも呼ばれる．

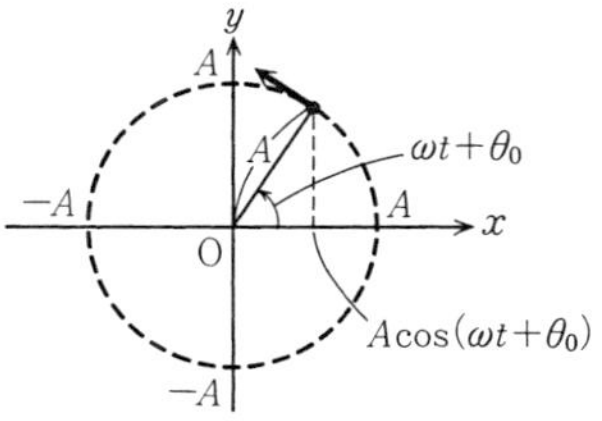


図3

**初期位相**($\theta_0$)：角度 $\omega t+\theta_0$ のことを，この運動の位相ともいう．$\theta_0$ は $t=0$ での位相なので，初期位相と呼ばれる．

(3)を微分すれば，この運動の速度と加速度が求まる．

▶ $\cos x=\sin\left(x+\dfrac{\pi}{2}\right)$
$\sin x=-\sin(x+\pi)$

$$v(t)=\frac{dx}{dt}=A\omega\cos(\omega t+\theta_0)=A\omega\sin\left(\omega t+\theta_0+\frac{\pi}{2}\right)$$

$$a(t)=\frac{dv}{dt}=-A\omega^2\sin(\omega t+\theta_0)=A\omega^2\sin(\omega t+\theta_0+\pi)$$

どちらも sin で表わされる．しかしその位相はそれぞれ $\pi/2$ だけずれる．その結果，たとえば位置が最大のときに速度はゼロになり，加速度は最小(マイナス)になる．

## 章末問題

[1.2節]

**1.1** (1.2.3)を導け.

**1.2** (1.2.1)を $t=t_1$ で $x=x_1$, $t=t_2$ で $x=x_2$ という条件の下で解け.

**1.3** まず, $t=0$ で物体Aを初速度0で落下させる. 時間が $t_1$ 経過した後に, こんどは下向きの速度 $v_1$ で物体Bを落下させる. 物体Bが物体Aに追いつくには, $t_1$ と $v_1$ がどのような条件を満たしていなければならないか.

[1.3節]

**1.4** 1.3節の例題で, 時間 $t$ が十分長く経過した後の質点の運動を, (1.3.4)より考えよ. またそのようになる直観的な理由を述べよ.

**1.5** 抵抗力が速度の2乗に比例している, つまり

$$m\frac{dv}{dt} = -mg+\kappa v^2$$
$$= \kappa(v^2-\alpha^2) \qquad \left(\text{ただし } \alpha^2 \equiv \frac{mg}{\kappa}\right)$$

(落下しているとし, 抵抗力は上向きになるのでプラスとした)とする. $t=0$ のとき $v=0$ という条件の下で, 変数分離法を用いて $v$ を求めよ.

[1.4節]

**1.6** (1.4.1′)の解が2つ求まったとする($x=f(t)$ および $x=g(t)$ とする). このとき, $x=Af(t)+Bg(t)$ も解であることを証明せよ. ただし $A$ および $B$ は任意の定数である. またこの証明で, (1.4.1)のどのような性質が重要か考えよ.

**1.7** (1.4.1′)を, 以下の初期条件の下で解け.

$$x = B\sin(\omega t+\theta_0)+C\cos(\omega t+\theta_0)$$

とし, $\theta_0$ を適当に選ぶと容易に解ける.

(1) $t=0$ で, $x=x_0$, $v=v_0$

(2) $t=t_0$ で, $x=x_0$, $v=v_0$

# 2

# エネルギー

**ききどころ**

　前章で説明したように，個々の運動方程式の答を求めることも大切である．しかし，運動方程式の一般的な仕組み，個々の問題に共通の性質を調べるのも，力学の本質的な理解のためには欠かすことができない．その一歩として，この章では，エネルギー（運動エネルギーとポテンシャルエネルギー）という概念を学ぶ．これは，運動方程式の答の定性的性質を直観的に理解する上でも，また具体的な問題を解く上でも有用な概念である．

# 2.1 ポテンシャルエネルギー

ぽいんと

エネルギーという言葉は，日常いろいろな意味で用いられているが，物理では明確に定義されたきわめて重要な量である．運動エネルギーとポテンシャルエネルギーというものがあるが，この節ではまず，ポテンシャルエネルギーについて，その定義と直観的意味を説明する．

**キーワード：保存力，ポテンシャル(エネルギー)，ポテンシャルの勾配と力**

## ■保存力とポテンシャルエネルギー

直線上を運動する質点に働く力の大きさが，時刻や速度にはよらず質点の位置のみに依存するとき，つまり

$$F = F(x)$$

と書けるとき，この力は**保存力**であるという．(直線上の運動ではないときの保存力の定義は，4.3節参照.) バネの力は $F=-kx$ と書けるから保存力であり，1.2節で考えた一定の重力も，時刻や速度に依らないから，位置にさえも依らないが保存力である．一方，抵抗力は速度に依るからそうではない(非保存力)．

▶抵抗力も，その起源である「原子どうしの力」というレベルで記述すれば，保存力である．この世に存在する力のすべては，広い意味での保存力だと考えられる．

力が保存力，つまり位置 $x$ のみの関数であれば，$x$ についての(不定)積分が定義できる．それにマイナスを付けたものを**ポテンシャルエネルギー**(あるいは単にポテンシャル)と呼び，$U(x)$ と書く

$$U(x) = -\int F(x)dx \tag{1}$$

積分であるから $U$ には積分定数分の不定性(任意性)があるが，これは問題に応じて適当に決める．

$U(x)$ は $x_0$ から $x$ までの定積分だと考えても同じことである．

$$U(x) = -\int_{x_0}^{x} F(x')dx' \tag{1'}$$

これは，$x=x_0$ で $U=0$ となるように決めたことに対応する．$x_0$ はどこに選んでも構わないから，$U$ に不定性があることには変わりない．

いずれにせよ $U$ は $F$ の積分だから，微分すれば

$$F(x) = -\frac{dU}{dx}$$

となる．したがって運動方程式は

$$m\frac{d^2x}{dt^2} = -\frac{dU}{dx} \tag{2}$$

と書ける．

### ［例］　バネのポテンシャルエネルギー

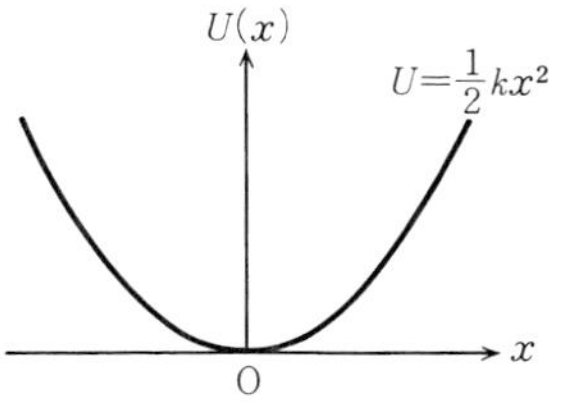


**図 1**　バネのポテンシャル

バネの力のポテンシャルエネルギーを求めてみよう．バネの長さが自然長から $x$ だけずれているとすると，バネ定数を $k$ として，力は $F=-kx$ である．したがって(1′)より

$$U(x) = -\int_0^x (-kx')dx' = \frac{1}{2}kx^2$$

となる．$x=0$ で $U=0$ となるようにした．これをグラフに書くと，図 1 のようになる．

## ■ポテンシャルエネルギーのグラフと力

ポテンシャルエネルギーのグラフは，力や，その結果起こる運動を理解するのにきわめて有用である．このことを上記のバネの例で説明しよう．

まず $dU/dx$（$=-F$）がこのグラフの傾きであることに注意する．$x>0$ では傾きが正だから，力は負になり左向きとなる．逆に $x<0$ では傾きが負だから，力は正になり右向きである．つまりどちらも，ポテンシャル $U$ のスロープを下に降りる方向に力は向いている．しかも傾きと力の大きさは等しい．

この関係は，ポテンシャルのグラフを坂道と考え，そこに乗って転がるボールが受ける重力と同じである．力は坂の下を向き，大きさは勾配で決まる．実際，バネの先端に付いている質点は，図 1 のポテンシャルのスロープを転がるボールと同じ運動をする．質点は $x=0$ を中心として振動するし，ボールもグラフの底を中心として，左右に行ったり来たりする．

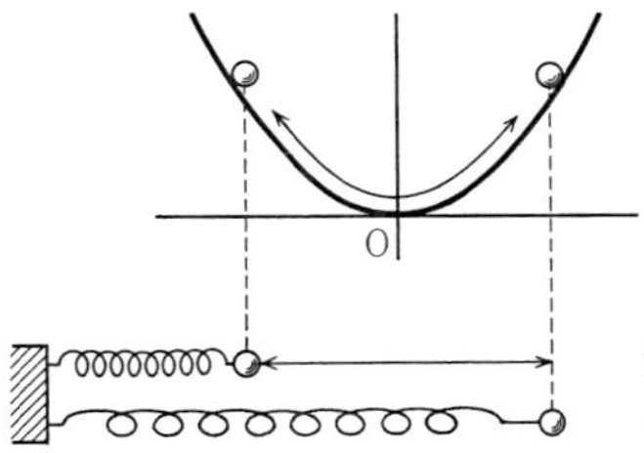


**図 2**　（横向きにした）バネの振動とボールの運動

このように，ポテンシャルのグラフ上のボールの運動を考えることにより，保存力が働くときの質点の運動を直観的に理解することができる．

### ［例］　一定の重力のポテンシャル

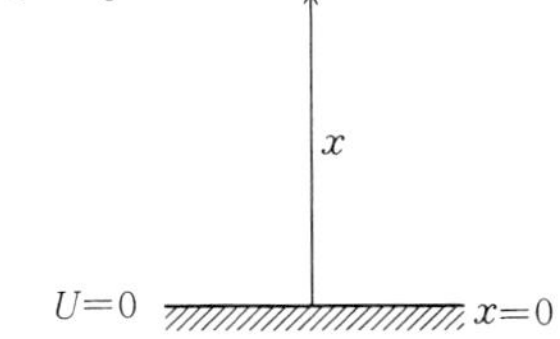


**図 3**　一定の重力の場合のポテンシャル

もう 1 つ簡単な例をあげておこう．1.2 節で考えた一定の重力の場合は，$F=-mg$ である．したがってポテンシャルを計算すれば

$$U(x) = -\int_0^x (-mg)dx' = mgx$$

となる．ただし，$x=0$ で $U=0$ となるようにした．

# 2.2 運動エネルギーとエネルギー保存則

ぽいんと

この節では，運動エネルギーというものを定義する．質点の動きの程度を表わす量であり，質点の速度が変われば運動エネルギーの値も変わる．しかし質点に働いている力が保存力である場合には，運動エネルギーとポテンシャルエネルギーの和は保存する（＝時間が経っても変わらない）ことが証明できる．これをエネルギー保存則という．

**キーワード：運動エネルギー，全エネルギー，エネルギー保存則**

## ■運動エネルギーと（全）エネルギー

質点の質量が $m$ で速度が $v$ であるとき

$$T \equiv \frac{1}{2}mv^2 \tag{1}$$

という量を**運動エネルギー**という．そして

$$E \equiv T+U = \frac{1}{2}mv^2+U(x) \tag{2}$$

を質点の**全エネルギー**，あるいは単に質点のエネルギーという．ここで $U(x)$ と書いたのは，質点の位置 $x$ におけるポテンシャルエネルギーの値という意味である．

## ■エネルギーの保存

エネルギーは $x$ と $v$ に依存するから，質点が力学の法則と無関係に勝手な運動をすれば，その値も時間とともに変化する．しかし運動方程式を満たす現実の運動に対しては，力が保存力である場合，$E$ は時間によらない定数である．実際，合成関数の微分公式を使うと

▶合成関数の微分公式
$z$ が $y$ の関数であり，$y$ が $x$ の関数のとき
$$\frac{dz}{dx} = \frac{dz}{dy}\cdot\frac{dy}{dx}$$

$$\begin{aligned}\frac{dE}{dt} &= \frac{d}{dt}\left(\frac{1}{2}mv^2+U(x)\right)\\ &= mv\frac{dv}{dt}+\frac{dx}{dt}\frac{dU}{dx}\\ &= v\left(m\frac{dv}{dt}+\frac{dU}{dx}\right) = 0\end{aligned} \tag{3}$$

最後に運動方程式（2.1.2）を用いた．$dE/dt=0$ ということだが，これを積分すれば，$E=$定数であることがわかる．ただし，この定数は積分定数であるから，$E$ の値自身は運動方程式からは決まらない．初期条件（ある時刻での質点の位置と速度）を与えるなどして決める必要がある．詳しくは具体例で説明する．

［例］ **単振動**（バネの運動）

前節で説明したように，バネの力は保存力であり，ポテンシャルは $U=(1/2)kx^2$ となる．バネの先端に付いた質点の運動は(1.4.3)（および(1.4.4)）で表わされることがわかっている．これを使って全エネルギーを計算しよう．まず運動エネルギー $T$ は

$$T=\frac{1}{2}m\{A\omega\cos(\omega t+\theta_0)\}^2$$

であり，ポテンシャルエネルギー $U$ は

$$U=\frac{1}{2}k\{A\sin(\omega t+\theta_0)\}^2$$

である．したがって，$\omega^2=k/m$ であることに注意すれば，

$$E=\frac{1}{2}kA^2\{\cos^2(\cdots)+\sin^2(\cdots)\}=\frac{1}{2}kA^2$$

となり，全エネルギーは予想どおり定数であることがわかる．

$E$ は定数であるが，$T$ と $U$ はもちろん変化している．それをグラフで表わし，質点の運動のグラフと比較してみよう（ただし $\theta_0=0$ とする）．

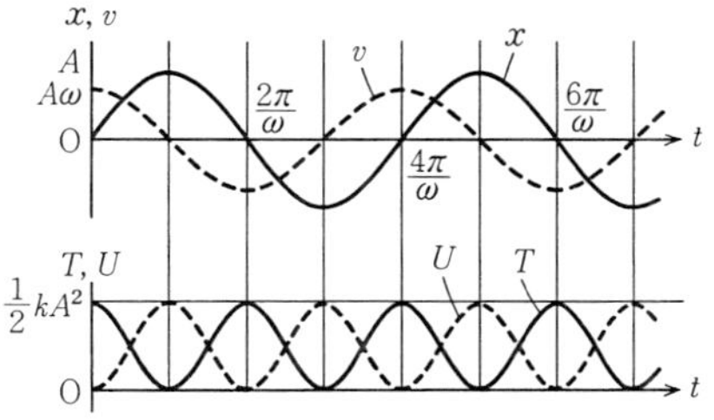


図1

$$x=A\sin\omega t$$

$$v=A\omega\cos\omega t$$

$$U=\frac{1}{4}kA^2(1-\cos 2\omega t)$$

$$T=\frac{1}{4}kA^2(1+\cos 2\omega t)$$

▶$\sin^2 x=\dfrac{1-\cos 2x}{2}$

$\cos^2 x=\dfrac{1+\cos 2x}{2}$

$x=0$，つまり質点が振動の中心にあるときは，$U$ は最小（つまりゼロ）である．質点が動くにつれ $U$ は増すが，その代わりに $T$ が減っていく．つまり速度が遅くなる．そして振れが最大のときに，$U$ が最大で $T$ はゼロ（速度ゼロ）になる．つまりエネルギーは全体として一定の値を保ちながら，$U$ と $T$ の間を行ったり来たりしている．

エネルギーの値自身は，初期条件などから決めなければならない．ある時刻での位置と速度が与えられれば，そのときの $U$ と $T$ が計算できるから，その和である $E$ も求まる（章末問題2.1参照）．

# 2.3 運動の定性的性質（＋万有引力の法則）

ぽいんと

運動方程式を正確に解くことができなくても，質点がどの範囲をどのように運動するのか，その定性的な性質がわかると便利であることが多い．エネルギー保存則を使って，そのような定性的な性質を求める方法を説明する．

キーワード：運動の範囲，重力ポテンシャル，脱出速度

## ■エネルギーと運動の範囲

エネルギー保存則の式より

$$E-U=T=\frac{1}{2}mv^2>0$$

この式より次のことがわかる．質点のエネルギーの大きさが $E$ であるとする．この質点が動いて，$E=U(x)$ となる位置 $x$ にたどりつくと，上式より $v=0$ となり止まってしまう．質点は $E<U(x)$ となる領域に入り込むことはできない．したがって，逆戻りし始める．

このことは2.1節で説明したように，質点の運動をポテンシャルの坂の上を転がるボールの運動で置き換えて考えるとわかりやすい．

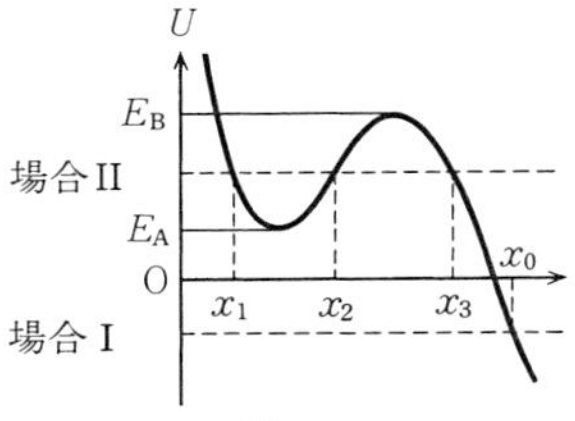

図 1

質点が受ける力のポテンシャルが，図1のような形であったとしよう（章末問題2.2参照）．まず，ある時刻での位置と速度（初期条件）より，その質点のエネルギー $E$ の大きさを計算する．この $E$ と，図の谷と山の高さ $E_A, E_B$ の大小関係により，運動の様子が分類できる．

［場合 I］　$E<E_A$ のとき

このときの，$E=U(x)$ となる位置を $x=x_0$ とする．$x=x_0$ で質点は止まってしまうから，運動は $x>x_0$ のみで可能である．つまり質点は右方（$x=\infty$）からきて $x=x_0$ までたどり着き，再び右方（$x=\infty$）へ戻っていく．

［場合 II］　$E_A<E<E_B$ のとき

図1からわかるように，このときは $E=U(x)$ となる位置が3つある．それを左から $x_1, x_2, x_3$ とする．質点の運動としては，質点が最初にどこにあるかにより，2種類考えられる．まず質点が最初に $x_3$ の右側にあり，左に動いていたとする．すると $x=x_3$ にまでたどり着くと止まり，再び右方へ戻っていく．場合 I と同じ運動である．次に，質点が最初は $x_1<x<x_2$ の領域にあったとしよう．質点は $U(x)<E$ の位置にしかいけない．つまり $x_1<x<x_2$ の領域から決して抜け出せないから，その中を振動することになる．（$E>E_B$ の場合は，場合 I と同様である．）

## ■重力ポテンシャルと地球からの脱出速度

今まで重力を考えるときは，その力は一定であるとしてきたが，地表から大きく離れればもちろん重力は弱くなる．地球の中心からの距離を $x$ とすると，そこでの重力 $F$ の大きさは

▶重力定数
$G = 6.67\times10^{-11}\,\mathrm{m^3/kg\,sec^2}$

$$F = -G\frac{Mm}{x^2} \tag{1}$$

である．ただし $M$ は地球の質量，$m$ は地球に引かれている質点の質量，$G$ は重力定数（ニュートン定数）と呼ばれている定数である．力の向きは地球の中心方向（$x$ が増すのと逆の方向）なので，マイナスを付ける．これは地球に限らず，すべての質量をもつ物体（$M$ と $m$）の間に働く重力を表わしている式なので，**万有引力の法則**と呼ばれる．

また，

$$g \equiv \frac{GM}{x^2}$$

と $g$（重力加速度，4 ページ参照）を定義すれば

$$F = -mg$$

という今まで使ってきた式が得られる．地球からの距離 $x$ が変われば $g$ の大きさも変わるが，地表上では $x \fallingdotseq 6.4\times10^6$ m だから，$x$ が数メートル変わっても $g$ はほとんど変化しない．つまり地表上では重力はほとんど一定である．

しかし上空での運動に対しては，重力の変化を考える必要がある．物体を真上にほうり投げたときに，地球の引力により戻ってくるかどうかを考えてみよう．重力がどこまでも一定ならば，物体は減速していつかは必ず戻って落ちてくる．しかし実際には，遠方で重力は弱くなるので，戻らずに宇宙の果てまで飛んでいってしまう可能性もある．このことを考えるのに，まず重力のポテンシャルを計算しよう．

$$U(x) = -\int_{\infty}^{x}\left(-G\frac{Mm}{x'^2}\right)dx'$$
$$= \left[-G\frac{Mm}{x'}\right]_{\infty}^{x} = -G\frac{Mm}{x} \tag{2}$$

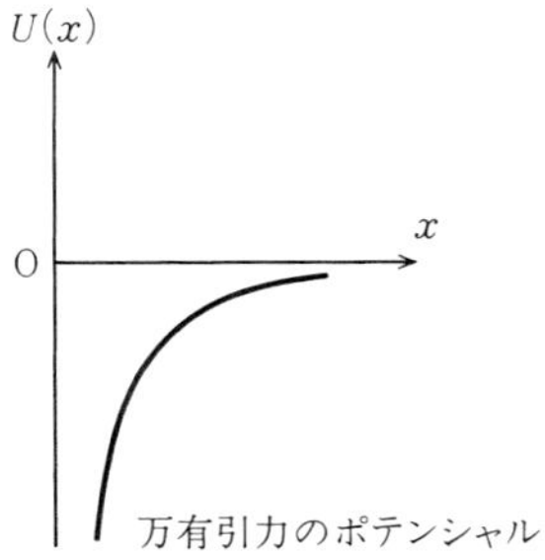

図 2

重力の影響がなくなる $x=\infty$ で $U=0$ となるようにした．これを図に描くと，図 2 のようになる．$U$ は常に負であり，$x=\infty$ で最大値ゼロとなる．このことから，物体がポテンシャルをはねのけて $x=\infty$ にまで飛んで行けるためには，$E \geqq 0$ であればいいことがわかる．（$E \geqq 0$ となるための速度を**脱出速度**と呼ぶ．章末問題 2.3 参照．）

# 2.4 エネルギーの変化と仕事

ぽいんと

この章では，保存力というポテンシャルで表わされる力を扱ってきた．しかし現実には，抵抗力とか摩擦力といったポテンシャルでは表わされない力(非保存力)を扱うことも多い．非保存力があると，もはや $T+U$ =一定という形でのエネルギー保存則は成立しない．しかし仕事という概念を使うと，ここでもエネルギーを考えることは有用である．

キーワード：仕事

## ■仕　事

質点に，ポテンシャル $U$ が定義できる保存力の他に，定義できない非保存力 $f$ が働いているとする．運動方程式は

$$m\frac{d^2x}{dt^2} = -\frac{dU}{dx}+f \tag{1}$$

となる．$f$ が無ければ，この式から(2.2.3)でしたようにエネルギー保存則が求まる．$f$ があるときも，エネルギーを $E=T+U$ と定義して同じことをすると

$$\frac{dE}{dt} = \frac{d}{dt}\left\{\frac{1}{2}mv^2+U(x)\right\}$$
$$= v\left(m\frac{dv}{dt}+\frac{dU}{dx}\right) = vf \tag{2}$$

が得られる．最後に(1)を使った．つまり $dE/dt=vf$ であり，この式を時刻 $t_1$ から $t_2$ まで積分すれば，

▶合成関数の積分公式
$$\int f\frac{dy}{dx}dx = \int fdy$$

$$E(t_2)-E(t_1) = \int_{t_1}^{t_2} vfdt \tag{3}$$

となる．あるいは，$v=dx/dt$ であるから，合成関数の積分公式を使えば

$$E(t_2)-E(t_1) = \int_{x_1}^{x_2} fdx \tag{3'}$$

となる．$x_1, x_2$ は各時刻 $t_1, t_2$ での質点の位置である．

(3)あるいは(3′)の右辺の量を「質点が $x_1$ から $x_2$ まで動いたとき，力 $F$ がした**仕事**」という．この仕事という言葉を使って(3)を表現すれば，「力がした仕事の分だけ，質点のエネルギーは増加する」ということになる．また(2)は，「エネルギーの変化率は，仕事率(=単位時間当たりの仕事)に等しい」ということができる．

［例］　**抵抗のある場合の落下運動**

質点が，媒質中を，速度 $v$ に比例する抵抗力 $f=-\kappa v$ (非保存力)を受けな

がら，一定の重力(保存力)中を落下する問題を考える．運動方程式は

$$m\frac{d^2x}{dt^2} = -mg-\kappa v$$

となる．一定の重力のポテンシャルは $U=mgx$ であるから，(2)の形で書けば

$$\frac{d}{dt}\left(\frac{1}{2}mv^2+mgx\right) = -\kappa v^2$$

この問題は1.3節で解いた．そこで求めた答を使えば，この式，あるいは(3)に相当する式が成り立っていることを確かめることができる．しかし計算が多少面倒なので，ここではより簡単な状況で考える．

(1.3.4)で求めた解には，$e^{-kt}$（$k$ は正の定数）という形の指数関数が現われるが，時間が十分たつと(つまり $t\to\infty$ となると)それは急速にゼロに近づく．そこで，時間が十分たっているとして指数関数をすべてゼロにして考える．すると(1.3.4),(1.3.5)の解は

$$v = -\frac{mg}{\kappa}, \qquad x = -\frac{mg}{\kappa}t+B$$

となる．これは等速運動である．重力と抵抗力が釣り合って，質点にかかる力の合計がゼロになっており，加速度もゼロになるからである(1章の章末問題1.4参照)．

このときのエネルギーを計算してみよう．速度が一定だから，運動エネルギーは一定である．一方，物体は落下しているからポテンシャルは減少する．実際

$$E = \frac{1}{2}mv^2+mgx = -\frac{m^2g^2}{\kappa}t+\frac{1}{2}\frac{m^2g^2}{\kappa^2}+mgB$$

次に抵抗力のする仕事を考えると

$$vf = -\frac{m^2g^2}{\kappa}\ (<0) \tag{4}$$

となる．これより(2)あるいは(3)が成立しているのは明らかである．

抵抗力の性質により，$F$ と物体の速度 $v$ の方向は逆である．そのため，(4)からわかるように，抵抗力のする仕事は負になっている．この問題では，物体のポテンシャルエネルギーが減少して，負の仕事とバランスが保たれている．

物体のエネルギーは保存していないが，物体が落下するときには，周囲の媒質の分子を押しのけ動かしている．この媒質分子の運動エネルギーまで含めて考えれば，実は全エネルギーは保存している．つまり，物体のエネルギーは媒質のする仕事により減少するが，逆に媒質のエネルギーは，物体のする仕事により増加しているのである．増加した媒質のエネルギーは，熱として観測される．つまり，媒質の温度は上昇する．

# 2.5 エネルギー積分

ぽいんと

今までは，運動の全体的な様子を調べるためにエネルギーを使ってきた．しかしエネルギーという量は，運動方程式の答を具体的に求めるのにも役立つ．

保存力の場合，運動方程式を解くのに変数分離法は使えない．また，単振動のように答が予測できる簡単な問題は例外で，一般の場合は答を予測するのは難しい．しかし保存力だけを受けた直線上の運動の場合には，エネルギーが保存することを利用した，運動方程式が(原理的には)必ず解ける方法がある．

**キーワード：エネルギー積分，逆関数**

## ■ 1次元の運動方程式の一般的な解法

運動方程式とは，$x$ の時間による2階微分(つまり加速度のこと)を含んでいる．したがって $x$ を求めるには，2回積分をすればいいことになる．ところで力が保存力の場合には，1回は積分できることがわかっている．実際，前に(2.2.1)を積分し，エネルギー保存則の式

$$E = \frac{1}{2}mv^2 + U(x) \quad (=一定) \tag{1}$$

を得た．これはエネルギーの式だが，運動方程式を積分したということを強調する意味で，**エネルギー積分**と呼ぶこともある．

積分した結果，この式には加速度という量は現われていない．つまり $x$ の2階微分はなく，1階微分(速度 $v$)しか出てこない．したがってもう一度うまく積分すれば，$x$ 自身が求められるはずである．そのためには，まず(1)を変形し速度を求める．

$$\sqrt{\frac{m}{2}}\frac{dx}{dt} = \sqrt{E-U(x)}$$

右辺は $x$ のみの関数だから，変数分離法(1.3節参照)を使って解ける．つまり右辺の $x$ の関数を左辺の分母に持ってきて，両辺を $t$ で積分する．

$$\sqrt{\frac{m}{2}}\int_{x_0}^{x}\frac{1}{\sqrt{E-U(x')}}dx' = \int_{t_0}^{t}1dt' = t-t_0 \tag{2}$$

もちろん両辺の積分領域は同じでなければならない．つまり，$x$ は時刻 $t$ での質点の位置，そして $x_0$ は時刻 $t_0$ での質点の位置である．この式より

▶右辺を不定積分とすれば $t_0$ は必要ない．

$$t = \sqrt{\frac{m}{2}}\int_{x_0}^{x}\frac{1}{\sqrt{E-U(x')}}dx' + t_0 \tag{3}$$

となる．この式は，時刻 $t$ と，そのときの位置 $x$ との関係を示している．つまり，(右辺第1項の積分ができさえすれば)質点の運動が求まったことになる．

この式には3つの未定の定数が含まれている．$t_0$，$x_0$，それに $E$ である．

それらは，たとえば初期条件(ある時刻での位置と速度)を与えれば決まる．まず $t_0$ を初期条件を与える時刻とする．$x_0$ はそのときの位置である．さらに，その時刻での速度も与えられているから，(1)より $E$ も求まる．

ところで，(3)はふつうの解とは逆の形をしている．通常の運動方程式の解は，位置 $x$ が時刻 $t$ の関数として決まっている．一方(3)では，時刻 $t$ が位置 $x$ の関数として求まる．つまり答は**逆関数**により与えられる(付録参照)．

## ■周期運動の場合

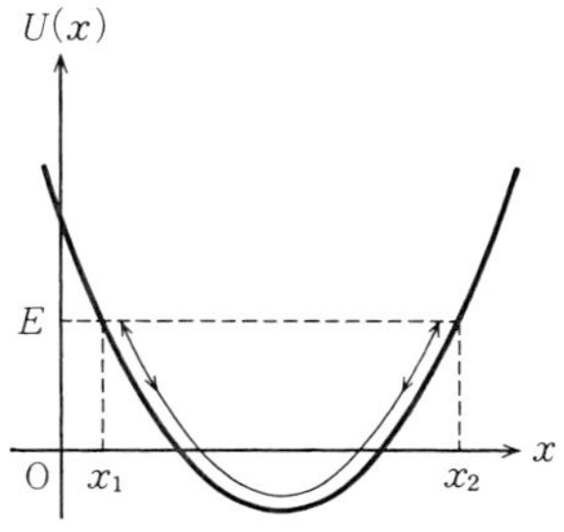

図1

図1のように，質点が $[x_1, x_2]$ の領域を振動しているとする(周期運動)．$x_1$ から出発し $x_1$ に戻るまでの時間(振動の周期)を $T$ とすれば，$x_1$ から $x_2$ までかかる時間はその半分になる．(2)を使えば

$$\frac{T}{2} = \sqrt{\frac{m}{2}}\int_{x_1}^{x_2}\frac{1}{\sqrt{E-U(x)}}dx \tag{4}$$

である．$x_1$ と $x_2$ が $E=U(x)$ という式の解であることは，2.3節で説明したことからわかるだろう．

**[例] 一定の重力による等加速度運動**

$U=mgx$ であるから

$$t = \sqrt{\frac{m}{2}}\int\frac{1}{\sqrt{E-mgx'}}dx' = -\sqrt{\frac{m}{2}}\frac{2}{mg}\sqrt{E-mgx}+t_0$$

ただし積分定数 $t_0$ は，(3)の定義とは異なる(どちらにしても任意定数だから問題はない)．これを整理すれば

▶(1.2.2)と積分定数を比較すれば
$gt_0 = v_0$
$x_0 = E/mg - gt_0{}^2/2$

$$x = -\frac{g}{2}(t-t_0)^2+\frac{E}{mg} \tag{5}$$

となる．予想通り，2次関数となった．任意定数は $t_0$ と $E$ であり，その値は初期条件などにより決定する．

**[例] 単振動**

ポテンシャルは $U=(1/2)kx^2$ であるから(3)に代入すると

▶付録参照．

$$t = \sqrt{\frac{m}{2}}\int\frac{1}{\sqrt{E-\frac{1}{2}kx^2}}dx = \sqrt{\frac{m}{k}}\sin^{-1}\sqrt{\frac{k}{2E}}x+t_0$$

$y=\sin^{-1}x$ とは $x=\sin y$ であることを使って逆三角関数を書き直せば

$$x = \sqrt{\frac{2E}{k}}\sin\left(\sqrt{\frac{k}{m}}(t-t_0)\right)$$

という，以前求めた式(1.4.3)になる．

## 章末問題

[2.2 節]

**2.1** 2.2 節で考えた単振動で，質点が原点 $x=0$ を通過したときの速度（＝最大速度）が $v=v_0$ であったときの，エネルギー $E$ と $x$ の最大値（＝振幅）を求めよ．また，$x$ の最大値が $x_0$ であるときの，エネルギーと最大速度を求めよ．

[2.3 節]

**2.2** 2.3 節図 1 のポテンシャルが表わす力の向き（引力か斥力か）は，遠方から中心へ近づくときに，どのように変化するか．

**2.3** 2.3 節に記した，地球の半径，重力定数，そして地表上の重力加速度を使って，地球の質量を求めよ．また地表上の脱出速度を求めよ．

**2.4** 重力が仮に，$F=-k|x|^{-n}$ $(n>0)$ であったとする．そのときのポテンシャルを計算し，地球から無限遠に脱出できるための条件を求めよ．

[2.4 節]

**2.5（摩擦力，摩擦係数）** 物体が面上をすべるときには，物体が面に及ぼす力 $N$ に比例した摩擦力 $f$ が働く．比例係数（動いているときの係数なので動摩擦係数という）を $\mu$ とすれば $f=\mu N$ である．

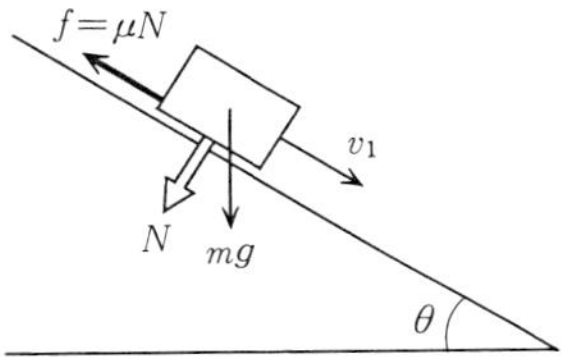


図 1

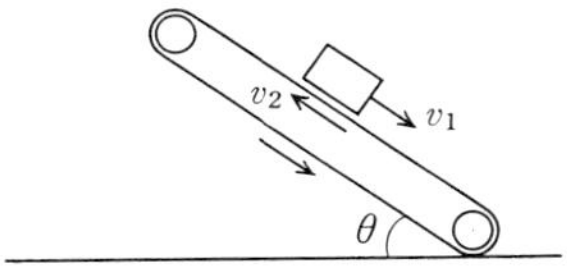


図 2

（1）質量 $m$ の物体が角度 $\theta$ の斜面を等速度 $v_1$ で滑り落ちているとする（図 1）．そのときの，物体とこの斜面との間の動摩擦係数 $\mu$ を求めよ．摩擦力が物体にする仕事率が，この物体のエネルギーの変化率に等しいことを確かめよ．

（2）この斜面がベルトコンベアーになっており，上の方向に等速度 $v_2$ で動いているとする（図 2）．このとき物体がベルトコンベアーにする仕事率を求めよ．また，斜面と物体との摩擦によって，単位時間当たりに発生する熱エネルギー $Q$ を求めよ．（ヒント：（ベルトコンベアーの動力がする仕事率）$=Q+$（ベルトコンベアーが物体にする仕事率）という関係を用いよ.）

[2.5 節]

**2.6** ポテンシャルが $U(x)=k|x|^n$（$k$ と $n$ は定数）であるとき，周期は $E^{\frac{1}{n}-\frac{1}{2}}$ に比例することを示せ．（ヒント：(2.5.4)を使い，積分変数を変換する．特に $n=2$ のとき，つまり単振動では周期はエネルギーに依存しない.）

# 3

# ラグランジュ方程式と最小作用の原理

きききどころ

いかなる場合でも，何かの理論を展開するためには，まずその出発点としての前提が必要である．力学の場合，それはニュートンの運動方程式だと説明してきた．しかし，その代わりに，ラグランジュの運動方程式(以下，ラグランジュ方程式と呼ぶ)，あるいは最小作用の原理というものを出発点とすることもできる．この章では，この2つがどのような法則であるかを説明しよう．最小作用の原理は，特に概念的側面から重要である．またラグランジュ方程式は，最小作用の原理を実際に使える形にしたものとみなすことができ，問題の定性的性質を理解する上でも，また実際に問題を解く上でも役に立つ．

# 3.1 ラグランジアンとラグランジュ方程式

ぽいんと

エネルギーとは，運動エネルギー $T$ とポテンシャル $U$ の和であった．それに対し，その差がラグランジアン($L$)である．

ラグランジアン　$L = T - U$

ラグランジアンを使うと，ニュートンの運動方程式を，別の，しかし同等な形に書き換えることができる．それをラグランジュ方程式と呼ぶ．この方程式では，偏微分という新しい記号を使うが，変数の数が増えているだけで，考え方は今までの微分と変わりはない．

**キーワード：偏微分，ラグランジアン，ラグランジュ方程式，ハミルトニアン**

［数学メモ］ **偏微分**

$x, y$ という 2 つの変数に依存する関数 $f(x, y)$ を考える．たとえば，

$$f(x, y) = x^2y + xy + 4x + 5y + 6 \tag{1}$$

のようなものである．これを，$y$ は定数とし，$x$ だけを変数と考えて微分する．今まで微分は $df/dx$ のように書いてきたが，ここでは片方の変数だけで微分するということを強調するため，新しい記号を使って $\partial f/\partial x$ と書く．上の例で計算すれば，

$$\frac{\partial f}{\partial x} = 2xy + y + 4$$

となる．同様に，$x$ の方を定数とし $y$ についてだけ微分すれば，

$$\frac{\partial f}{\partial y} = x^2 + x + 5$$

▶常微分＝ordinary derivative

となる．従来の 1 変数の関数の微分を**常微分**といい，多変数の関数を，そのうちの 1 変数だけについて微分することを**偏微分**という．英語では，partial derivative，つまり「部分的な」微分という意味である．

## ■ラグランジュ方程式

運動エネルギーとポテンシャルの差を**ラグランジアン** $L$ という．

$$L = T - U = \frac{1}{2}m\dot{x}^2 - U(x) \tag{2}$$

▶$\dot{x} \equiv \dfrac{dx}{dt}$
$\ddot{x} \equiv \dfrac{d^2x}{dt^2}$

$\dot{x}$ とは，$x$ の時間微分 $dx/dt$ のことで，これからは時間微分のことを・で表わす．・1 つが微分 1 回に相当するので，加速度は $\ddot{x}$ となる．

$L$ は，各時刻での質点の位置 $x$ と速度 $\dot{x}$ の関数である．つまり

$$L = L(x, \dot{x})$$

という形に書ける．$x$ と $\dot{x}$ は同じ質点の位置と速度だから，もちろん関係

はある．しかし形式的に独立な量とみなし，それぞれについて偏微分することを考える．すると

$$\frac{\partial L}{\partial \dot{x}} = m\dot{x} \ (=mv)$$
$$\frac{\partial L}{\partial x} = -\frac{dU}{dx} \ (=F) \qquad (3)$$

となる．運動方程式は

$$\frac{d}{dt}(m\dot{x}) = -\frac{dU}{dx}$$

だから，$L$ を使って書けば

$$\frac{d}{dt}\left(\frac{\partial L}{\partial \dot{x}}\right) - \frac{\partial L}{\partial x} = 0 \qquad (4)$$

となる．これが**ラグランジュ方程式**である．

**注意**　$E=T+U$，$L=T-U$ と並べて書くと，単に符号だけが違うように見えるが，厳密なことを言うともっと重要な差がある．エネルギー $E$ とは，運動の状態で決まる「値」であり，位置 $x$ や速度 $\dot{x}$ に具体的な値を代入して求まる．一方，ラグランジアン $L$ においては，$x$ や $\dot{x}$ は，値ではなく変数とみなされ，$L$ はこれらの変数の関数である．値ではない．$T+U$ も，これを関数とみなすときはエネルギーではなく**ハミルトニアン**と呼ばれ，この巻の最終章で登場する．

## ■「なぜ」ラグランジュ方程式か

ニュートンの運動方程式をわざわざラグランジュ方程式に書き換えたのは，応用上でも原理的な面でもおおいに理由がある．

前章までの，「直線上の1質点の運動」という簡単なケースを考えている限り，「応用上の利点」はまずないが，3次元的な運動とか，大きさを持った物体の運動など，より複雑な問題を考えると差が現われる．

複雑な問題では，運動方程式を書くこと自身が難しい．それは，$(x, y, z)$ のような直線座標ばかりではなく，曲線上の座標とか角度などを変数として運動方程式を表わさなければならないからである．時間についての2階微分である加速度を，このような変数によって表現することが難しい．

しかし，時間についての1階微分である速度は，比較的容易に表わすことができる．速度さえわかればラグランジアン $L$ を表わすことができ，そして $L$ さえわかれば，ラグランジュ方程式は書けるのである．

力についても同じことが言える．角度に対する運動方程式を書こうとしても，「角度の方向に関する力」とはそもそも何であるのかを考えなければならない．しかしポテンシャル $U$ の方は比較的求めやすい．そして $U$ さえわかれば，ラグランジュ方程式の力の部分，$\partial U/\partial x$ はすぐ計算できる．この他の解法上の利点，あるいは原理的な重要性などは，また後で説明する．

▶たとえば7.1節．

## 3.2 最小作用の原理

ぽいんと

質点の位置が，時刻 $t_1$ では $x_1$，時刻 $t_2$ では $x_2$ であったとする．その間，質点がどこをどう動いていたかを求めるのが力学の法則である．ありとあらゆる可能性のうち運動方程式を満たすものが１つだけあり（例外的に複数個あることもあるが），それが現実の質点の運動となる．

しかし，運動方程式を使わずに現実の運動を見つける方法がある．質点の動きの，ありとあらゆる可能性それぞれに対して作用という量を計算する．そしてその量が最も小さくなるような質点の動きが，現実の運動なのである．これを最小作用の原理と呼ぶ．

**キーワード：作用，最小作用の原理**

### ■作　用

質点が $[t_1, t_2]$ の間，$x=x(t)$ という関数で表わされる動きをしたとする．このとき，この関数からまず各時刻でのラグランジアン $L$ を計算する．そしてそれを $t_1$ から $t_2$ まで積分する．これをこの運動の**作用** $S$(action) という．作用は関数 $x=x(t)$ により決まる量だから，$S[x(t)]$ と書く．

$$
\begin{aligned}
S[x(t)] &= \int_{t_1}^{t_2} L(x(t), \dot{x}(t))dt \\
&= \int_{t_1}^{t_2}\left(\frac{1}{2}m\dot{x}^2 - U(x)\right)dt
\end{aligned}
$$

たとえば，質量 $m$ の質点が $t=0$ から $t=T$ まで，一定の重力（$U=mgx$）を受けながら等速運動 $x=vt$（$v$ は定数）をしたとする．力を受けているのだから等速運動することは現実にはありえないが，作用は現実性とは無関係に計算することができる．実際

$$
\begin{aligned}
S[x=vt] &= \int_0^T\left(\frac{1}{2}mv^2 - mgvt\right)dt \\
&= \frac{1}{2}mv^2T - \frac{1}{2}mgvT^2
\end{aligned}
$$

となる．

### ■最小作用の原理

時刻 $t_1$ と $t_2$ での質点の位置が，それぞれ $x_1, x_2$ であったとする．力学の法則を考えなければ，その間の質点の運動には無数の可能性が考えられる．その中から（運動方程式は使わずに）現実に起こる運動を選びだす原理が，最小作用の原理である．

**最小作用の原理**：（時刻 $t_1$ と $t_2$ では定められた位置にくるような）質点のあらゆる動きのうち，作用が最も小さい値をとるものが現実の運動であ

る．

言葉で述べれば，ごく単純な原理のように見えるかもしれない．しかし現実問題としては，このままでは使いにくい．「あらゆる動き」を考えて作用を計算し，その大小を比較することなどできないからである．

より簡単な，関数 $f(x)$ の最小値を求めるという問題を考えてみよう．すべての $x$ の値を代入し，その大小を比較するなどという馬鹿正直なことは誰もしない．まず $f(x)$ の微分を計算し，それがゼロになる $x$ を探すというのが，通常のやり方である．作用 $S$ を最小にする動き $x=x(t)$ を見つけるのにも，似たようなやり方がないだろうか．それが微分ならぬ，(次節で説明する)変分という考え方であり，その結果出てくるのがラグランジュ方程式である．

［例］ **一定の重力中の落下運動**

「あらゆる動きの可能性」の中から答を見つけるという問題は次節で考える．ここでは「あらゆる」ではなく，「一部の(ただし正解を含む)動きの可能性」だけを考え，その中から答を見つけるという問題を考える．

具体例として，一定の重力を受けながら，垂直に上昇しまた落ちてくる質点の運動を取り上げよう．まず質点の位置は時刻 $t$ の「2次関数」であると，最初から仮定する．また，位置に対する条件としては，$t=0$ で $x=0$ にあり，$t=T$ でまた $x=0$ に戻るとする．以上の条件を満たす関数の一般形は，因数分解で考えれば

$$x = At(t-T)$$

であることはすぐわかる．ただし $A$ は任意の定数．あとは，最小作用の原理より定数 $A$ を決めればよい．まず

$$\dot{x} = 2At-AT$$

であるから，ラグランジアン $L$ は

$$L = \frac{1}{2}m(2At-AT)^2-mgAt(t-T)$$

となる．これを積分すれば，少し面倒な計算になるが

$$S = \int_0^T L(t)dt = \frac{1}{6}mT^3(A^2+gA)$$

となる．あらゆる $A$ の値に対してこの $S$ を最小にするという条件より，よく知られた値(1.2節)

▶$S$ を最小にする条件．$S$ が極値

$$\frac{dS}{dA} = 0$$

になる $A$ の値を求める．

$$A = -g/2$$

が求まる．ただし求まったといっても，答が2次関数であることを知っていたから解けたのであって，いわばインチキ解法である．しかし，最小作用の原理から物体の運動が求まりそうだという感じは，わかってもらえたと思う．

# 3.3 (数学)変分と最小

ぽいんと

関数が最小値をとる位置を決めるためには，まずその微分がゼロになる点を見つける．この考え方を変分という言葉で言い直す．最小作用の原理にも応用できるように拡張することが目的である．

**キーワード：変分，1 次の変分**

## ■変分と最小値の位置(1 変数関数の場合)

ある関数が $x=x_0$ という位置で最小であるためには，そこでの微分がゼロである必要がある．このことを，「1 次の変分」という量を定義して言い換えてみよう．

その関数を $y=f(x)$ とする．そして，この関数の $x=x_0$ での関数の値 $f(x_0)$ と，そこからわずかにずれた点 $x=x_0+\varDelta x$ での値 $f(x_0+\varDelta x)$ の差

$$\varDelta f(x_0) \equiv f(x_0+\varDelta x)-f(x_0) \tag{1}$$

を考える．これを $f$ の $x_0$ における**変分**(変化分)と呼ぶ．

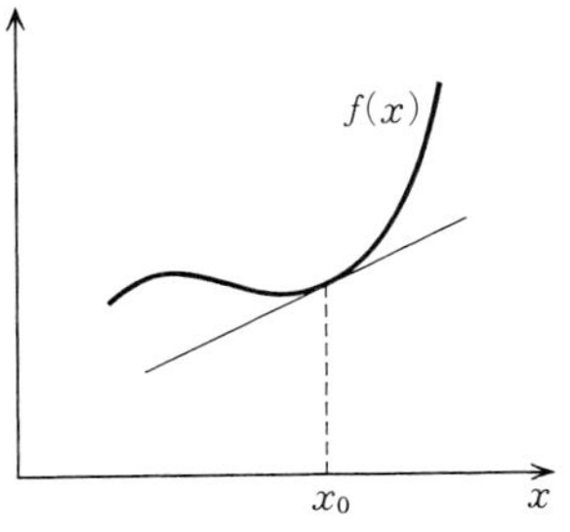


図 1

▶ $x=x_0$ での微分の値という意味で，$|_0$ という記号を付ける．

次に $y=f(x)$ という曲線を，近似として直線，つまり $x$ の 1 次関数で置き換える(図 1)．$x=x_0$ 付近で $y=f(x)$ に一番近い直線は，$x=x_0$ での接線である．その傾きは $df/dx$ であるから，接線の式は

$$y = f(x_0)+\left.\frac{df}{dx}\right|_0 (x-x_0)$$

となる．この式で $f$ を近似して $\varDelta f(x_0)$ を計算すると

$$\begin{aligned}\varDelta f(x_0) &\simeq \left(f(x_0)+\left.\frac{df}{dx}\right|_0 \varDelta x\right)-f(x_0)\\ &= \left.\frac{df}{dx}\right|_0 \varDelta x \end{aligned} \tag{2}$$

となる．(2)の右辺，つまり $f$ を $x$ の 1 次式で近似したときの変分を 1 次の変分と呼ぶことにし，

$$\varDelta_1 f(x_0) \equiv \left.\frac{df}{dx}\right|_0 \varDelta x \tag{3}$$

と書く．

$x=x_0$ で $y=f(x)$ が最小になるためには，そこでの微分がゼロでなければならない(必要条件)が，今定義した記号を使えば

$$\varDelta_1 f(x_0) = 0$$

つまり 1 次の変分がゼロだということになる．($\varDelta x$ は任意の微小な変化量だから，一般にゼロではない．)

**注意**　$f$ を 1 次関数で近似して変分を計算したものが 1 次の変分だが，2 次関数で近似すれば，(3)に対して $(\varDelta x)^2$ に比例する項(2 次の変分)が付け加わる．さらに

高次の関数を使って精度をあげれば，$\Delta x$ についての高次の項が付け加わっていく．これを無限に続けたものが，**テーラー級数**と呼ばれるものである．しかし大事なことに，いくら精度をあげても1次の部分の形(3)は変化しないということで，そのため $\Delta x$ を十分小さくすれば，(3)の精度はいくらでもよくなる．

## ■変分と最小値の位置(2変数関数の場合)

これと同じことを，こんどは2つの変数の関数 $z=f(x,y)$ の場合に考えてみよう．まず，$xy$ 平面上の $(x_0,y_0)$ という点と，それから「$x$ 方向」へわずかにずれた点 $(x_0+\Delta x,y_0)$ での $f$ の値の差を考える．$y$ は変化していないから，単に $x$ だけの関数だと考え(2)を使うと，1次式による近似では

$$f(x_0+\Delta x,y_0)-f(x_0,y_0)\simeq\left.\frac{\partial f}{\partial x}\right|_0\Delta x \tag{4}$$

となる．次に，$(x_0+\Delta x,y_0)$ からさらに，$y$ 方向へわずかにずれた点 $(x_0+\Delta x,y_0+\Delta y)$ との差を考えると

▶(5)の右辺の微分は $(x_0,y_0)$ での値である．$x$ は $x_0+\Delta x$ にずれているのだから，そこでの微分を考える必要があると思われるかもしれないが，その違いは $\Delta x$ の1次の程度であり，$f$ の1次の変分を考えているかぎり問題とならない．

$$f(x_0+\Delta x,y_0+\Delta y)-f(x_0+\Delta x,y_0)\simeq\left.\frac{\partial f}{\partial y}\right|_0\Delta y \tag{5}$$

となる．この両式より，$x$ 方向も $y$ 方向もともにずれた場合の変分は，1次式による近似では

$$\begin{aligned}&f(x_0+\Delta x,y_0+\Delta y)-f(x_0,y_0)\\&\simeq\left.\frac{\partial f}{\partial x}\right|_0\Delta x+\left.\frac{\partial f}{\partial y}\right|_0\Delta y\end{aligned} \tag{6}$$

でなければならない．これが，2変数関数の1次の変分である．

ところで，この関数が $(x_0,y_0)$ で最小になるとしよう．$x$ 方向に点を動かして比較したとき，あるいは $y$ 方向に点を動かして比較したときも $f$ が最小でなければならないのだから(4)と(5)より

$$\left.\frac{\partial f}{\partial x}\right|_0=0,\qquad\left.\frac{\partial f}{\partial y}\right|_0=0 \tag{7}$$

という必要条件が求まる．そしてこれを(6)と比較すれば，やはり1次の変分がゼロということが必要条件であることがわかる．

(7)を確かめるために，簡単な例

$$f=x^2+y^2$$

を考えてみよう．この関数が原点($x=y=0$)で最小になるのは明らかだが，(7)の条件はまさに，最小になるのは原点でなければならないということを示している．

## 3.4 ラグランジュ方程式を導く

ぽいんと

最小作用の原理に出てくる作用という量は，関数(質点の運動)を与えたときに値が決まる量であり，汎関数と呼ばれている．前節で説明した1次の変分という考えを用いて，汎関数の最小を求める方法を説明する．そしてそれを実際に最小作用の原理に適用し，ラグランジュ方程式を導く．

**キーワード：汎関数，最小作用の原理とラグランジュ方程式**

### ■汎 関 数

関数 $y=f(x)$ とは，$x$ の値を決めたら $y$ の値が決まるという関係を表わしている．一方，3.2節で導入した作用 $S[x(t)]$ は，汎関数と呼ばれ，「関数 $x(t)$ の形」を決めたときに $S$ の値が決まるというものである．$F$ が関数 $f(x)$ に依って値が決まる汎関数であるとし，$F[f]$ と書こう．そして例として

$$F[f]=\int_0^1(f(x))^2dx \tag{1}$$

としてみよう．これは，関数 $f$ の値が決まれば値が決まるから，$f$ の汎関数である．たとえば，$f=x$ とすれば $F$ の値が決まる．

$$F[f=x]=\int_0^1 x^2dx=\frac{1}{3}$$

(1)の例では，$F$ はゼロ以上であり，$f$ が $f(x)=0$（すべての $x$ に対して）という関数であるときに，最小値 $F=0$ をとることは明らかである．この結論は前節の場合と同様に，「1次の変分がゼロ」という条件からも求まることを示そう．まず，$f$ での $F$ の値と，それからわずかにずれた関数 $f+\Delta f$ での値との差(変分)を求めると，上の例では

$$F[f+\Delta f]-F[f]=\int_0^1\{(f+\Delta f)^2-f^2\}dx\simeq 2\int_0^1 f\Delta f dx$$

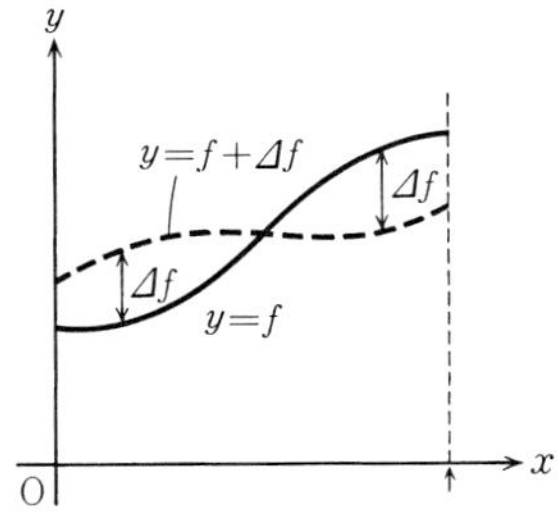


**図1**　関数 $f$ の微小な変化 $\Delta f$

となる(図1)．最後に1次の変分だけを残した．関数の場合と同様に，1次の変分がゼロだという条件を考えよう．$\Delta f$ は微小ではあるが任意の関数だから，上式がゼロとなるためには，0と1との間の任意の点で $f$ がゼロとならなければならず，$f=0$ という条件が予想どおり求まった．

ここでは厳密な証明はしないが，一般に汎関数 $F[f]$ を最小とする関数 $f_0$ は，そこでの1次の変分をゼロとするものでなければならない．

### ■ラグランジュ方程式

作用 $S$ は，質点の運動を表わす関数 $x(t)$ の汎関数である．現実に起こる運動を $x=x_0(t)$ とすると，$S[x_0]$ が $S$ の最小になるはずだから，そこで

の1次の変分がゼロにならなければならない．

$S$ がラグランジアン $L$ の積分であることを使って，具体的に1次の変分を計算してみよう．

$$\Delta S[x_0] = \int_{t_1}^{t_2} \{L(x_0+\Delta x, \dot{x}_0+\Delta\dot{x}) - L(x_0, \dot{x}_0)\} dt$$

である．積分の中は，各時刻でのラグランジアン $L$ の変分だから，これをまず計算する．$x$ と $\dot{x}$ は質点の位置と速度であり，本来関係のある量だが，とりあえず独立な量として扱う(その関係は後で考慮する)．すると $L$ は2つの変数 $x$ と $\dot{x}$ の関数になる．前節で求めた2変数関数に対する1次の変分(3.3.6)より

$$\Delta_1 L(x_0, \dot{x}_0) = \left.\frac{\partial L}{\partial x}\right|_0 \Delta x + \left.\frac{\partial L}{\partial \dot{x}}\right|_0 \Delta\dot{x}$$

となる．これより，

$$\Delta_1 S[x_0] = \int_{t_1}^{t_2} \left\{ \left.\frac{\partial L}{\partial x}\right|_0 \Delta x + \left.\frac{\partial L}{\partial \dot{x}}\right|_0 \Delta\dot{x} \right\} dt \tag{2}$$

次に，$x$ と $\dot{x}$ の関係を考えて，右辺の2つの項をまとめる．

$$\Delta\dot{x} = \frac{d}{dt}(\Delta x)$$

であるから，部分積分の公式を使えば

$$\begin{aligned}(2)\text{の右辺第2項} &= \int_{t_1}^{t_2} \left.\frac{\partial L}{\partial \dot{x}}\right|_0 \cdot \frac{d}{dt}(\Delta x) dt \\ &= \left[ \left.\frac{\partial L}{\partial \dot{x}}\right|_0 \Delta x \right]_{t_1}^{t_2} - \int_{t_1}^{t_2} \frac{d}{dt}\left( \left.\frac{\partial L}{\partial \dot{x}}\right|_0 \right) \Delta x dt \end{aligned} \tag{3}$$

$\Delta x(t_1) = \Delta x(t_2) = 0$ であることを使うと，部分積分の第1項はゼロとなる(最小作用の原理を使うときは，時間の両端での質点の位置があらかじめ定められているので，そこでの $x$ はずらしてはいけない)．

(3)を，右辺第1項をゼロとした上で(2)に代入し，結局

$$\Delta_1 S = \int_{t_1}^{t_2} \left\{ \left.\frac{\partial L}{\partial x}\right|_0 - \frac{d}{dt}\left( \left.\frac{\partial L}{\partial \dot{x}}\right|_0 \right) \right\} \cdot \Delta x(t) dt$$

を得る．ところで，各時刻での $\Delta x(t)$ は(時間の両端を除けば)まったく勝手な数であるから，上式がゼロであるためには，$\Delta x$ の係数が各時刻でゼロでなければならない．$x$ の添字0を省略して書くと，質点の運動 $x = x(t)$ が作用を最小にするためには

$$\frac{d}{dt}\left(\frac{\partial L}{\partial \dot{x}}\right) - \frac{\partial L}{\partial x} = 0$$

でなければならないことになる．これはラグランジュ方程式に他ならない．

▶ニュートンの運動方程式は，もちろん Newton(1643-1727)が発見したものだが，この章で述べた内容は，Lagrange(1736-1813)や Hamilton(1805-1865)などにより確立された．彼らの仕事はまとめて解析力学と呼ばれ，本巻最終章でその一部を解説するが，力学の基礎的問題に役立つ部分は，第I部でも必要に応じて取り上げる．

## 章末問題

[3.1 節]

**3.1** 次の関数の，$\partial f/\partial x\ (\equiv f_x)$，$\partial f/\partial y\ (\equiv f_y)$ を求めよ．

（1）$f=x^2+y^2$　（2）$f=x \sin y$　（3）$f=x^2ye^{2y}$

**3.2** $f(x,y)$ という関数を $x$ で偏微分したのちに $y$ で偏微分することを

$$\frac{\partial}{\partial y}\left(\frac{\partial f}{\partial x}\right) \quad \text{あるいは} \quad \frac{\partial^2 f}{\partial x \partial y} \quad \text{あるいは} \quad f_{xy}$$

と表わす．また逆の順番に微分することを

$$\frac{\partial}{\partial x}\left(\frac{\partial f}{\partial y}\right) \quad \text{あるいは} \quad \frac{\partial^2 f}{\partial y \partial x} \quad \text{あるいは} \quad f_{yx}$$

と書く．通常の関数に対しては，両者は等しい($f_{xy}=f_{yx}$)．このことを，上の 3 例で確かめよ．

**3.3** ラグランジアンが仮に，

$$L = \frac{1}{2}Ax\dot{x}^2-Bx^3$$

であったとき，ラグランジュ方程式(3.1.4)の具体的な形を求めよ．

[3.2 節]

**3.4** 力を受けていない($U=0$)質点が，時間 $[0, T]$ の間に $x=0$ から $x=X$ まで移動したとする．その間の運動を，まず

$$x(t) = At^2+Bt+C$$

という形であると仮定し，上記の条件と最小作用の原理より，定数 $A, B, C$ を定めよ．

[3.3 節]

**3.5** $f=(x+y+1)^2+(x-2y-2)^2$ の，$x=x_0$，$y=y_0$ での 1 次の変分の式を書け．それから $f$ が最小となる位置を求め，$x+y+1=x-2y-2=0$ から求まる位置と一致することを確かめよ．

[3.4 節]

**3.6** 2 つの関数 $f, g$ の汎関数

$$F[f,g] = \int_0^1 \{f^2(x)+g^2(x)\}dx$$

の，$f=f_0$，$g=g_0$ での 1 次の変分の式を書け．その式より，この汎関数は，$f, g$ がどのような関数のときに最小となるかを考えよ．

# 4

# 空間内の質点の運動

### ききどころ

今までは，直線上の1次元的な運動を扱ってきたが，この章からは3次元的運動を考える．ニュートンの運動方程式は，3次元のケースへ簡単に書き換えられる．$x$ 方向，$y$ 方向，$z$ 方向それぞれに対して，今までの運動方程式をそのまま使えばよい．しかしポテンシャルエネルギーについては注意が必要である．1つのポテンシャルが，3方向の運動方程式すべてに現われる．ポテンシャルと力との関係も，3次元的に理解しなければならない．

# 4.1 空間内の運動の法則の書き方

ぽいんと

空間を，直交する3つの座標軸$(x, y, z)$で表わせば，各方向それぞれに対して今までの運動の法則が適用できる．まず法則の書き表わし方から説明する．ベクトル記号を使った書き方が便利なことが多い．

**キーワード：デカルト座標，位置ベクトル，速度ベクトル，加速度ベクトル**

## ■空間内の位置，速度，加速度

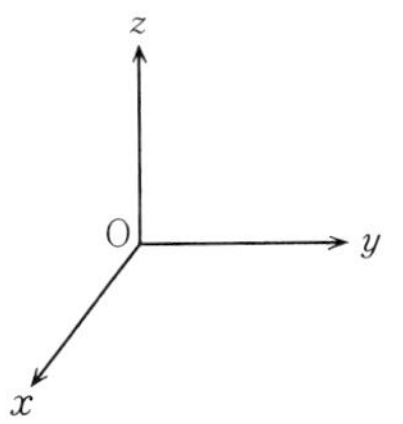


**図1** 直交直線座標(デカルト座標)

空間内の点を，互いに直交する3つの座標軸$(x, y, z)$で表わす(図1)．これは，直交直線座標，あるいはデカルト座標と呼ばれる．この座標系を使って，質点の運動は3つの関数

$$(x(t), y(t), z(t))$$

で表わされる．

質点が動けばその座標も変化する．各座標の変化率を，その方向の速度という．たとえば$x$方向の速度を$v_x$と書けば

$$v_x = \frac{dx(t)}{dt}$$

である．同様に，$v_y$も$v_z$も求まる．

加速度も方向ごとに定義する．$x$方向の速度の変化率が$x$方向の加速度であり，それを$a_x$と書けば

$$a_x = \frac{dv_x(t)}{dt} = \frac{d^2x(t)}{dt^2}$$

となる．まとめると

質点の位置　$(x(t), y(t), z(t))$

質点の速度　$(v_x(t), v_y(t), v_z(t)) = \left(\frac{dx}{dt}, \frac{dy}{dt}, \frac{dz}{dt}\right)$

質点の加速度　$(a_x(t), a_y(t), a_z(t)) = \left(\frac{dv_x}{dt}, \frac{dv_y}{dt}, \frac{dv_z}{dt}\right)$

$$= \left(\frac{d^2x}{dt^2}, \frac{d^2y}{dt^2}, \frac{d^2z}{dt^2}\right)$$

## ■力と運動の法則

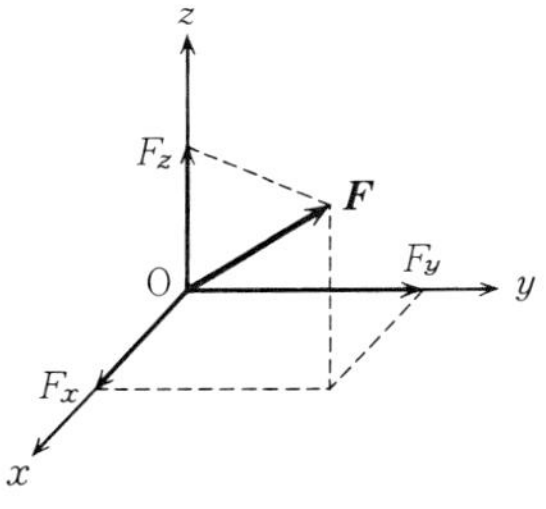


**図2** 力ベクトルとその成分

力は，質点をある方向に引いたり押したりする．方向がある量だから，運動方程式を書くためには，各方向の成分に分解しなければならない．$x$, $y$, $z$方向の成分を，それぞれ$F_x, F_y, F_z$と書く(図2)．

各方向の力学の法則は，直線運動のときと同じで，

$$質量 \times 各方向の加速度 = 各方向の力$$

となる．式で書けば

$$m\frac{d^2x}{dt^2} = F_x, \qquad m\frac{d^2y}{dt^2} = F_y, \qquad m\frac{d^2z}{dt^2} = F_z \tag{1}$$

である．

## ■ベクトル表示

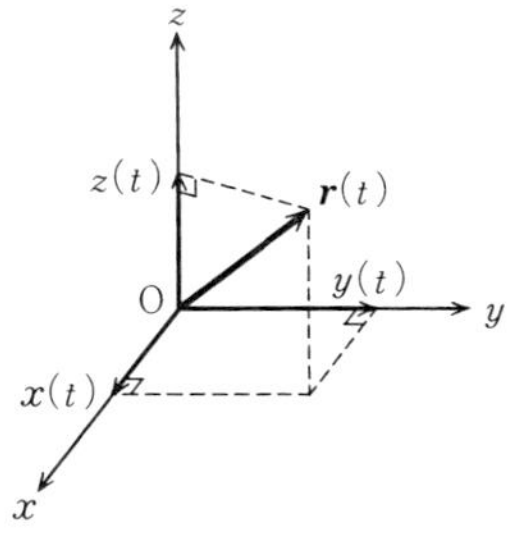


**図 3**　位置ベクトルと各成分

3つの方向それぞれについて式を書くのは，わかりやすくはなるが普通はわずらわしい．そこでベクトル表示を使う．

ベクトルとは，長さと向きが決まっている量である．（それに対して，向きがない普通の数のことをスカラーという．）空間内の各点は，座標軸の原点からその点まで向くベクトルと考えられる．それを**位置ベクトル**といい，$\boldsymbol{r}$ と書く（図 3）．質点の空間内の位置は時間とともに変わるから，$\boldsymbol{r}(t)$ と書ける．ベクトルは3つの方向の成分で表わされるが，位置ベクトルの場合は

**位置ベクトル**　$\boldsymbol{r}(t) = (x(t), y(t), z(t))$

となる．

位置ベクトルの変化率，つまり微分が速度ベクトルである．（ベクトルの微分とは，その各方向の変化率だと思えばよい．）

**速度ベクトル**　$\boldsymbol{v}(t) = \dfrac{d\boldsymbol{r}(t)}{dt} = \left(\dfrac{dx}{dt}, \dfrac{dy}{dt}, \dfrac{dz}{dt}\right)$

そして速度ベクトルの変化率（微分）が加速度ベクトルである．

**加速度ベクトル**　$\boldsymbol{a}(t) = \dfrac{d\boldsymbol{v}}{dt} = \dfrac{d^2\boldsymbol{r}}{dt^2} = \left(\dfrac{d^2x}{dt^2}, \dfrac{d^2y}{dt^2}, \dfrac{d^2z}{dt^2}\right)$

力にも方向があるからベクトルであり，成分に分解すれば

**力**　$\boldsymbol{F} = (F_x, F_y, F_z)$

となる．最後に運動方程式は，加速度 $\boldsymbol{a}$ と力 $\boldsymbol{F}$ という，2つのベクトルの間の関係式だと考える．

**運動方程式**　$m\boldsymbol{a}\left(= m\dfrac{d^2\boldsymbol{r}}{dt^2}\right) = \boldsymbol{F}$

2つのベクトルが等しいということは，その各成分が等しいということである．上式の各成分を考えれば，(1)になるのは明らかだろう．ベクトル表示をすれば，3つの式が1つですむ．

# 4.2 放物線軌道

ぽいんと

空間運動の簡単な例として，一定の重力を受けながら動いている質点を考える．この問題は直線運動の例として前にも扱ったが，こんどは上下方向ばかりではなく左右に動くことも考える．運動方程式を解き，それより質点の描く曲線，つまり軌道の式を求める．軌道は放物線になる．

**キーワード：軌道**

## ■一定の重力中の運動

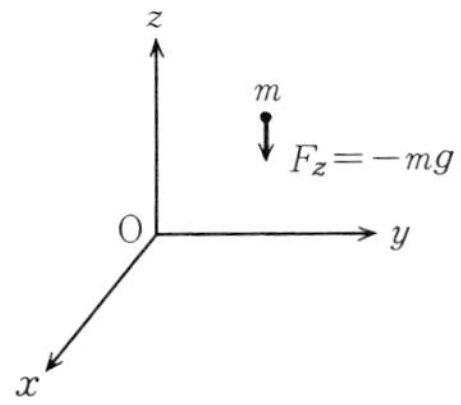


**図1** 重力の方向と座標

$z$ 軸を垂直方向にとり，$x, y$ 軸を水平方向にとる．重力は $z$ 方向下向きに働く．このとき運動方程式は

$$\begin{aligned} m\frac{d^2x}{dt^2} &= m\frac{dv_x}{dt} = 0 \\ m\frac{d^2y}{dt^2} &= m\frac{dv_y}{dt} = 0 \\ m\frac{d^2z}{dt^2} &= m\frac{dv_z}{dt} = -mg \end{aligned} \tag{1}$$

である．最後の式は1.2節ですでに扱ったし，残りはさらに単純だから，この問題を解くのは容易である．ただし変数の数が3倍になったので積分も3倍しなければならず，それに応じて積分定数(任意定数)も3倍出てくる．

まず(1)をすべて1回ずつ積分し速度を求めると

$$\begin{aligned} v_x(t) &= \frac{dx}{dt} = v_{x0} \\ v_y(t) &= \frac{dy}{dt} = v_{y0} \\ v_z(t) &= \frac{dz}{dt} = -gt+v_{z0} \end{aligned}$$

となる．ただし $v_{x0}, v_{y0}, v_{z0}$ は任意定数で，$t=0$ での各方向の速度になるのでこのように書いた．$t=0$ での速度といっても，水平方向には力は働いていないから，$v_x$ と $v_y$ は一定である．上式をもう一度積分すれば

$$\begin{aligned} x &= v_{x0}t+x_0 \\ y &= v_{y0}t+y_0 \\ z &= -\frac{1}{2}gt^2+v_{z0}t+z_0 \end{aligned} \tag{2}$$

となる．$x_0, y_0, z_0$ は任意定数で，$t=0$ での座標を表わしているのでこのように書いた．全部で6回積分をしているので，任意定数も6個現われている．これらを決めるには，運動に条件をつけなければならない．

この事情は直線上の運動と同じであり，たとえば初期条件を与えること

により任意定数を決めることができる．つまりある時刻(たとえば $t=t_0$)での位置 $(x(t_0), y(t_0), z(t_0))$ と速度 $(v(t_0), v(t_0), v(t_0))$ を与えればよい．特に $t=0$ とすれば，上の6つの定数 $(x_0, y_0, z_0)$ と $(v_{x0}, v_{y0}, v_{z0})$ をそのまま与えることになる．

## ■ベクトル表示では

▶ ^ という記号で，長さ1のベクトル(単位ベクトル)を表わすこととする．たとえば，$\hat{\boldsymbol{x}}, \hat{\boldsymbol{y}}, \hat{\boldsymbol{z}}$ はそれぞれ $x, y, z$ 方向の単位ベクトルである．

以上の計算をベクトル表示してみよう．まず，$\hat{\boldsymbol{z}}$ というベクトルを導入する．これは $z$ 方向を向いた長さ1のベクトル(単位ベクトル)という意味で，成分で書けば $\hat{\boldsymbol{z}}=(0,0,1)$ である．これを使えば，運動方程式は

$$m\frac{d\boldsymbol{v}(t)}{dt} = -mg\hat{\boldsymbol{z}}$$

である．そしてそれを1回積分した式は

$$\boldsymbol{v}(t) = \frac{d\boldsymbol{r}}{dt} = -g\hat{\boldsymbol{z}}t+\boldsymbol{v}_0$$

となる．$\boldsymbol{v}_0$ は任意の，ただし一定のベクトルであり，$t=0$ での速度ベクトルになる．そしてこれをもう一度積分すれば

$$\boldsymbol{r}(t) = -\frac{1}{2}g\hat{\boldsymbol{z}}t^2+\boldsymbol{v}_0 t+\boldsymbol{r}_0$$

となる．$\boldsymbol{r}_0$ も任意のベクトルで，$t=0$ での位置ベクトルである．これが，(2)の3つの式を同時に表わしている．

## ■軌　道

空間内の運動では，質点が動いていく曲線の式を求めることが重要である．これを**軌道**という．問題の答が(2)のようにわかってしまえば，これから $t$ を消去することにより軌道の式が求まる．

軌道の式をわかりやすい形で書くには，問題の条件に応じて座標軸をうまく選ぶことが大切である．上の問題で，初期条件を $t=0$ で決める場合を考えてみよう．$t=0$ での速度は，一般に斜めの方向を向いているだろう．しかし $x$ 軸と $y$ 軸の方向をうまく選べば，

$$v_{y0} = 0$$

とすることができる．このような座標系では，(2)から $t$ を消去し

$$y = y_0 \quad (\text{一定})$$

$$z = -\frac{1}{2}\frac{g}{v_{x0}}(x-x_0)^2+\frac{v_{z0}}{v_{x0}}(x-x_0)+z_0$$

という，軌道の方程式が求まる．これより質点は，$y=y_0$ という平面内を運動し，その軌道は放物線であることがわかる($z$ が $x$ の2次式だから)．

▶ $\dfrac{dz}{dx}=\dfrac{dz}{dt}\Big/\dfrac{dx}{dt}$ を使う．具体例は6.4節．

また，(2)という解を求めずに，運動方程式から $t$ を消去して，直接軌道を求める方法もある．

# 4.3 空間運動のポテンシャル

ぽいんと

直線上の運動では，力が保存力であればポテンシャル $U$ が求まり，エネルギー保存則が成り立つ．質点が空間内を曲がりながら運動するときも，保存力とかポテンシャルというものが定義できる．しかし力に3つの方向があるため，事情が多少変わってくる．

## ■空間運動でのポテンシャル

直線上の運動で，力 $F$ がある $U$ という関数により，

$$F(x) = -\frac{dU}{dx}$$

と表わされるとき，このような $F$ を保存力といい $U$ をポテンシャルと呼んだ．

空間内の運動では，力に3つの方向 $(F_x, F_y, F_z)$ がある．この3つを，1つの関数(やはり $U$ と書く)から同時に導くことを考えよう．$U$ は空間全体で定義されるから，空間を表わす3つの変数 $x, y, z$ の関数である．

$$U = U(x, y, z)$$

したがって $U$ の微分も，$x$ に対するもの，$y$ に対するもの，$z$ に対するものの3通り考えられる．偏微分である．それぞれに力の3つの成分を対応づけて

$$\begin{aligned} F_x(x, y, z) &= -\frac{\partial U}{\partial x} \\ F_y(x, y, z) &= -\frac{\partial U}{\partial y} \\ F_z(x, y, z) &= -\frac{\partial U}{\partial z} \end{aligned} \tag{1}$$

このような関係を満たす $U$ が存在するとき，$\boldsymbol{F}$ を保存力といい，$U$ をポテンシャル(ポテンシャルエネルギー，あるいは位置エネルギー)と呼ぶ．

▶(1)が成り立つなら章末問題3.2より

$$\frac{\partial F_x}{\partial y} = \frac{\partial F_y}{\partial x}$$
$$\frac{\partial F_y}{\partial z} = \frac{\partial F_z}{\partial y}$$
$$\frac{\partial F_z}{\partial x} = \frac{\partial F_x}{\partial z}$$

でなければならない．これが $\boldsymbol{F}$ が保存力であるかどうかの判定条件である．詳しくはより広い立場から電磁気学の巻で議論する．

### [例] 一定の重力と万有引力

直線上の運動では，力が決まれば(2.1.1)より $U$ がすぐ計算できる．しかし空間内の運動では方向が3つあるので，一般的な $U$ の求め方を示すには多少面倒な議論が必要となる．しかし実際の問題ではまず直感で $U$ の形を推測し，それを微分して3方向の力が求まるかを確かめたほうが手っ取りばやい．

まず一定の重力を考えよう(図1)．力は前節でも書いたように

$$\boldsymbol{F} = -mg\hat{\boldsymbol{z}} = (0, 0, -mg) \tag{2}$$

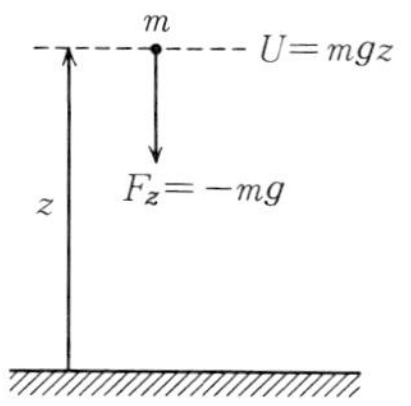


図1　一定の重力とポテンシャル

である．そこで

$$U = mgz \tag{3}$$

と仮定し，(1)が満たされているかどうかを確かめてみよう．この $U$ は $x$ と $y$ には依っていないので，それについての偏微分はゼロになる．

$$F_x = -\frac{\partial U}{\partial x} = 0, \quad F_y = -\frac{\partial U}{\partial y} = 0$$

そして $z$ 方向は

$$F_z = -\frac{\partial U}{\partial z} = -mg$$

となり，(2)が求まった．つまり(3)は正しい．

次に，より正確な重力の公式，万有引力(2.3.1)を考えてみよう．地球の中心を座標の原点とする．地球の外側の点 $(x, y, z)$ での力は，地球の中心を向いている．この方向を表わすベクトルとしては，位置ベクトル $\boldsymbol{r}$ が使える．

$$\boldsymbol{r} = (x, y, z)$$

便宜上，このベクトルの長さを1に調節した $\hat{\boldsymbol{r}}$ という単位ベクトルを定義しておく．$\boldsymbol{r}$ の長さ $r$ は，三平方の定理より

$$r \equiv |\boldsymbol{r}| = \sqrt{x^2+y^2+z^2}$$

であるから，これでベクトル $\boldsymbol{r}$ を割っておけば単位ベクトルが求まる．

$$\hat{\boldsymbol{r}} = \frac{\boldsymbol{r}}{r} = \left(\frac{x}{r}, \frac{y}{r}, \frac{z}{r}\right)$$

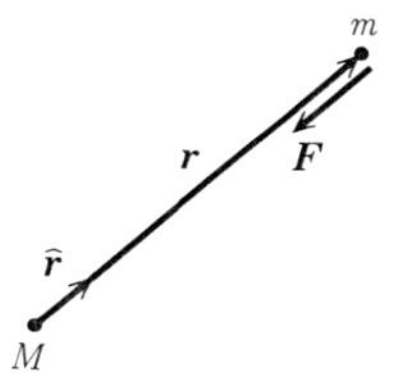


図2　万有引力の方向

ところで万有引力は地球の中心向きだから(図2)，その方向は $-\hat{\boldsymbol{r}}$ であり，その大きさは(2.3.1)で与えた．したがって

$$\text{万有引力}\quad \boldsymbol{F} = -G\frac{Mm}{r^2}\hat{\boldsymbol{r}}$$

$$= \left(-G\frac{Mm}{r^3}x, -G\frac{Mm}{r^3}y, -G\frac{Mm}{r^3}z\right) \tag{3}$$

となる．一方，ポテンシャル $U$ は(2.3.2)からの類推で，

$$U = -G\frac{Mm}{r} \tag{4}$$

としてみよう．すると

$$\frac{\partial}{\partial x}\left(\frac{1}{r}\right) = -\frac{1}{r^2}\frac{\partial r}{\partial x} = -\frac{1}{r^2}\frac{x}{r}$$

であるから

$$F_x = -\frac{\partial U}{\partial x} = GMm\frac{\partial}{\partial x}\left(\frac{1}{r}\right) = -G\frac{Mm}{r^3}x$$

となり(3)の $x$ 成分と一致する．他の方向も同様で，結局(4)が正しいことがわかる．

# 4.4 エネルギー保存則

ぽいんと

空間運動でも，力が保存力ならば(つまりポテンシャルが存在するならば)エネルギー保存則が成り立つ．証明は直線上の運動のときとほとんど同じである．ただし，変数が複数個あるときの合成関数の微分公式を必要とする．

**キーワード：エネルギー保存則(3次元)，多変数の合成関数の微分公式**

## ■エネルギー保存則

前節で，空間運動のポテンシャルを定義した．1つの $U$ から，3方向の力がすべて求まらなければならないという点が，空間内の運動の特徴である．

このようなポテンシャルが存在する場合には，運動方程式は

$$m\frac{dv_x}{dt} = -\frac{\partial U}{\partial x}$$
$$m\frac{dv_y}{dt} = -\frac{\partial U}{\partial y} \qquad (1)$$
$$m\frac{dv_z}{dt} = -\frac{\partial U}{\partial z}$$

となる．

次に，運動エネルギー $T$ を考えよう．空間運動では運動の方向が3つあるから，運動エネルギーも3つの項の和となる．つまり

$$T = \frac{1}{2}m({v_x}^2+{v_y}^2+{v_z}^2) = \frac{1}{2}m\left\{\left(\frac{dx}{dt}\right)^2+\left(\frac{dy}{dt}\right)^2+\left(\frac{dz}{dt}\right)^2\right\}$$

これを使って，全エネルギー $E$ は

$$E = T+U(\boldsymbol{r}(t))$$

となる．$U(\boldsymbol{r}(t))$ とは，時刻 $t$ における質点の位置 $\boldsymbol{r}(t)$ での $U$ の値という意味である．$U$ も $T$ も時刻 $t$ とともに変化するが，(1)を使うと $E$ は一定であることが証明できる(**エネルギー保存則**)．実際，

$$\frac{dE}{dt} = m\left(v_x\frac{dv_x}{dt}+v_y\frac{dv_y}{dt}+v_z\frac{dv_z}{dt}\right)+\left(\frac{dx}{dt}\frac{\partial U}{\partial x}+\frac{dy}{dt}\frac{\partial U}{\partial y}+\frac{dz}{dt}\frac{\partial U}{\partial z}\right)$$

右辺第2項では，右ページで説明する合成関数の微分公式を使った．$v_x = dx/dt$ などを使って右辺を整理すると

$$\frac{dE}{dt} = v_x\left(m\frac{dv_x}{dt}+\frac{\partial U}{\partial x}\right)+v_y\left(m\frac{dv_y}{dt}+\frac{\partial U}{\partial y}\right)+v_z\left(m\frac{dv_z}{dt}+\frac{\partial U}{\partial z}\right)$$

となる．運動方程式(1)より，これはゼロになり，エネルギー保存則が証明された．

**［数学メモ］　多変数の合成関数の微分公式**

直線上の運動のときのポテンシャル $U$ は，座標 $x$ の関数であった．この $x$ が質点の位置 $x(t)$ を表わしているとすれば，$U$ は $x$ を通じて時刻 $t$ の関数となる．そして $U$ の $t$ による微分は，通常の合成関数の微分公式により，

$$\frac{dU(x(t))}{dt} = \frac{dx(t)}{dt}\frac{dU(x)}{dx}$$

となる．微分とは微小な変化量の比の極限であることを考えれば，この式はすぐに理解できる．つまり $t$ が $\Delta t$ だけ変化したとき，$x$ が $\Delta x$，$U$ が $\Delta U$ だけ変化したとすれば，

$$\frac{\Delta U}{\Delta t} = \frac{\Delta x}{\Delta t}\frac{\Delta U}{\Delta x}$$

この式で変化量がゼロになる極限をとれば，上の公式が求まる．

空間運動のポテンシャル $U$ は，$x, y, z$ の3変数の関数である．それらが質点の座標を表わしているときには，$U$ はそれらを通じて時刻 $t$ の関数となる．

$$U = U(\boldsymbol{r}(t)) = U(x(t), y(t), z(t))$$

したがって，$dU/dt$，つまり $t$ が変化したときの $U$ の変化率には，$x$ を通じての変化，$y$ を通じての変化，$z$ を通じての変化という3つの寄与がある．それに応じて，合成関数の微分公式は次式のようになる．

$$\frac{dU}{dt} = \frac{dx}{dt}\frac{\partial U}{\partial x} + \frac{dy}{dt}\frac{\partial U}{\partial y} + \frac{dz}{dt}\frac{\partial U}{\partial z} \tag{2}$$

［(2)の証明］　時刻が $t$ から $t+\Delta t$ へわずかに経過したとき，質点の位置が

$$x \to x+\Delta x, \qquad y \to y+\Delta y, \qquad z \to z+\Delta z$$

と動いたとする．すると質点の位置でのポテンシャルの値は

$$\Delta U \equiv U(x+\Delta x, y+\Delta y, z+\Delta z) - U(x, y, z)$$

だけずれる．ここで，このずれを3つに分ける

$$\begin{aligned}\Delta U = {} & U(x+\Delta x, y+\Delta y, z+\Delta z) - U(x, y+\Delta y, z+\Delta z) \\ & + U(x, y+\Delta y, z+\Delta z) - U(x, y, z+\Delta z) \\ & + U(x, y, z+\Delta z) - U(x, y, z)\end{aligned}$$

右辺の3つの項をそれぞれ $\Delta_x U, \Delta_y U, \Delta_z U$ と書く．すると

▶ $\Delta \to 0$ とは，$\Delta t$ をゼロとし，それに応じて他の量もゼロとする極限である．

$$\begin{aligned}\frac{dU}{dt} &= \lim_{\Delta\to 0}\frac{\Delta U}{\Delta t} = \lim_{\Delta\to 0}\left(\frac{\Delta_x U}{\Delta t} + \frac{\Delta_y U}{\Delta t} + \frac{\Delta_z U}{\Delta t}\right) \\ &= \lim_{\Delta\to 0}\left(\frac{\Delta x}{\Delta t}\frac{\Delta_x U}{\Delta x} + \frac{\Delta y}{\Delta t}\frac{\Delta_y U}{\Delta y} + \frac{\Delta z}{\Delta t}\frac{\Delta_z U}{\Delta z}\right)\end{aligned}$$

この式の右辺が上の(2)になる．（証明終）

# 4.5 ポテンシャルの傾きと力

ぽいんと

直線上の運動のときは，ポテンシャルのグラフの傾きから力の様子がわかる．力はグラフを下る方向を向き，その大きさはグラフの勾配に等しい．同様のことが空間運動でも成り立つ．ただし空間運動では図で説明しにくいので，まず平面内の運動で考える．そのあとで，空間内のポテンシャルの勾配という量を定義する．

**キーワード：等ポテンシャル面，勾配(gradient)**

## ■平面内のポテンシャルの傾斜と力の方向

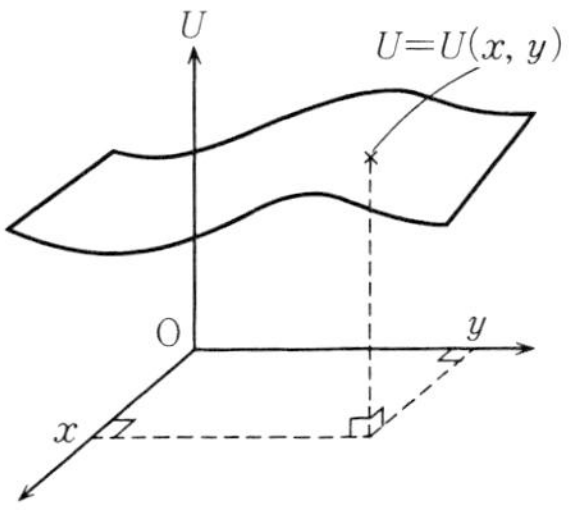

**図1** ポテンシャル

質点が，$x$座標と$y$座標で表わされる平面内を運動しているとする．そこでのポテンシャルを$U(x,y)$と書く．

$x$軸と$y$軸，それに$U$の値を表わす軸で作られる空間を考えよう．$U=U(x,y)$という式は，各$(x,y)$の値に対して$U$の値を決めるから，そのような点を集めて曲面ができる．

曲面だから一般に凹凸があり，面の傾きの大きさも方向も，各点ごとに異なる．ところで「曲線」の場合，各点での傾きはそこでの微分に等しい．「曲面」の場合も，同様に特定の方向への傾きはその方向に対する微分により求まる．たとえば$(x,y)$という点で，($y$の値は固定して)$x$方向にだけ進んだときの傾きは，$U=U(x,y)$を$x$についてだけ微分すれば求まる．つまり$\partial U/\partial x$である．同様に，$y$方向へずれたときの傾きは$\partial U/\partial y$となる．

力のベクトルは$U$を偏微分して求める．

$$\boldsymbol{F}=\left(-\frac{\partial U}{\partial x},\ -\frac{\partial U}{\partial y}\right) \tag{1}$$

これからすぐにわかるように，各方向への力は，$U$のその方向の傾き(にマイナスを付けたもの)に等しい．

これは，力の各成分に関する性質だが，力全体に対しても次の定理が成り立つ．

**定理**　$U=U(x,y)$という曲面の各点での最大傾斜の方向(ただし下る方向)がそこでの力の方向であり，その傾きが力の大きさである．

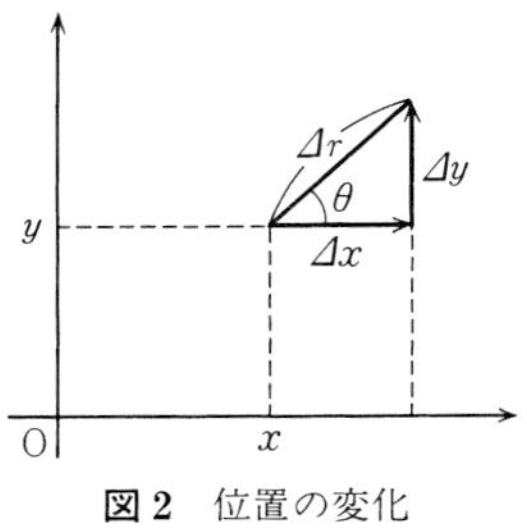

**図2** 位置の変化

［証明］　$(x,y)$という位置から$(\Delta x,\Delta y)$という方向(角度$\theta$)に進んだときの傾き($k(\theta)$と書く)を考える．まず$U$の変化(1次の変分)は

$$\Delta U \simeq U_x\Delta x+U_y\Delta y$$

となる(式を簡略化するために$\partial U/\partial x\equiv U_x$などの記号を使う)．したがって傾きは

$$k(\theta) = \frac{\Delta U}{\Delta r} = U_x\frac{\Delta x}{\Delta r} + U_y\frac{\Delta y}{\Delta r}$$
$$= U_x\cos\theta + U_y\sin\theta \qquad (2)$$

である．これを最大にする $\theta$ を求めるには，$\theta$ による微分がゼロでなければならない．

$$\frac{dk}{d\theta} = -U_x\sin\theta + U_y\cos\theta = 0$$
$$\Rightarrow \tan\theta = U_y/U_x$$

▶ $xy$ 平面内に，$U$＝一定という等高線を描くと，それに垂直な方向が最大傾斜の方向だから，$\theta$ 方向が力の方向となる．

これは，$\theta$ の方向が力(1)の方向であることを意味している(符号は別として)．また，この式より

$$\cos\theta = U_x/\sqrt{U_x{}^2+U_y{}^2}, \qquad \sin\theta = U_y/\sqrt{U_x{}^2+U_y{}^2}$$

となるから，傾きの大きさは(2)に代入して

$$k(\theta) = \sqrt{U_x{}^2+U_y{}^2}$$

となり，力(1)の大きさに等しい．(証明終)

## ■空間内のポテンシャルと力の方向

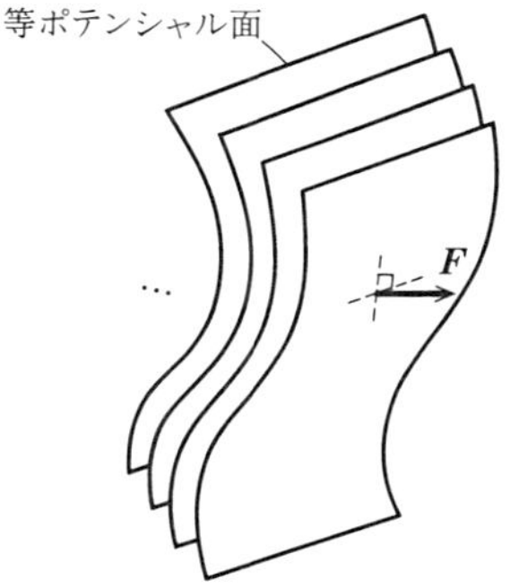

図3

空間の問題でも，同様の定理が成り立つ．まず，ポテンシャルが一定

$$U(x,y,z) = C \quad (\text{定数})$$

という条件は，$x, y, z$ の間に1つの関係をつけるので，空間内の1つの曲面を表わすことになる．これを**等ポテンシャル面**という．$C$ を変化させて次々に曲面を作っていくと，(互いに交わることのない)曲面が空間内にぎっしり並ぶことになる．1つの曲面に沿った方向が $U$ が一定な方向であり，曲面に垂直な方向が $U$ が変化していく方向である．

ここで $U$ の勾配というベクトルを定義しておこう．

**勾配**：向きが等ポテンシャル面に垂直($U$ の増す方向)で，大きさはその方向へたどったときの $U$ の変化率に等しいベクトルを空間の各点で考える．それをその点での $U$ の**勾配**と呼び，grad $U$ と書く．

▶grad＝gradient(勾配)

**定理**　$U$ の勾配を成分で書くと

$$\text{grad}\, U = \left(\frac{\partial U}{\partial x}, \frac{\partial U}{\partial y}, \frac{\partial U}{\partial z}\right)$$

となる．つまり $\boldsymbol{F} = -\text{grad}\, U$ である．(2次元の場合の定理の拡張なので，証明は省略する．章末問題4.9参照.)

また，形式的に

▶∇ のことをベクトルと考えていい数学的理由もあるが，ここでは単に記号だと思えばよい．

$$\text{ナブラベクトル} \quad \nabla = \left(\frac{\partial}{\partial x}, \frac{\partial}{\partial y}, \frac{\partial}{\partial z}\right)$$

という記号を導入し，

$$\boldsymbol{F} = -\nabla U$$

と書くこともある．

## 章末問題

［4.1節］

**4.1**（**円運動の速度と加速度**）　$xy$ 平面上で，原点を中心とする半径 $r$ の円運動をしている質点を考える．角速度（単位時間での角度の変化）を $\omega$ とすれば，質点の位置は

$$x = r\cos\omega t, \quad y = r\sin\omega t \quad (z=0)$$

である．このときの速度ベクトルとその大きさを求め，位置ベクトルと直交していることを確かめよ．また加速度を計算し，質点に働いている力の向きと大きさを求めよ．ただし質点の質量を $m$ とする．

**4.2**　原点からの距離に比例し，原点の方向を向く力を，ベクトル表示および成分表示せよ．比例係数を $k$ とする．

［4.2節］

**4.3**　斜め上，角度 $\theta$ の方向に初速度 $v$ で飛び出した物体の運動を考える．力は重力のみとする．このとき，再び同じ高さまで落下するまでの時間 $T$，そのときの到達距離 $X$ を求めよ．また $v$ を一定としたとき，$T, X$ を最大にするには，角度 $\theta$ をそれぞれどのように選べばよいか．

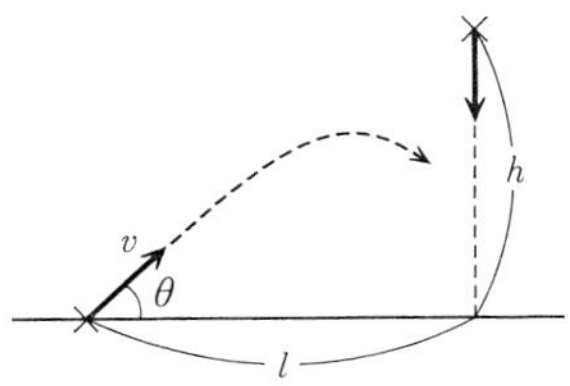

図1

**4.4**　地上の人間Oから見て，水平距離 $l$，高さ $h$ の位置にある物体Aが，初速0で落下し始める．それと同時に人間が物体Bを投げる（図1）．どのように投げればAが地上に落下する前にBがAと衝突するか．

**4.5**　問題4.2の力が働いているときの運動を2次元（$x$ と $y$）で解き，楕円運動か，直線上の往復運動であることを示せ．

［4.3節］

**4.6**　問題4.2の力が，ポテンシャル $U=-\dfrac{1}{2}kr^2$ で表わされることを示せ．

［4.4節］

**4.7**　$U=x^2+y^2$ であり，また $x=\sin t$, $y=\cos t$ であるとき，$dU/dt=0$ であることを（4.4.2）を使って示せ．（$U$ にいきなり代入すれば $U=1$ となるから，結果自体は当然である．）

［4.5節］

**4.8**　等ポテンシャル面と力の方向が垂直であることを，以下の場合に説明せよ．

（1）一定の重力（$U=mgz$）

（2）万有引力（$U=-Gm_1m_2/r$）

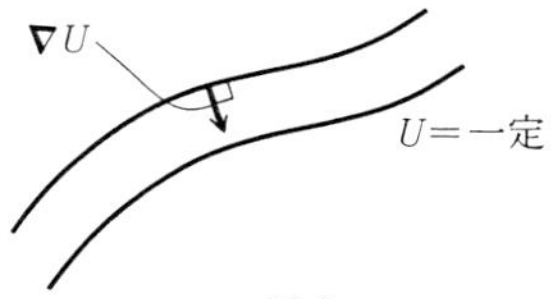

図2

**4.9**　等ポテンシャル面と力の方向が垂直であることを，3次元の場合に一般的に証明せよ（図2）．（ヒント：$(x, y, z)$ と $(x+\Delta x, y+\Delta y, z+\Delta z)$ が同一の等ポテンシャル面上の点であるという式を書き，それを1次の変分で近似せよ．）

# 5

# 空間運動のラグランジュ方程式と極座標

きき**どころ**

万有引力の場合，ポテンシャルは力の中心からの距離 $r$ で決まる．このような問題を解くには，$xyz$ 座標ではなく，$r$ を座標の１つとして使う座標系を使うと便利である．そこで，この章ではまず，一般の座標系での運動方程式（ラグランジュ方程式）というものを説明する．またその応用として，（平面の）極座標を使ったときの運動方程式の形とその特徴を説明する．空間内の運動といっても，実際には特定の平面内での運動を考えることが多いので，極座標は有用である．直線座標系と一般の座標系での運動方程式の違いを理解するためにも，極座標は示唆に富む例である．

# 5.1 ラグランジュ方程式，最小作用の原理

ぽいんと

空間運動の場合も，ラグランジュ方程式や最小作用の原理が考えられる．その形は直線上の運動でのものとまったく同じであるが，復習の意味も込めて書き下してみよう．最小作用の原理をもとにして考えると，ラグランジュ方程式は，$xyz$ 座標系に限らず，一般の座標系で成り立つことがわかる．

## ■ラグランジュ方程式

空間運動の場合も，ラグランジアン $L$ の定義は同じである．

$$L = T - U = \frac{1}{2}m(\dot{x}^2+\dot{y}^2+\dot{z}^2) - U(x,y,z)$$

ラグランジュ方程式は，3つの座標それぞれに対して書ける．

$$\begin{aligned} \frac{d}{dt}\left(\frac{\partial L}{\partial \dot{x}}\right) - \frac{\partial L}{\partial x} &= 0 \\ \frac{d}{dt}\left(\frac{\partial L}{\partial \dot{y}}\right) - \frac{\partial L}{\partial y} &= 0 \\ \frac{d}{dt}\left(\frac{\partial L}{\partial \dot{z}}\right) - \frac{\partial L}{\partial z} &= 0 \end{aligned} \tag{1}$$

たとえば

$$\frac{\partial L}{\partial \dot{x}} = m\dot{x}, \qquad \frac{\partial L}{\partial x} = -\frac{\partial U}{\partial x}$$

であるから，最初の式は

$$m\ddot{x} + \frac{\partial U}{\partial x} = 0$$

となり，ニュートンの運動方程式(4.1.1，4.4.1)と一致する．

## ■作　　用

$t=t_1$ から $t=t_2$ までの

$$(x(t), y(t), z(t)) \qquad t_1 < t < t_2 \tag{2}$$

という関数で表わされる質点の任意の運動に対して

$$S[x(t), y(t), z(t)] = \int_{t_1}^{t_2} L(x(t), y(t), z(t))dt$$

という積分の値を，その運動の作用という．これは1次元運動の場合の定義(3.2節)と本質的に同じである．

最小作用の原理も，1次元の場合と同じように定義される．つまり，『時間の両端 $t=t_1$，$t=t_2$ では定められた位置

$$(x(t_1), y(t_1), z(t_1)) \quad (x(t_2), y(t_2), z(t_2))$$

に来るようなあらゆる質点の運動の可能性のうち，現実に起こる運動は，作用$S$を最小にする運動である．』

## ■ラグランジュ方程式を導く

作用$S$が，ある運動(2)に対して最小値であるためには，1次の変分がそこでゼロになっていなければならない．つまり(2)で表わされる軌道から微小量

$$(\varDelta x(t), \varDelta y(t), \varDelta z(t))$$

だけずれたとき，$S$の1次の変化がゼロでなければならない．変分の計算方法は座標が1つのとき(3.4節)とまったく同じであり

$$\varDelta_1 S = \int_{t_1}^{t_2}\left\{\left[\frac{\partial L}{\partial x}-\frac{d}{dt}\left(\frac{\partial L}{\partial \dot{x}}\right)\right]\varDelta x(t) + \left[\frac{\partial L}{\partial y}-\frac{d}{dt}\left(\frac{\partial L}{\partial \dot{y}}\right)\right]\varDelta y(t)+\left[\frac{\partial L}{\partial z}-\frac{d}{dt}\left(\frac{\partial L}{\partial \dot{z}}\right)\right]\varDelta z(t)\right\}dt \qquad (3)$$

となる．この式で，軌道のずれ$(\varDelta x(t), \varDelta y(t), \varDelta z(t))$は，時間の両端ではゼロであることを除けばまったく勝手な関数である．したがって$\varDelta S=0$であるためには，それらの係数がすべてゼロでなければならない．これより3つのラグランジュ方程式(1)が導かれる．

## ■一般の座標系での運動の法則

直線上の運動の場合，ニュートンの運動方程式，ラグランジュ方程式，そして最小作用の原理の，どれを基本法則と考えてもよい，つまりすべて同等であるということを第3章で説明した．

▶デカルト座標系＝直交座標系

3次元的な運動でも，$xyz$座標系(デカルト座標系)を使っているかぎりこの3つが同等であることは，今も証明したとおりである．しかし次節で説明する極座標のような，曲線座標系を使ったときは，これらの式が具体的にどのような形になるのかさえ，簡単な問題ではない．

しかし，その中で一番考えやすいのは，最小作用の原理である．この原理では，積分値が問題である．そして積分値は，計算に使う座標系には依存しない．そこで$xyz$座標系の代わりに，$(a, b, c)$という座標系で質点の位置と速度を表わしたとしよう．そしてラグランジアンもそれを使って表わす．すると，ある軌道が作用$S$を最小にするための条件，つまり1次の変分は，(3)で$xyz$の代わりに$abc$を使った式になる．だから，ラグランジュ方程式も，(1)で$xyz$を$abc$に置き換えたものに他ならない．

▶ラグランジュ方程式の具体的な形がニュートンの方程式であるから，一般の座標系でのニュートンの方程式の形も座標系に依存する．

つまり，ラグランジュ方程式の形はどの座標系でも変わらないのである．ただしこの式に，新しい座標系で表わした$L$の具体的な形を代入したときにどうなるかは別問題で，一般には$xyz$座標系での具体的な形とはかなり違ったものになる．例は5.3節で，極座標を使って説明する．

# 5.2 極座標と速度

ぽいんと

章の初めにも述べたように，これからしばらくは，平面内の運動を考える．平面で一番簡単な座標は $xy$ 座標である(直線直交座標，あるいはデカルト座標ともいう)．しかし問題によっては，極座標 $(r,\theta)$ というものが便利なことも多い．この節では，極座標，そして $r$ 方向，$\theta$ 方向という言葉の意味を説明する．そしてきわめて重要な速度ベクトルの $r$ 方向の成分，$\theta$ 方向の成分を表わす式を導く．

**キーワード：極座標，$r$ 方向，$\theta$ 方向，極座標での速度**

## ■極 座 標

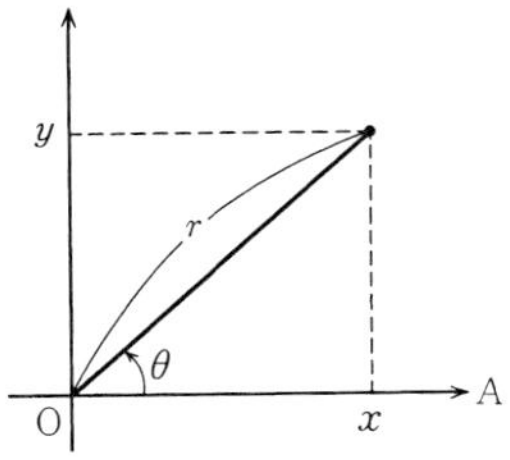


図 1

まず座標の原点Oと，そこからの基準となる方向を決め，その方向へ延びる半直線をOAとする．そして，Oからの距離 $r$ と，OAからの角度 $\theta$ で平面上の位置を表わす(図1)．これが**極座標**である．OAを $x$ 軸とすれば，$xy$ 座標との関係は

$$x = r\cos\theta, \qquad y = r\sin\theta \tag{1}$$

となる．

$xy$ 座標に $x$＝一定，$y$＝一定という線をたくさん書き込むと，碁盤のようなものになる．一方，極座標に $r$＝一定，$\theta$＝一定という線をたくさん書き込むと，蜘蛛の巣のようなものになる(図2)．

## ■ $r$ 方向と $\theta$ 方向

▶ $r$ 方向のことを**動径方向**ともいう．

$xy$ 座標が決まっていれば，平面各点で $x$ 方向，$y$ 方向というものが決まる．$x$ 方向とは，$y$ を一定とし $x$ を増していく方向である．$y$ 方向も同様．$x$ 軸，$y$ 軸とも直線なので，$x$ 方向，$y$ 方向は平面内どこでも平行である．

極座標では，$r$ 方向と $\theta$ 方向というものを考える．$r$ 方向とは，$\theta$ を一定にし $r$ を増していく方向である．$\theta$ 方向も同様．$r$＝一定という線が曲がっているので，これらの方向は平面内各点で異なる(図3)．

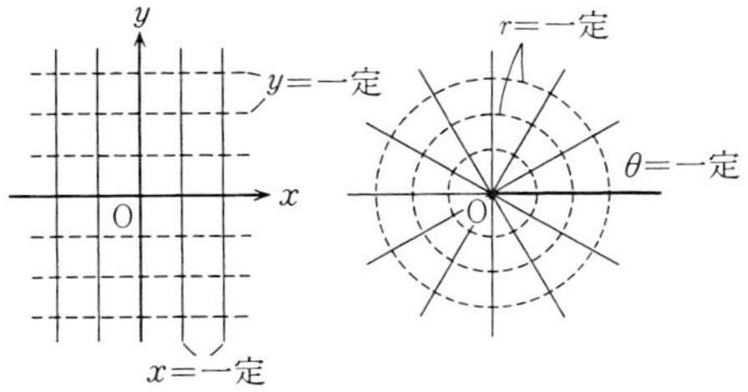


図 2

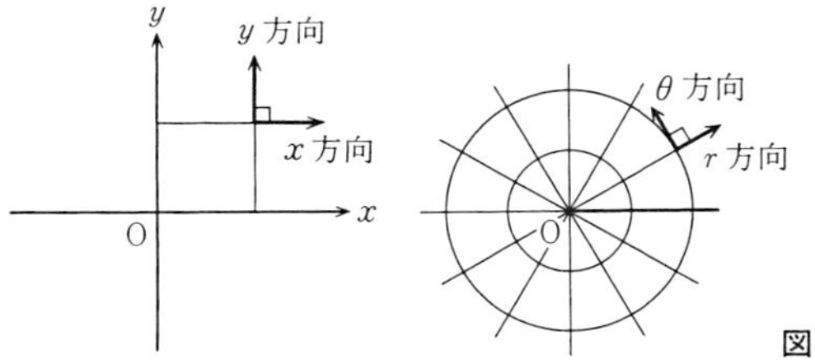


図 3

## ■ベクトルの分解

平面内のベクトルは，2つの方向に分解できる(図4)．

$\boldsymbol{A}$ というベクトルの $x$ 方向の大きさを $A_x$，$y$ 方向の大きさを $A_y$ とする．

それらは各方向へ垂線を下ろせば求まる．

$r$ 方向と $\theta$ 方向への分解も同様にできる．それぞれの方向に垂線を下ろせば，各方向の大きさ $A_r$ と $A_\theta$ が求まる．ただし極座標は曲がっているから，ベクトルを置く場所により成分の大きさは異なる．

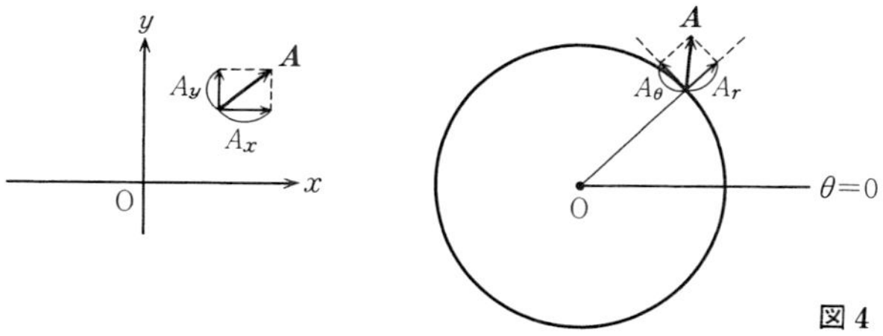

図 4

## ■速度ベクトルの分解

各時刻 $t$ での質点の位置が，$xy$ 座標により $x(t), y(t)$ と表わされているとする．速度ベクトルの $x$ 方向の成分とは，その方向への位置の変化率である．つまり

$$v_x = \frac{dx}{dt} \equiv \dot{x}, \quad v_y = \frac{dy}{dt} \equiv \dot{y}$$

次に，質点の位置が極座標により $r(t), \theta(t)$ と表わされているとする．速度ベクトルの $r$ 方向の成分 $v_r$ とは，その方向への位置の変化率で

$$v_r = \frac{dr}{dt} \equiv \dot{r} \qquad (2)$$

である（もちろん速度ベクトルを質点の位置に置いたときの $r$ 成分である）．

$\theta$ 方向の成分 $v_\theta$ は少し難しい．$\theta$ は角度であって長さを表わしていないからである．時刻が $\varDelta t$ だけ経過したときの角度の変化を $\varDelta\theta$ とする．$\theta$ 方向の位置の変化の大きさは，半径 $r$，中心角 $\varDelta\theta$ の扇形の弧の長さにほぼ等しい．そして，弧の長さ＝半径×中心角である．つまり

▶ $\varDelta\theta \to 0$ の極限では完全に等しい．

$$\theta\text{ 方向の位置の変化} \fallingdotseq r\varDelta\theta$$

となる．そして速度とは単位時間当たりの変化率だから，上式を時間の経過で割り，

$$v_\theta = \lim_{\varDelta t \to 0} \frac{r\varDelta\theta}{\varDelta t} = r\frac{d\theta}{dt} \equiv r\dot{\theta} \qquad (3)$$

である．

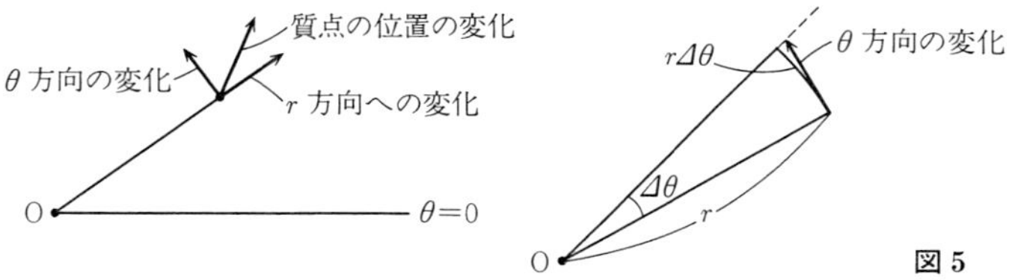

図 5

# 5.3 極座標での運動方程式

ぽいんと

運動エネルギーを極座標で表わす．それを使って，極座標での運動方程式(ラグランジュ方程式)の具体的な形を求める．$xy$ 座標の運動方程式では出てこないタイプの項が現われる．遠心力(見かけの力)と呼ばれるこの項の意味を説明する．

**キーワード：極座標でのラグランジュ方程式，遠心力，見かけの力**

## ■極座標での運動エネルギー

極座標の $r$ 方向と $\theta$ 方向は直交している．したがって速度の 2 乗は，各方向の速度 $v_r$ と $v_\theta$ の 2 乗の和であり(三平方の定理)，質点の運動エネルギーは

$$T = \frac{1}{2}m({v_r}^2+{v_\theta}^2) = \frac{1}{2}m(\dot{r}^2+r^2\dot{\theta}^2)$$

となる．ラグランジアンは

$$L = T-U = \frac{1}{2}m(\dot{r}^2+r^2\dot{\theta}^2)-U(r,\theta) \tag{1}$$

である．

## ■ラグランジュ方程式

5.1 節で議論したように，ラグランジュ方程式を $L$ で表わしたときの形は変わらない．つまり

$$\frac{d}{dt}\left(\frac{\partial L}{\partial \dot{r}}\right)-\frac{\partial L}{\partial r} = 0, \qquad \frac{d}{dt}\left(\frac{\partial L}{\partial \dot{\theta}}\right)-\frac{\partial L}{\partial \theta} = 0$$

である．(1)を使って具体的な形を求めると

$$\frac{d}{dt}(m\dot{r})-mr\dot{\theta}^2+\frac{\partial U}{\partial r} = 0 \tag{2}$$

$$\frac{d}{dt}(mr^2\dot{\theta})+\frac{\partial U}{\partial \theta} = 0 \tag{3}$$

あるいは

$$m\frac{d^2r}{dt^2} = mr\dot{\theta}^2-\frac{\partial U}{\partial r} \tag{2$'$}$$

$$\frac{d}{dt}(mr^2\dot{\theta}) = mr^2\ddot{\theta}+2mr\dot{r}\dot{\theta} = -\frac{\partial U}{\partial \theta} \tag{3$'$}$$

とも書ける．

## ■力とポテンシャル

保存力の場合，$U$ の各方向への変化率にマイナスを付けたものが，その方向への力の成分である．$r$ 方向の力の成分 $F_r$ は，普通に考えて

$$F_r = -\frac{\partial U}{\partial r}$$

でよい．$\theta$ 方向の力の成分は，$\theta$ 方向への変位の距離が $r\varDelta\theta$ であるから

$$F_\theta = -\lim_{\varDelta\theta\to 0}\frac{\varDelta U}{r\varDelta\theta} = -\frac{1}{r}\frac{\partial U}{\partial\theta}$$

となる．$r$ で割ることに注意してほしい．$U$ の微分を力 $F_r, F_\theta$ で書き直しておけば，(2)や(3)は力が非保存力であっても成り立つ式になる．

## ■見かけの力((2)の意味)

$xy$ 座標での運動方程式

$$m\frac{d^2x}{dt^2} = -\frac{\partial U}{\partial x}$$

などから単純に類推し

$$m\frac{d^2r}{dt^2} \overset{?}{=} -\frac{\partial U}{\partial r} \tag{4}$$

という式が成り立つように誤解する人がいるかもしれない．これは間違いで，(2′)には余分な項が付いている．運動エネルギーの中の $v_\theta{}^2$ に関する項 $(\partial T/\partial\theta)$ が起源である．その役割を少し考えてみよう．

(2)と(4)との違いは，力が働いていない場合 $(U=0)$ を考えるとよくわかる．力が働いていなければ質点はまっすぐ動く．この動きでの $r$ の変化を見てみよう．

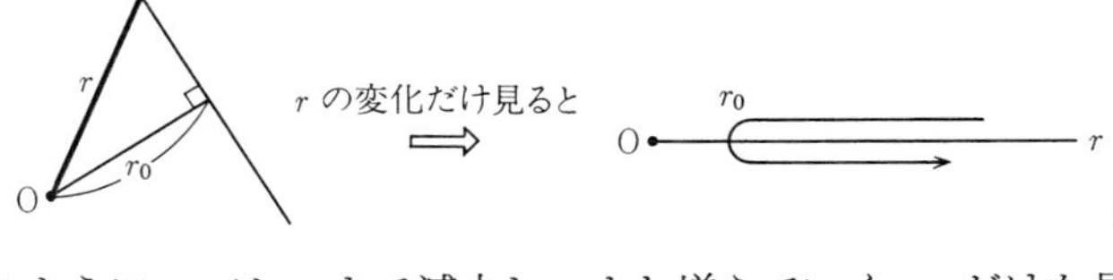


図 1

図 1 のように，$r$ は $r_0$ まで減少し，また増えていく．$r$ だけを見ていると，$U=0$ なのに力が働いているように見える．この効果を表わすのが(2′)の余分な項である．この項は正なので原点 O からの反発を表わし，**遠心力**と呼ばれる．一般に質点は，力を受けなければ同じ方向に動き続けようとする(慣性)．$\theta$ 方向に対する慣性が，$r$ 方向の**見かけの力**の起源である．

このように，本当の力ではないのだが運動方程式では力のような役割をする項を，一般に「見かけの力」と呼ぶ．ラグランジュ方程式で，運動エネルギーを(速度ではなく)位置座標で微分したときに出てくる項である．

# 5.4 運動量・角運動量・面積速度

ぽいんと

まず，狭い意味での運動量という量を定義する．$xyz$ 座標での運動方程式は，この運動量の変化率を表わす式と解釈できる．

次に，広い意味での運動量（＝一般化された運動量）という量を定義する．角運動量と呼ばれる量も，広い意味での運動量の一種である．そして極座標での運動方程式は，この広い意味での運動量の変化率を表わす式と解釈できる．また角運動量の直観的意味を，面積速度という量と関連づけて説明する．

**キーワード：運動量，力積，一般化された運動量，角運動量，面積速度**

## ■運　動　量

運動量という言葉の説明から始める．これには狭い意味と広い意味がある．狭い意味では

$$運動量 = 質量 \times 速度 \tag{1}$$

である．速度はベクトルだから運動量もベクトルになる．それを

$$\boldsymbol{p} = (p_x, p_y, p_z)$$

と書けば，(1)は

$$p_x = mv_x, \qquad p_y = mv_y, \qquad p_z = mv_z$$

となる．この運動量を使えば運動方程式は

$$\frac{d}{dt}p_x = F_x \left(= -\frac{\partial U}{\partial x}\right)$$

となる（$p_y, p_z$ についても同様）．あるいは

$$\frac{d}{dt}\boldsymbol{p} = \boldsymbol{F} \ (= -\nabla U)$$

と書ける．つまり，運動量の変化率が力に等しい．

▶ $\Delta \boldsymbol{p} = \boldsymbol{F} \cdot \Delta t$ とも書ける．右辺を**力積**と呼ぶ．つまり運動量の変化は力積に等しいということができる．

## ■一般化された運動量

$xyz$ 座標，極座標を問わず，任意の座標系の中の 1 つの座標を $w$ と書く．そのとき

$$p_w \equiv \frac{\partial L}{\partial \dot{w}} \tag{2}$$

という量を，座標 $w$ に対する**一般化された運動量**という．これが広い意味での運動量である．$xyz$ 座標に対しては

$$\frac{\partial L}{\partial \dot{x}} = m\dot{x}$$

となる（$\dot{y}, \dot{z}$ についても同様）．だから，狭い意味での運動量と一致する．また

▶一般運動量，一般化運動量とも言われる．英語では generalized momentum.

$$\frac{\partial L}{\partial \dot{r}} = m\dot{r}$$

であるから，これも質量×速度である．運動方程式は

$$\frac{d}{dt}p_r = \frac{\partial T}{\partial r} - \frac{\partial U}{\partial r}$$

となり，$p_r$ の変化率は本当の力（$-\partial U/\partial r$）と見かけの力（$\partial T/\partial r$）の和に等しい．角度座標 $\theta$ に対しては

$$p_\theta = \frac{\partial L}{\partial \dot{\theta}} = mr^2\dot{\theta} \qquad (3)$$

である．これを特に**角運動量**と呼ぶ．これの変化率は，(5.3.3)からわかるように $-\partial U/\partial \theta$ に等しく，見かけの力はない．

## ■等速直線運動での角運動量と面積速度

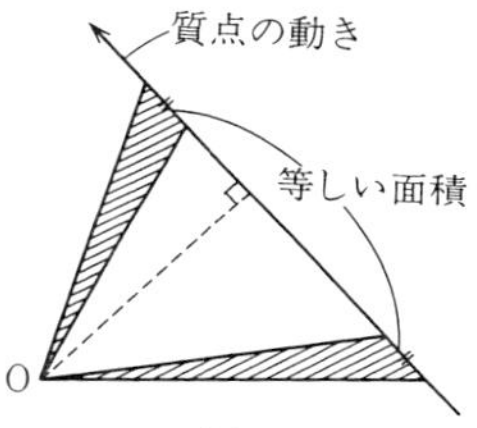

図 1

力が働いていない（$U$＝一定）ときには，質点は等速直線運動をする．速度が一定だから $xyz$ 座標に対する運動量も一定である．しかし $r$ 座標に対する運動量は，見かけの力があるから一定にはならない（前節参照）．

また，角度の変化率 $\Delta\theta/\Delta t$ も一定ではない．速度は同じでも，近くで動いていれば角度は大きく変化するし，遠くで動いていればあまり変化しない．しかし見かけの力はないので，角運動量は一定である．この意味を考えてみよう．

等速直線運動では一定の時間（$\Delta t$ とする）に質点が動く距離は常に等しい．そこで，質点が一定の時間に動いた距離と動いた部分と原点 O を結んだ三角形の面積を考えてみよう．これは底辺の長さも高さも等しいので一定となる．$\Delta t$ が微小であるときは，この面積は扇型の面積

$$\pi r^2 \frac{\Delta\theta}{2\pi} = \frac{1}{2} r^2 \Delta\theta$$

に等しい．単位時間の面積に換算するため，これを $\Delta t$ で割った量 $(1/2)r^2 \times \Delta\theta/\Delta t$ を**面積速度**と呼ぶ．この言葉を使えば，等速直線運動では面積速度は一定であるということになる（図 1）．

また，これに定数 $2m$ を掛けたものが角運動量に他ならない．

$$mr^2 \frac{\Delta\theta}{\Delta t} \xrightarrow[\Delta t \to 0]{} mr^2\dot{\theta} = p_\theta$$

狭い意味での運動量が，速度に質量を掛けたものであったように，角運動量は，面積速度に質量（の 2 倍）を掛けたものである．そして等速直線運動では面積速度が一定なのだから，角運動量も当然，一定になる．

力が働いているときも，（万有引力の場合のように）ポテンシャルが角度によらなければ $\partial U/\partial \theta = 0$ だから，やはり角運動量は一定になる．具体例は次章で学ぶ．

# 5.5 拘束力があるときのラグランジュ方程式

**ぽいんと**

非保存力があるときの極座標での運動方程式を考える．非保存力はラグランジアンでは表わせないが，保存力がどのような形で運動方程式の中に含まれているかを見れば，非保存力の取り入れ方も容易にわかる．また，非保存力が拘束力と呼ばれる性質を持つときには，その力を考えなくても問題を解くことができることを示そう．

**キーワード：非保存力，拘束力**

## ■非保存力があるときの運動方程式

極座標のラグランジュ方程式を通常の力 $\boldsymbol{F}$ で表わす方法は，5.3節で説明した．非保存力があるときには，力 $\boldsymbol{F}$ の部分にその非保存力を含めればよい．非保存力の各成分を $f_r, f_\theta$ と表わせば，運動方程式は

$$m\frac{d^2r}{dt^2} = mr\dot{\theta}^2 - \frac{\partial U}{\partial r} + f_r$$

$$\frac{d}{dt}(mr^2\dot{\theta}) = -\frac{\partial U}{\partial \theta} + rf_\theta$$

となる．

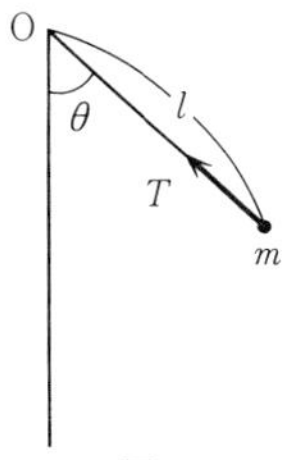


**図1**

［例題］ **振り子の回転**

片端を支点として自由に回転するようになっている，長さ $l$ の棒の振り子を考える．棒の端には質量 $m$ の質点がついている（図1）．棒が回転しているときの張力 $T$ の大きさを，棒の角度 $\theta$ の関数として求めよ．ただし質点が真下にきたときの速度を $v_0$ とする．また棒は伸縮せず，重さは無視できるものとする．

［解法］ ポテンシャルは，棒がぶらさがって静止している状態をゼロとすると

$$U = mg(l - r\cos\theta)$$

である．ここでは，棒が伸縮してその長さが変化するかのように表わしてある．実際には $r=l$ と固定されているのだが，その効果は後から考える．これを使って運動方程式は

▶ここの $T$ は tension の略で，もちろん運動エネルギーではない．

$$m\frac{d^2r}{dt^2} = mr\dot{\theta}^2 + mg\cos\theta - T \qquad (1)$$

$$\frac{d}{dt}(mr^2\dot{\theta}) = -mgr\sin\theta \qquad (2)$$

と求まる．

実際には $r=l$ と固定されている．したがって(1)より

$$ml\dot{\theta}^2+mg\cos\theta-T=0 \tag{3}$$

という条件が求まる．つまり(1)は，張力 $T$ を決定する役割をする．

(2)は $r=l$ を代入すると，$\theta$ だけの方程式になる．したがって，通常の1次元の運動と同じように扱うことができる．たとえば質点の全エネルギー

$$E=\frac{1}{2}ml^2\dot{\theta}^2+mgl(1-\cos\theta) \tag{4}$$

は保存している($E$ を時間で微分すれば，(2)よりゼロとなる)．非保存力 $T$ が働いてはいるが，その方向は常に運動の方向に垂直なので，質点に対して仕事をしない．したがって，エネルギーは保存する．

ここで(3)を使えば，張力は角度の関数として

$$\begin{aligned}T&=\frac{2}{l}\{E-mgl(1-\cos\theta)\}+mg\cos\theta\\&=\frac{m}{l}v_0{}^2-2mg+3mg\cos\theta\end{aligned} \tag{5}$$

と求まる．ただし最後の式では，$\theta=0$ での問題の条件を使って，エネルギー $E$ の値を決めた．

## ■拘束力とラグランジュ方程式

この例題での張力 $T$ は，常に運動の方向に垂直で仕事をしない．座標 $r$ を固定させる役割のみをする．このような力を**拘束力**と呼ぶ．

この例題では，質点は $\theta$ 方向に運動している．そして $\theta$ についての運動は，(2)に $r=l$ を代入した式

$$\frac{d}{dt}(ml^2\dot{\theta})=-mgl\sin\theta$$

から求めることができる．この式はよく見ると，ラグランジアンそのものに $r=l$ を代入して

$$L=\frac{1}{2}ml^2\dot{\theta}^2-U(r=l,\theta)$$

とし，その上で $\theta$ についてのラグランジュ方程式を導いたのと同じことになっている．つまり拘束力の役割がわかってしまえば，その力を具体的に考えなくても運動は計算できるのである．

▶拘束力は，固定されている座標がその固定された値に等しくないとき，ポテンシャルが無限大になるような特殊な「保存力」とも解釈できる．だからこのような性質が成り立つ．ただし拘束力の大きさ自体を求めたいときは，例題にもあるように，その方向に対する運動方程式も考えなければならない．

このような事情は，次のように一般化できる．まず，質点に拘束力が働いており，質点の位置を表わす座標のうちの1つが，ある値に固定されているとする．そのときは，ラグランジアンの段階で，つまりラグランジュ方程式を求める前の段階で，固定されている座標にその値を代入し，残りの座標だけに対する拘束力のない系として考えてよい．このように考えられるのであれば，非保存力があっても今の場合エネルギーが保存するのも当然である．

## 章末問題

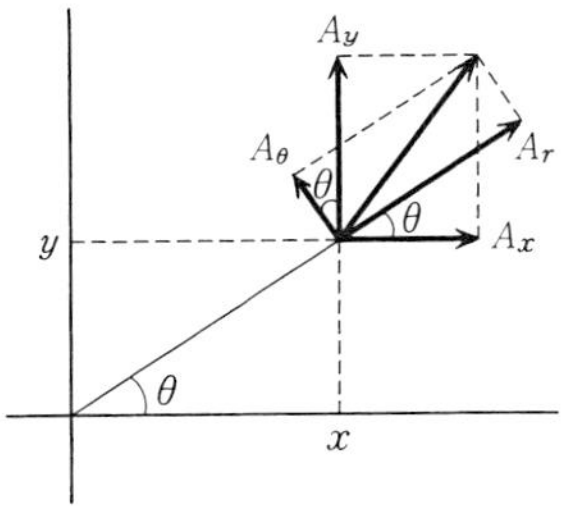


図 1

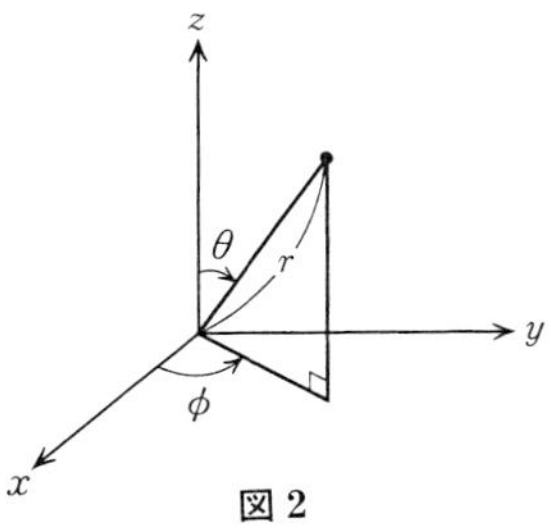


図 2

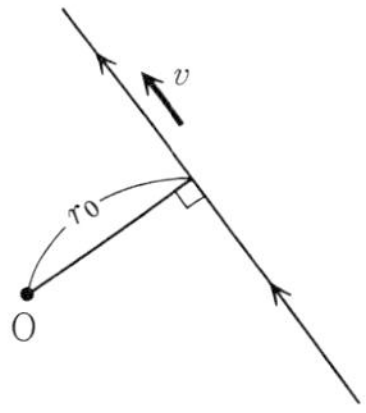


図 3

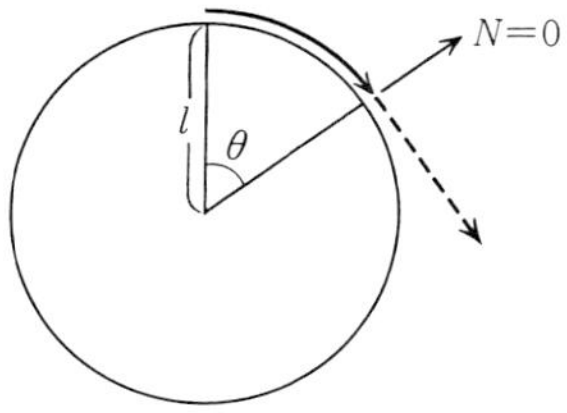


図 4

[5.2 節]

**5.1** (1) $(x, y)$ あるいは $(r, \theta)$ と表わされる位置におかれた一般のベクトル $\boldsymbol{A}$ の，$x$ および $y$ 方向の成分 $(A_x, A_y)$ を，$r$ および $\theta$ 方向の成分 $(A_r, A_\theta)$ で表わせ(図 1)．またその逆の関係も求めよ．

(2) (1)で $\boldsymbol{A}$ が速度ベクトル $\boldsymbol{v}$ だとすれば，$(v_x, v_y)$ と $(v_r, v_\theta)$ の関係がわかる．同じ答が，(5.2.1), (5.2.2), (5.2.3)を使っても求まることを示せ．

[5.3 節]

**5.2** 極座標での運動方程式(5.3.2)および(5.3.3)を，ラグランジュ方程式は使わず，デカルト座標での運動方程式から求めよ．(上の問題と同じ手法で考え，$\boldsymbol{r}$ および $\theta$ 方向の加速度を $x$ および $y$ 方向の加速度から計算せよ.)

**5.3** (1) 極座標を 3 次元に拡張したものに，球座標というものがある．これは，原点からの距離 $r$ と緯度 $\theta$ と経度 $\phi$ を座標として使う(ただし，地球上の緯度と経度とは定義が少し異なる)もので，デカルト座標とは

$$x = r\sin\theta\cos\phi, \quad y = r\sin\theta\sin\phi, \quad z = r\cos\theta$$

という関係にある(図 2)．これを使うとラグランジアンは

$$L = \frac{1}{2}m(\dot{r}^2+r^2\dot{\theta}^2+r^2\sin^2\theta\,\dot{\phi}^2)-U(r, \theta, \phi)$$

と表わされることを示せ．

(2) 球座標での 3 つのラグランジュ方程式の具体的な形を，上式から求めよ．

[5.4 節]

**5.4** (1) 図 3 のような等速直線運動の角運動量 $p_\theta$ を求めよ．

(2) 等速直線運動では $U=0$ だから，(5.3.2′)は

$$m\frac{d^2r}{dt^2} = \frac{p_\theta{}^2}{mr^3}$$

となる．まず図 3 より $r(t)$ を求め，この式を満たしていることを確かめよ．

**5.5** 角速度 $\omega$，半径 $l$ の円運動の面積速度，角運動量(どちらも一定)を求めよ．また円運動が(5.3.2)を満たしていること，つまり向心力(本当の力)と遠心力(見かけの力)が釣り合っていることを確かめよ．

[5.5 節]

**5.6** 5.5 節の例題の振り子が，棒ではなく糸の場合を考える．$\theta=0$ での速度を $v_0$ とするとき，糸の張力 $T$ を $\theta$ の関数として求めよ．$T<0$ となると糸はたるんでしまう．$T=0$ となる $\theta$ が存在するとき，その値を求めよ．また常に $T>0$ であるためには，$v$ はどの範囲になければならないか．(範囲は 2 つあるが，それぞれどのような運動に対応するか考えよ.)

**5.7** 半径 $l$ の球の頂点から，質量 $m$ の質点が初速度 0 で滑り始める(図 4)．この質点が球面を離れるときの角度 $\theta$ と速度 $v$ を求めよ．(ヒント：球面が物体に及ぼす抗力 $N$ を求める．質点が球面を離れる位置では $N=0$.)

# 6

# 惑星の運動（ケプラー問題）

**ききどころ**

　太陽と惑星といったように，2つの物体が万有引力で引き合っているときの運動を取り扱う．これは，今まで考えてきた1質点の問題とは異なり，2質点系である．しかし外部からの力は受けていないという状況では，（外部から力を受けている）1質点の問題と同等であることが示される．このように1質点の問題に置き換えたうえで，エネルギー保存則，角運動量保存則などを使うと，万有引力を受けながら運動する物体の軌道を，完全に求めることができる（これをケプラー問題と呼ぶ）．答は，双曲線，放物線，楕円のいずれかになる．ケプラーの法則と呼ばれる惑星の運動に共通する法則も求まる．

# 6.1 閉じた2質点系

ぽいんと

この章では，太陽と(1つの)惑星の運動という，2つの質点の問題を考える．しかし，この2質点間にしか力は働いていないと仮定し，いわゆる「**閉じた2質点系**」の問題として扱う．この節では，まず閉じた2質点系での運動方程式やエネルギー，力などの表わし方などを学ぶ．2質点間の力は，1つのポテンシャルエネルギーで表わされ，自動的に作用反作用の法則を満たす．

**キーワード：相対ベクトル，閉じた2質点系，作用・反作用の法則**

## ■閉じた2質点系

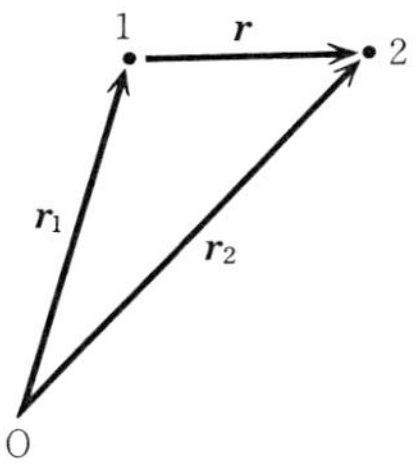

図1

世の中に，2つの質点1と2だけがあったとする．時刻$t$でのそれぞれの位置ベクトルを$\boldsymbol{r}_1(t), \boldsymbol{r}_2(t)$と書く．($\boldsymbol{r}_i$は，座標の原点Oから質点の位置まで向かうベクトル．) $xyz$座標で書けば

$$\boldsymbol{r}_1(t) = (x_1(t), y_1(t), z_1(t)), \qquad \boldsymbol{r}_2(t) = (x_2(t), y_2(t), z_2(t))$$

である．そして質点1から質点2に向かうベクトルを$\boldsymbol{r}$，距離を$r$と書くと

$$\boldsymbol{r} \equiv \boldsymbol{r}_2 - \boldsymbol{r}_1, \qquad r = |\boldsymbol{r}| \tag{1}$$

である．$\boldsymbol{r}$をこの2質点の**相対ベクトル**という．

## ■運動方程式

世の中に，この2つの質点しかなければ，力はお互いから受けるだけである．そして運動方程式は一般に

$$m_1 \frac{d^2 \boldsymbol{r}_1}{dt^2} = \boldsymbol{F}_{12} \tag{2}$$

$$m_2 \frac{d^2 \boldsymbol{r}_2}{dt^2} = \boldsymbol{F}_{21} \tag{3}$$

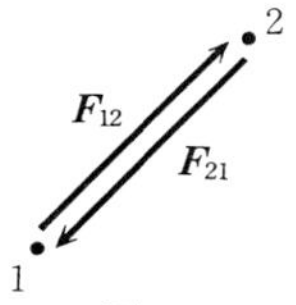

図2

となる．$\boldsymbol{F}_{12}$とは質点1が質点2から受ける力であり，$\boldsymbol{F}_{21}$はその逆である．

$$\boldsymbol{F}_{12} = -\boldsymbol{F}_{21} \tag{4}$$

という関係がある．これを**作用・反作用の法則**(あるいはニュートンの第3法則)という．

次に，ポテンシャルエネルギーと力との関係を考えてみよう．特に，万有引力の場合を考える．万有引力は互いの距離の2乗に反比例し，相手の位置の方向を向く．このような方向は，相対ベクトルにより表わされる．つまり

$$\boldsymbol{F}_{12} = G \frac{m_1 m_2}{r^2} \cdot \frac{\boldsymbol{r}}{r} \tag{5}$$

▶4.3節の記号を使えば

$$\hat{\boldsymbol{r}} = \frac{\boldsymbol{r}}{r}$$

$$\boldsymbol{F}_{21} = -G\frac{m_1 m_2}{r^2}\cdot\frac{\boldsymbol{r}}{r} \tag{6}$$

となる．$\boldsymbol{r}/r$ というのは，質点1から2に向かう長さ1のベクトルで，マイナスを付ければ2から1に向かうベクトルになる．(4)が成り立っている．

## ■運動エネルギーとポテンシャル

次に，この2質点系のエネルギーについて考えてみよう．まず運動エネルギーは，各質点の運動エネルギーの和を考えればよい．つまり

$$\begin{aligned} T &= \frac{1}{2}m_1\boldsymbol{v}_1{}^2 + \frac{1}{2}m_2\boldsymbol{v}_2{}^2 \\ &= \frac{1}{2}m_1(\dot{x}_1{}^2+\dot{y}_1{}^2+\dot{z}_1{}^2) + \frac{1}{2}m_2(\dot{x}_2{}^2+\dot{y}_2{}^2+\dot{z}_2{}^2) \end{aligned}$$

両質点には，共通の起源をもつ力 $\boldsymbol{F}_{12}$ と $\boldsymbol{F}_{21}$ が逆方向に働いている．これは，1つのポテンシャルを使って表わすことができる．

話を具体的にするために，問題の2質点は重力(万有引力)で引き付け合っているとする．4.3節で，力の中心から万有引力を受けている質点のポテンシャルを求めた．力の中心からの距離に反比例していた．ここでは2質点間の万有引力を考えているので，中心からの距離の代わりに質点間の距離 $r$ を使えばいいと想像される．つまり

$$U = -G\frac{m_1 m_2}{r} \tag{7}$$

これより(5),(6)が導かれることを示そう．まず $\boldsymbol{F}_{12}$ について計算する．$\boldsymbol{F}_{12}$ は質点1が受ける力だから，$U$ を $\boldsymbol{r}_1$ で微分して求めることになる．たとえば，$\boldsymbol{F}_{12}$ の $x$ 成分 $F_{12,x}$ は，

$$\begin{aligned} F_{12,x} &= -\frac{\partial U}{\partial x_1} = Gm_1m_2\frac{\partial}{\partial x_1}\left(\frac{1}{r}\right) \\ &= -G\frac{m_1m_2}{r^2}\frac{\partial r}{\partial x_1} = G\frac{m_1m_2}{r^2}\frac{x_2-x_1}{r} \end{aligned}$$

である．最後の微分では

$$r = \sqrt{(x_2-x_1)^2+(y_2-y_1)^2+(z_2-z_1)^2}$$

であることを使った．上記の結果は，(5)の $x$ 成分に等しい．同様のことを $\boldsymbol{F}_{21}$ についてやってみると

$$F_{21,x} = -\frac{\partial U}{\partial x_2} = -G\frac{m_1m_2}{r^2}\frac{\partial r}{\partial x_2} = -G\frac{m_1m_2}{r^2}\frac{x_2-x_1}{r}$$

となり，(6)の $x$ 成分となる．他の成分についても同様である．

$\boldsymbol{F}_{12}, \boldsymbol{F}_{21}$ とも符号が正しく求まって，作用・反作用の法則(4)が自動的に導かれていることに注意してほしい．

▶これは一般に，2つの変数 $x_1, x_2$ の差 $x_1-x_2$ のみに依存する関数 $f(x_1-x_2)$ には

$$\frac{\partial}{\partial x_1}f(x_2-x_1) = -\frac{\partial}{\partial x_2}f(x_2-x_1)$$

という性質があることに由来する．本節の話は，万有引力に限らず，力が2質点間の距離にのみ依存し，2質点を結ぶ方向を向いていればそのまま成り立つ．

# 6.2 変数の置き換えと重心運動の分離

ぽいんと

前節で，閉じた2質点系の運動方程式を書いた．位置を表わす変数は質点1つについて3つ，合計6つある．それぞれについて運動方程式があり，それは2階微分方程式だから，問題を解くためには積分を合計12回しなければならない．しかし，そのうちの6回は，変数をうまく置き換えるとすぐできてしまう．重心運動の分離と呼ばれる現象で，閉じた2質点系の重心は等速直線運動をするためである．

**キーワード：重心ベクトル，換算質量，重心運動の分離**

## ■重心ベクトルと相対ベクトルで表わすラグランジアン

前節で，運動エネルギー $T$ とポテンシャル $U$ を導いた．それを使えばラグランジアン $L=T-U$ も求まる．そしてラグランジュ方程式を質点の座標1つ1つについて求めれば，前節の運動方程式になる．

$$\frac{d}{dt}\left(\frac{\partial L}{\partial \dot{x}_1}\right)-\frac{\partial L}{\partial x_1}=0 \tag{1}$$

しかしポテンシャルが座標の差 $\boldsymbol{r}=\boldsymbol{r}_2-\boldsymbol{r}_1$（**相対ベクトル**）のみに依るということを利用すると，もっと簡単な形をした運動方程式を求めることができる．

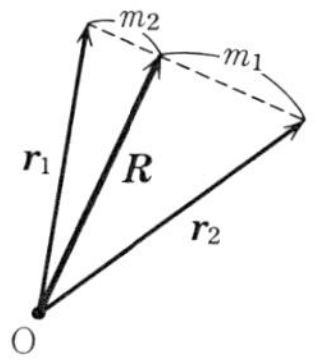

図1

まず重心ベクトル $\boldsymbol{R}$ というものを定義する（図1）．重心とは，2つの質点を結ぶ線分を質量の比で分割した点である．そして，座標の原点から重心まで向かうベクトルを**重心ベクトル**という．

重心の座標は，2つの質点の座標を質量比で比例配分すればよい．各質点の位置ベクトル $\boldsymbol{r}_1, \boldsymbol{r}_2$ で表わせば

$$\boldsymbol{R}=\frac{m_1}{m_1+m_2}\boldsymbol{r}_1+\frac{m_2}{m_1+m_2}\boldsymbol{r}_2 \tag{2}$$

となる．次に，$\boldsymbol{r}_1$ と $\boldsymbol{r}_2$ で表わされていたラグランジアンを，重心ベクトル $\boldsymbol{R}$ と相対ベクトル $\boldsymbol{r}$ で表わそう．まず，$\boldsymbol{r}_1$ と $\boldsymbol{r}_2$ 自身を $\boldsymbol{R}$ と $\boldsymbol{r}$ で表わす．$\boldsymbol{R}$ と $\boldsymbol{r}$ の定義式を使えば

$$\begin{aligned}\boldsymbol{r}_1&=\boldsymbol{R}-\frac{m_2}{m_1+m_2}\boldsymbol{r}\\ \boldsymbol{r}_2&=\boldsymbol{R}+\frac{m_1}{m_1+m_2}\boldsymbol{r}\end{aligned} \tag{3}$$

▶$\dot{\boldsymbol{R}}\cdot\dot{\boldsymbol{r}}$ の項がなくなることに注意.

である．これを $L$ に代入すると

$$\begin{aligned}L&=\frac{1}{2}m_1\left(\dot{\boldsymbol{R}}-\frac{m_2}{m_1+m_2}\dot{\boldsymbol{r}}\right)^2+\frac{1}{2}m_2\left(\dot{\boldsymbol{R}}+\frac{m_1}{m_1+m_2}\dot{\boldsymbol{r}}\right)^2-U(r)\\ &=\frac{1}{2}M\dot{\boldsymbol{R}}^2+\frac{1}{2}\mu\dot{\boldsymbol{r}}^2-U(r)\end{aligned} \tag{4}$$

である．ただし $M, \mu$ は

$$M \equiv m_1 + m_2 \qquad \textbf{全質量}$$
$$\mu \equiv \frac{m_1 m_2}{m_1 + m_2} \qquad \textbf{換算質量} \tag{5}$$

で，それぞれ上記のように呼ばれている．

## ■変数の置き換え

2 質点系を一対の座標 $\boldsymbol{r}_1$ と $\boldsymbol{r}_2$ で表わし，それらの変数に対するラグランジュ方程式(1)を計算すれば，運動方程式が求まる．

しかし，この 2 質点系を表わすのは $\boldsymbol{r}_1$ と $\boldsymbol{r}_2$ である必要はない．$\boldsymbol{R}$ と $\boldsymbol{r}$ でも構わない．どちらも合計 6 個の変数の組であるばかりでなく，(3)で示したように，片方がわかればもう一方もわかるという関係になっている．そしてどのような座標を使ってもラグランジュ方程式の形が変わらないということは，5.1 節で述べた通りである．

そこで $\boldsymbol{R}$ と $\boldsymbol{r}$ を使って問題を考えてみよう．それらの成分を

$$\boldsymbol{R} = (X, Y, Z), \qquad \boldsymbol{r} = (x, y, z)$$

と書くこととする．まず，$\boldsymbol{R}$ についてのラグランジュ方程式を考えてみよう．今 $\boldsymbol{R}$ と $\boldsymbol{r}$ を変数と考えているので，$\boldsymbol{R}$ の成分で偏微分するときには，$\boldsymbol{r}$ の方は単なる定数だと考える($\boldsymbol{r}_1$ で偏微分するとき $\boldsymbol{r}_2$ を定数とみなしたのと同じ)．ところが，ポテンシャル $U$ は $r$ のみの関数だから，

$$\frac{\partial L}{\partial X} = \frac{\partial L}{\partial Y} = \frac{\partial L}{\partial Z} = 0 \tag{6}$$

である．その結果，$\boldsymbol{R}$ の成分についての 3 つのラグランジュ方程式は

$$\frac{d}{dt}\left(\frac{\partial L}{\partial \dot{X}}\right) = 0 \;\Rightarrow\; M\frac{d^2X}{dt^2} = 0$$
$$\frac{d}{dt}\left(\frac{\partial L}{\partial \dot{Y}}\right) = 0 \;\Rightarrow\; M\frac{d^2Y}{dt^2} = 0$$
$$\frac{d}{dt}\left(\frac{\partial L}{\partial \dot{Z}}\right) = 0 \;\Rightarrow\; M\frac{d^2Z}{dt^2} = 0$$

となる．これらの式は，等速直線運動をする質点の運動方程式に他ならない．閉じた 2 質点系の重心は，$U(r)$ の形には無関係に，つまりお互いの間にどんな力が働いているかということとはまったく無関係に，最初の速度と向きを保ちながら真っすぐ運動するということがわかる．

このように，相対ベクトル $\boldsymbol{r}$ の振る舞いと無関係に重心の運動が考えられることを，**重心運動は分離する**と表現する．ポテンシャルが相対ベクトル $\boldsymbol{r}$ のみにしか依存しない，つまり(6)が成り立っていることと，(4)で $\dot{\boldsymbol{R}}\cdot\dot{\boldsymbol{r}}$ の項がないことが，ポイントである．

重心の振る舞いは自明の運動になってしまったので，問題の核心は $\boldsymbol{r}$ の各成分に対する残り 3 つのラグランジュ方程式に含まれていることになる．

# 6.3 角運動量保存則と有効ポテンシャル

ぽいんと

閉じた2質点系の運動から重心運動を分離し，相対ベクトル $\boldsymbol{r}$ の運動の問題に帰着させた．そして $\boldsymbol{r}$ に対するラグランジアンは1質点の運動のラグランジアンと同じものである．しかし3次元の問題だから，運動方程式はまだ3つあり，それを解くには6回の積分が必要である．そのうちの2つは，質点が平面運動をするということで解決する．また残りのうちの2つは，エネルギー保存則と角運動量保存則という考えを使って実行できる．

**キーワード：運動平面，中心力，角運動量保存則，ケプラーの第2法則，有効ポテンシャル**

## ■平面運動

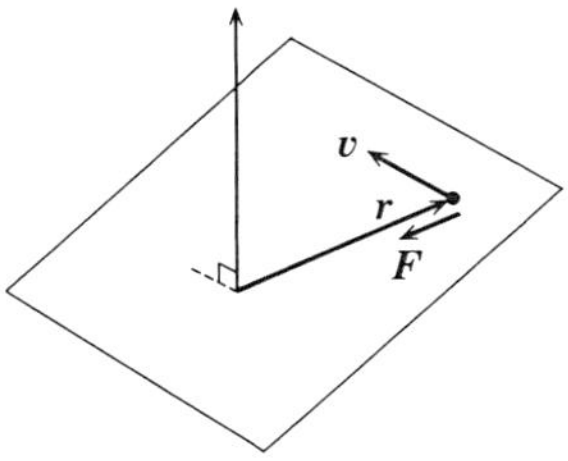


図1

▶太陽と地球の場合を考えると，太陽の方が圧倒的に重い．したがって重心はほぼ太陽の位置にある．よって相対ベクトルも，ほぼ重心に固定されている太陽を原点とする地球の位置ベクトルと考えられる．また換算質量も，ほぼ地球の質量に等しい．つまりこの問題は，固定された太陽のまわりの地球の運動の問題と近似的にみなすことができる．

残された問題は，ラグランジアン(6.2.4)のうち

$$L=\frac{1}{2}\mu\dot{\boldsymbol{r}}^2-U(r)$$

で表わされる相対ベクトル $\boldsymbol{r}$ の部分である．$\boldsymbol{r}$ とはもともと2質点系の相対ベクトルとして定義されたものだが，この $L$ は，位置座標が $\boldsymbol{r}$ の1質点のラグランジアンに等しい．そして原点（$\boldsymbol{r}=0$）から，$U(r)$ で決まる力を受けていると解釈できる．このように考えたほうが，始点も終点も動いてしまう相対ベクトルとして考えるよりもわかりやすいので，以下では1質点の問題として説明をする．前節で，$\mu$ を換算質量と呼ぶと説明したが，1質点の問題に「換算」したときの質量という意味である．

空間内の運動だから $\boldsymbol{r}$ には3つの座標があるが，質点は実際には特定の平面上しか運動しないことが，次のように示される．ある時刻での質点の位置ベクトルを $\boldsymbol{r}$，速度ベクトルを $\boldsymbol{v}$ とし，この2つのベクトルで決まる平面を考えよう（図1）．これを**運動平面**と呼ぶ．力は常に座標の原点Oを向いており，この平面の垂直方向には力の成分はない．つまり，この平面の方向に動きだした質点は，垂直方向の力はないのだから，永久にこの平面上を運動することになる．つまり，運動平面は不変である．したがって，垂直方向の運動は考えずに，この平面上の運動だけを考えればよい．

## ■角運動量の保存則（極座標での運動方程式）

力が常に原点を向いている運動だから，極座標を使うのがふさわしい．位置ベクトルの長さ $r=|\boldsymbol{r}|$ が，極座標の $r$ そのものである．運動方程式（ラグランジュ方程式）は5.3節ですでに計算したとおりで

$$\mu\frac{d^2r}{dt^2}=\mu r\dot{\theta}^2-\frac{dU}{dr} \tag{1}$$

$$\frac{d}{dt}(\mu r^2\dot{\theta}) = 0 \tag{2}$$

となる．ポテンシャルは角度$\theta$に依らないので，第2式に力の項はない．(ポテンシャルが$r$にしか依らない力を**中心力**という．力は常に$\boldsymbol{r}$方向を向く．) 力の項がないので，第2式はすぐに積分できて

$$\mu r^2\dot{\theta} \equiv l \ (= \text{一定}) \tag{3}$$

▶ 5.4節の言葉を使えば，面積速度一定ということになる(**ケプラーの第2法則**).

この量は，5.4節で定義した角運動量$p_\theta$である．そしてこの式は，角運動量が時刻とともに変わらないことを意味しているので，**角運動量の保存則**と呼ばれる．ポテンシャルが角度に依らない(中心力)ことの結果である．

## ■エネルギー保存則，有効ポテンシャル

(3)は，これ以上すぐに積分できないが，この式を使って，1番目の運動方程式(1)の遠心力の項から$\theta$を消去することができる．

$$\mu\frac{d^2r}{dt^2} = \mu r\left(\frac{l}{\mu r^2}\right)^2 - \frac{dU}{dr}$$

6変数を含む2質点系の問題から出発して，とうとう1変数$r$の式にたどりついた．この式を書き換えると

$$\mu\frac{d^2r}{dt^2} = -\frac{d}{dr}\left(\frac{1}{2}\frac{l^2}{\mu r^2}+U\right) \tag{4}$$

となる．$r$で表わされる直線上を運動する質点の式と同じ形であり，右辺が力である．ただし5.3節でも説明したように，右辺第2項は本当の力だが第1項は見かけの力(遠心力)である．しかも角運動量保存則の結果，この見かけの力は$r$にしか依らない．つまり見かけ上保存力であり，「見かけのポテンシャル」というものが考えられる．実際

▶この見かけのポテンシャルの傾きは負であることを確かめよ．遠心力は斥力であることに対応している．

$$\tilde{U} = \frac{1}{2}\frac{l^2}{\mu r^2}+U$$

とすれば，(4)の右辺はこのポテンシャルによる力となる．上式の第1項が見かけのポテンシャル，第2項が本当のポテンシャル，そして全体を**有効ポテンシャル**と呼ぶ．有効ポテンシャルを使えば(4)は

$$\mu\frac{d^2r}{dt^2} = -\frac{d\tilde{U}}{dr}$$

である．これは，保存力を受けた質点の直線運動の式と同じ形なのでエネルギーが保存する．つまりエネルギー積分が存在し

$$\frac{1}{2}\mu\dot{r}^2+\tilde{U} \equiv E \ (= \text{一定}) \tag{5}$$

である．この式を2.5節の手法で積分できれば$r$が求まり，それを(3)に代入して積分すれば$\theta$が求まって問題の解法が完了する．(以下次節)

# 6.4 惑星の軌道

ぽいんと

エネルギーの式(6.3.5)を積分し，惑星の軌道を求める．

**キーワード：惑星の軌道(ケプラーの第1法則)，双曲線軌道，放物線軌道，楕円軌道**

## ■軌　道

前節のエネルギーの式(6.3.5)を変形すると

$$\sqrt{\frac{\mu}{2}}\frac{dr}{dt}=\sqrt{E-\tilde{U}} \qquad \left(\tilde{U}=\frac{1}{2}\frac{l^2}{\mu r^2}-G\frac{m_1 m_2}{r}\right) \tag{1}$$

となる．2.5節でしたように，右辺の関数を左辺の分母に持ってきて積分すれば $r$ と $t$ の関係が求まるのだが，結果は簡単な形では書けない．しかし，質点の軌道は簡単な式で書けるので，そちらを説明する．

軌道の式とは，$r$ と $\theta$ の関係を与えるものである．(6.3.3)と(1)から時刻 $t$ を消去すればよい．これらの式は微分を与えているだけでまだ解いてはいないのだが，合成関数の微分法則を使えば解かないでも $t$ を消去できる．つまり

▶$\dfrac{d\theta}{dt}=\dfrac{l}{\mu r^2}$

$$\frac{dr}{d\theta}=\frac{dr}{dt}\frac{dt}{d\theta}=\sqrt{\frac{2}{\mu}}\sqrt{E-\tilde{U}}\,\frac{\mu r^2}{l}$$

である．右辺の関数で全体を割り $\theta$ で積分すれば

$$\sqrt{\frac{\mu}{2}}\frac{l}{\mu}\int_{r_0}^{r}\frac{dr'}{r'^2\sqrt{E-\tilde{U}}}\left(=\frac{l}{\mu}\int_{r_0}^{r}\frac{dr'}{r'\sqrt{\dfrac{2E}{\mu^2}r'^2+\dfrac{2Gm_1m_2}{\mu}r'-\dfrac{l^2}{\mu^2}}}\right)=\int_{\theta_0}^{\theta}1d\theta' \tag{2}$$

となる．両辺の積分は同じ領域でしなければならないから，質点の角度座標が $\theta$ のときは動径座標が $r$，$\theta_0$ のときは $r_0$ である．つまりこの式から，$\theta$ と $r$ の関係が求まる．左辺は積分公式

▶付録参照.

$$\int\frac{dr}{r\sqrt{ar^2+br-c}}=\frac{1}{\sqrt{c}}\sin^{-1}\frac{br-2c}{r\sqrt{b^2+4ac}}+定数$$

を使うと積分できて，(2)は

$$\sin^{-1}\frac{\dfrac{2Gm_1m_2}{\mu}r-2\dfrac{l^2}{\mu^2}}{r\sqrt{\dfrac{4G^2{m_1}^2{m_2}^2}{\mu^2}+\dfrac{8E}{\mu}\dfrac{l^2}{\mu^2}}}=\theta+定数$$

となる．これを書き直せば

$$\frac{1-\dfrac{l^2}{Gm_1m_2\mu}\dfrac{1}{r}}{\sqrt{1+\dfrac{2El^2}{G^2{m_1}^2{m_2}^2\mu}}}=\sin(\theta+定数)$$

あるいは，定数$=-\pi/2$とし，

$$e \equiv \sqrt{1+\frac{2El^2}{G^2{m_1}^2{m_2}^2\mu}}, \qquad p \equiv \frac{l^2}{Gm_1m_2\mu}$$

という記号を使えば，

$$r = \frac{p}{1+e\cos\theta} \tag{3}$$

となる．

## ■軌道の分類

▶$e=1$の場合は章末問題6.8参照．

(3)は$e$の値により，3種の曲線を表わしている．$e<1$のときは楕円(特に$e=0$であれば円)，$e=1$のときは放物線，$e>1$のときは双曲線になる．(3)の形ではなじみが無いかもしれないが，

$$\cos\theta = x/r, \qquad r^2 = x^2+y^2$$

を使うと

$$(1-e^2)\left(x+\frac{ep}{1-e^2}\right)^2+y^2 = \frac{p^2}{1-e^2} \tag{4}$$

となる．ただし$e\neq1$とした．$e<1$であれば，左辺の係数が同符号だから楕円，$e>1$であれば，異符号だから双曲線である．どちらであるかは，エネルギー$E$の正負で決まっていることに注意しよう．

(3)のままでも曲線のおおまかな形は想像がつく．$e<1$のときは，$\theta=0$のとき$r$は最小，回転するにつれ$r$は増し$\theta=\pi$で最大になり，また減りはじめる．これは通常の惑星，あるいは定期的に戻ってくる彗星の**楕円軌道**を表わす(**ケプラーの第1法則**)．$e>1$のときは，$e\cos\theta=-1$となるとき$r=\infty$になる．つまり質点は1周せず無限の彼方へ飛び去ってしまう．これは一度しか現われることのない彗星の**双曲線軌道**である(図1)．

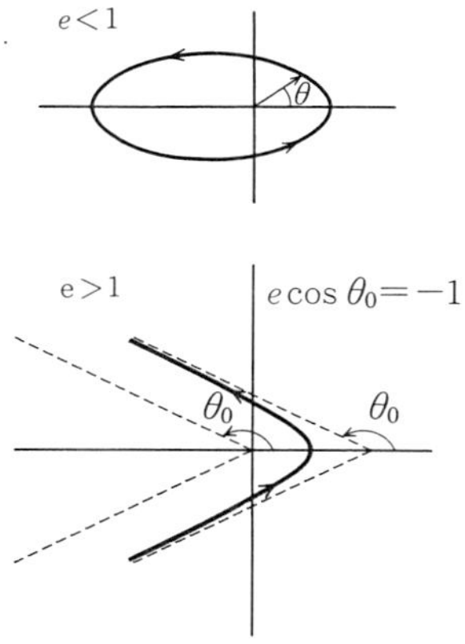

図1　軌道の分類

## ■有効ポテンシャルと軌道

このような軌道の様子は，ポテンシャルのグラフからも想像がつく(2.3節参照)．ただしエネルギーの積分の形からわかるように，重力のポテンシャルだけではなく有効ポテンシャルを使って考えなければならない．

有効ポテンシャルは図2のような形をしている．原点付近の立ち上がりは遠心力によるものである．$r$が増すとその影響は少なくなり，あとは万有引力の効果が残る．もし$E<0$であれば，運動はある範囲内に制限される．これは$e<1$に相当し，楕円軌道の場合である．もし$E>0$であれば質点は$r\to\infty$へ飛び去る．双曲線軌道である．

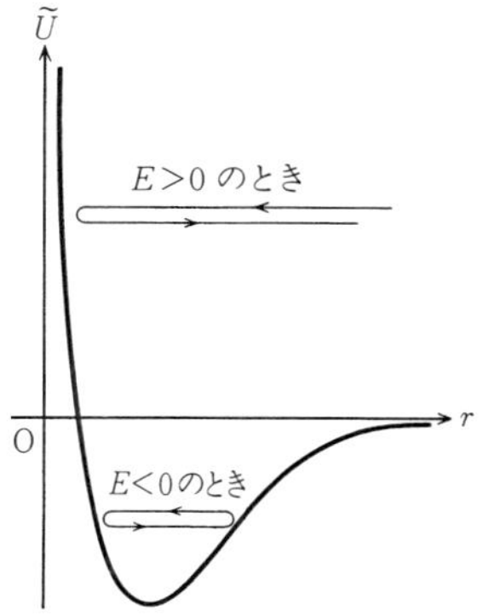

図2　有効ポテンシャルと軌道

## 章末問題

[6.1節]

**6.1** $x$ 方向にのみ動ける2つの質点が，自然長 $l$，バネ定数 $k$ のバネでつながれている．各質点の座標を $x_1, x_2$ とすると($x_2>x_1$)，ポテンシャルは

$$U = \frac{1}{2}k(x_2-x_1-l)^2$$

と表わされる．これを，各質点に働く力の向きを計算して確かめよ．

[6.2節]

**6.2** 2つの質点の座標 $\boldsymbol{r}_1, \boldsymbol{r}_2$ の代わりに，相対座標 $\boldsymbol{r}=\boldsymbol{r}_2-\boldsymbol{r}_1$ と，

$$\boldsymbol{R} = A\boldsymbol{r}_1+B\boldsymbol{r}_2$$

という座標を使った場合，運動エネルギーが(6.2.4)のようにうまく分離するためには，$\boldsymbol{R}$ が重心ベクトルに比例していなければならないことを示せ．

**6.3** 次のような場合に，重心の位置と換算質量の大きさがどうなるか求めよ．

(1) $m_1=m_2\,(=m)$ のとき　　(2) $m_1\gg m_2$ のとき

**6.4** 長さ $l$ の棒でつながれた，質量 $m_1, m_2$ の2質点が，角速度 $\omega$ で回転している．このときの棒の張力 $T$ を求めよ．

[6.3節]

**6.5** 一定の速度 $v$ で直線運動している質点の運動エネルギーと，原点に一番近い $r=r_0$ での遠心力の(見かけの)ポテンシャルの大きさが等しいことを確かめよ．なぜ等しくなければならないか．

**6.6** 惑星の運動が $r=$一定(円運動)である場合，その $r$ の値を角運動量 $l$ の関数として(6.3.4)より求めよ．このとき，$2T$(運動エネルギー)$=-U$ という関係があることを確かめよ．(注：この関係は，円運動ばかりでなく，6.4節で導くすべての楕円軌道に対しても，「時間平均を取れば」成り立つ．一般にポテンシャルが $U\propto r^n$ であるとき，時間平均を取れば $2T=nU$ という関係が成り立つ．これを**ビリアル定理**と呼ぶ．たとえば単振動の場合 $n=2$ であるから，時間平均すれば $T=U$ となる.)

[6.4節]

**6.7** 惑星の軌道をエネルギー積分を使わないで求めてみよう．まず，$u\equiv 1/r$ という変数で書き換えると(6.3.4)は，

$$\frac{d^2u}{d\theta^2}+u = K \qquad (K\equiv Gm_1m_2\mu/l^2)$$

という式になることを示せ．これは，$u-K$ を変数と考えれば単振動の式だから，すぐ解は求まる．それが(6.4.3)の形になることを確かめよ．

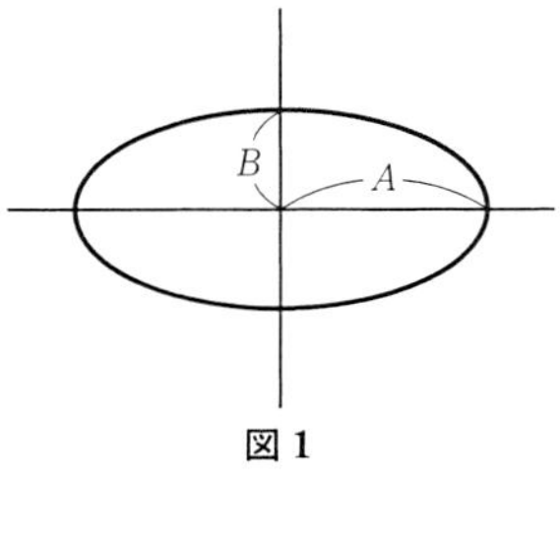

**図1**

**6.8** (6.4.3)を $e=1$ の場合に $xy$ 座標で書き換え，放物線の式を導け．

**6.9** (1) (6.4.4)を使って，楕円の長径 $A$，短径 $B$ を $e$ と $p$ で表わせ．

(2) 楕円の面積($\pi AB$)を $A$ と $l$ で表わせ．それと面積速度を使って，周期 $T$ が $A$ に比例し，$l$ には依存しないことを導け(**ケプラーの第3法則**)．(注：周期は，(2.5.4)を使っても求まる．付録参照.)

# 7

# 運動量保存則と<br>エネルギー保存則

きききどころ

前章では，惑星の軌道の問題を考えた．問題を解くうえで重要な役割を果たしたのが，運動量(および角運動量)保存則とエネルギー保存則であった．万有引力の場合に限らず，力学の問題を解くにあたっては保存則が重要な役割をする．では一般的に，どのような場合に保存則が成り立つのだろうか．その判定条件となる，循環座標および時間と空間の一様性という概念を説明する．

# 7.1 運動量と循環座標，エネルギー保存則

ぽいんと

前章では，惑星の軌道の問題を考えた．6つの座標に対する運動方程式から出発したが，結局1つの変数 $r$ に対する1回の微分方程式に書き直すことができた．解法の中で重要な役割を果たしたのは

①重心が等速運動をする　②相対運動は平面上の運動である

③角運動量が保存する　④エネルギーが保存する

ということであった．この中には，力学にとって本質的な2つの事項が含まれている．

第一は変数の分離ということで，重心運動と相対運動のラグランジアンを分離できたことである．①の結論が得られた理由の1つがこれである．

第二は，質点が運動しても変わらない量，つまり保存する量が存在するということである．これは上の③と④ばかりでなく①と②でも重要な役割をしている．この節では，このような保存則が成り立つための判定条件となる循環座標という概念を解説する．

**キーワード：循環座標**

## ■循環座標

質点の位置を表わす座標の1つを $w$ とすると，それに対するラグランジュ方程式は

$$\frac{d}{dt}\left(\frac{\partial L}{\partial \dot{w}}\right)-\frac{\partial L}{\partial w}=0 \tag{1}$$

である．5.4節でも説明したように，この式の中で

▶5.4節参照．

$$p_w \equiv \frac{\partial L}{\partial \dot{w}}$$

という量を，$w$ に対する(一般)運動量という．これを使うと(1)は

$$\frac{d}{dt}p_w=\frac{\partial L}{\partial w} \tag{2}$$

▶見かけの力も含む．

となる．つまり，「$w$ に対する運動量は，力 $\partial L/\partial w$ を受けて変化する」．

ところで現実の問題では，質点には力が働いていても，特定の座標に対しては(2)の右辺がゼロである場合がある．つまり，その時間微分は運動エネルギーの中に現われるが，微分を含まない座標自身は $L$ の中には出てこないという変数である．このような変数を**循環座標**と名づける．

$w$ が循環座標だとすれば，運動方程式(2)は

$$\frac{d}{dt}p_w=0$$

となる．この式は，質点が運動しても $p_w$ は変化しない，つまり循環座標に対する運動量は保存するということを意味する．

## ■惑星運動での循環座標

前章の惑星の運動の問題では，循環座標がいくつか現われた．

① 重心座標(重心ベクトルの各成分)

閉じた2質点系を重心ベクトルと相対ベクトルで表わしたときには，ポテンシャルは相対ベクトルのみの関数になる．つまり重心座標は循環座標である．重心座標に対する運動量とその保存則は，たとえば成分 $X$ については

$$p_X = \frac{\partial L}{\partial \dot{X}} = M\dot{X} = 一定$$

となる．この結果，重心は等速直線運動をすることがわかる．

② 相対ベクトルの角度成分

相対ベクトルに対するポテンシャルでは，極座標の $\theta$ が循環座標であり，角運動量の保存則が成り立つ(6.3節)．6.3節では運動平面内の角度 $\theta$ だけについて考えたが，空間内の任意の方向の角度に対しても角運動量というものが考えられる．それは惑星が平面運動することと関係している．詳しくは7.3節で議論する．

## ■エネルギー保存則

エネルギーという量は一般運動量ではない．しかし，座標 $w$ を時刻 $t$ に，運動量 $p_w$ をエネルギー $E$ に対応させると，下の定理で示すような(2)にきわめて似た式が成り立つ．

**定理**　質点の運動がラグランジュ方程式で表わされているが，ラグランジアンが座標 $w$ とその時間微分 $\dot{w}$ ばかりでなく，(今までとは異なり)時刻 $t$ にも依存するとする．つまり $L=L(w, \dot{w}, t)$．そのとき次式が成り立つ．

▶たとえば，重力定数の値が時間が経過すると変わってしまえば，このようなことが起こる．章末問題7.3参照．

$$\frac{d}{dt}E = -\frac{\partial L}{\partial t} \tag{3}$$

特に $L$ が $t$ に依らなければ $E$ は保存する．

［証明］　運動エネルギー $T$ は $\dot{w}$ の2次の関数であるから

$$\dot{w}\frac{\partial T}{\partial \dot{w}}\,(=\dot{w}p_w) = 2T$$

したがって，エネルギー $E\,(=T+U)$ は次のように書ける．

$$E = 2T-(T-U) = \dot{w}p_w - L$$

これを微分すると

▶ $L$ に対して，多変数の合成関数の微分法則を使っている．$L$ は直接 $t$ に依存するのみならず，$w$ や $\dot{w}$ を通して間接的に $t$ に依存している．

$$\frac{dE}{dt} = (\ddot{w}p_w + \dot{w}\dot{p}_w) - \left(\frac{\partial L}{\partial \dot{w}}\frac{d\dot{w}}{dt} + \frac{\partial L}{\partial w}\frac{dw}{dt} + \frac{\partial L}{\partial t}\right)$$

$$= \ddot{w}p_w + \dot{w}\dot{p}_w - \left(p_w\ddot{w} + \dot{p}_w\dot{w} + \frac{\partial L}{\partial t}\right) = -\frac{\partial L}{\partial t} \quad (証明終)$$

# 7.2 質点系の全運動量の保存則

ぽいんと

循環座標になるような変数には，なるだけの理由がある．たとえば，質点系全体を平行移動してもその力学的な性質が変わらない(つまりラグランジアンの形が変わらない)という条件が成り立っていると，重心座標が循環座標になり，それに対する運動量が保存する．

**キーワード：閉じた質点系，全運動量の保存則，質点系の平行移動**

## ■多質点体系での重心ベクトルと相対ベクトル

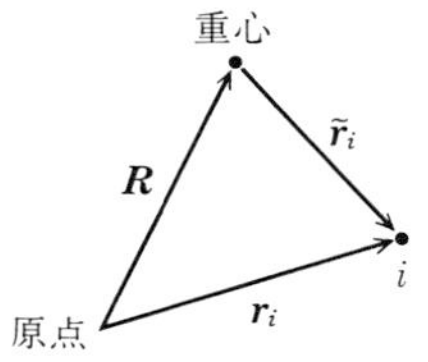


図 1

$N$ 個の質点を含む系を考える．質点に番号を付け，たとえば $i$ 番目の質点の位置ベクトルを $\boldsymbol{r}_i(t)$ というように表わす．

この質点系の状態は $N$ 個の位置ベクトルで表わされるが，他にも表示法がある．まず重心ベクトル $\boldsymbol{R}$ により，質点系全体がどこにあるかを示す(図 1)．$\boldsymbol{R}$ は 2 質点系の場合と同様に，すべての質点の位置ベクトルを，その質量で重みを付けて平均したものである．

$$\boldsymbol{R} = \frac{m_1}{M}\boldsymbol{r}_1 + \frac{m_2}{M}\boldsymbol{r}_2 + \cdots + \frac{m_N}{M}\boldsymbol{r}_N \tag{1}$$

ここで $M = m_1 + m_2 + \cdots + m_N$ は，質点系の全質量である．次に各位置ベクトルを，重心ベクトルと重心から出発したベクトル $\tilde{\boldsymbol{r}}_i$ の和として書く．

$$\boldsymbol{r}_1 = \boldsymbol{R} + \tilde{\boldsymbol{r}}_1, \qquad \boldsymbol{r}_2 = \boldsymbol{R} + \tilde{\boldsymbol{r}}_2, \qquad \cdots$$

$\tilde{\boldsymbol{r}}_i$ は，重心に対する各質点の相対的な位置関係を表わしている．ただし

$$\frac{m_1}{M}\tilde{\boldsymbol{r}}_1 + \frac{m_2}{M}\tilde{\boldsymbol{r}}_2 + \cdots + \frac{m_N}{M}\tilde{\boldsymbol{r}}_N = 0 \tag{2}$$

という関係があるので，1 つ変数を減らした $\boldsymbol{R}$ と $\tilde{\boldsymbol{r}}_1 \sim \tilde{\boldsymbol{r}}_{N-1}$ だけで質点系の状態を表わすことができる．$\tilde{\boldsymbol{r}}_N$ が必要なときはこの式から計算すればよい．

## ■閉じた多質点体系での運動量保存則

太陽と惑星の問題で重心座標が循環座標になった理由は，それが「閉じた」2 質点系だからである．つまり他から影響を受けず，お互いの間だけで力を及ぼし合っている．その結果ポテンシャルが重心の位置によらず相対ベクトルのみの関数になった．

そこで，$N$ 個の質点系が「閉じている」，つまり互いに力を及ぼし合うが，他からの影響は受けていないとしよう．すると質点系が，全体として空間内のどこにあるかということは，運動の法則にはまったく無関係になる．ポテンシャルは質点間の相対座標 $(\boldsymbol{r}_i - \boldsymbol{r}_j)$ のみで書かれるはずである．ところで質点系を $\boldsymbol{R}$ と $\tilde{\boldsymbol{r}}_1 \sim \tilde{\boldsymbol{r}}_{N-1}$ で表わしたとき，

$$\boldsymbol{r}_i - \boldsymbol{r}_j = \tilde{\boldsymbol{r}}_i - \tilde{\boldsymbol{r}}_j$$

であるから，質点間の相対座標は $\boldsymbol{R}$ には依存しない．つまりポテンシャルは $\boldsymbol{R}$ に依らず，重心座標 $\boldsymbol{R}$ は循環座標となる．

循環座標に対する運動量は保存する．その具体的な形を求めるために，運動エネルギーを $\boldsymbol{R}$ と $\tilde{\boldsymbol{r}}_i$ を使って表わすと

▶(2)を使う．

$$\begin{aligned} T &= \frac{1}{2}m_1(\dot{\boldsymbol{R}}+\dot{\tilde{\boldsymbol{r}}}_1)^2+\frac{1}{2}m_2(\dot{\boldsymbol{R}}+\dot{\tilde{\boldsymbol{r}}}_2)^2+\cdots+\frac{1}{2}m_N(\dot{\boldsymbol{R}}+\dot{\tilde{\boldsymbol{r}}}_N)^2 \\ &= \frac{1}{2}M\dot{\boldsymbol{R}}^2+\frac{1}{2}m_1\dot{\tilde{\boldsymbol{r}}}_1{}^2+\frac{1}{2}m_2\dot{\tilde{\boldsymbol{r}}}_2{}^2+\cdots+\frac{1}{2}m_N\dot{\tilde{\boldsymbol{r}}}_N{}^2 \end{aligned} \tag{3}$$

となる．重心運動の変数 $\boldsymbol{R}$ が相対座標から分離した．以前と同様，重心ベクトルを $\boldsymbol{R}=(X, Y, Z)$ と成分で表わし，またそれらに対する運動量を $\boldsymbol{P}=(P_X, P_Y, P_Z)$ と書くと，保存則は

$$P_X = \frac{\partial T}{\partial \dot{X}} = M\dot{X} = 一定, \qquad P_Y = 一定, \qquad P_Z = 一定 \tag{4}$$

である．また(1)より

$$M\dot{X} = m_1\dot{x}_1+m_2\dot{x}_2+\cdots+m_N\dot{x}_N \quad (M\dot{Y},\ M\dot{Z} \text{ も同様})$$

であるから，重心運動の運動量とは，各質点の運動量(質量×速度)の和に他ならない．つまり，閉じた質点系の場合，質点の運動量の和は保存する．

## ■質点系の平行移動

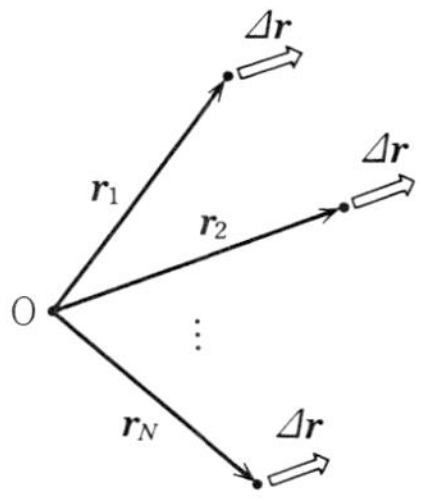


図 2

全運動量の保存則を少し別な観点から見てみよう．ポテンシャルが相対座標のみに依っていれば，すべての質点を同じ方向に同じ距離ずらしても($\boldsymbol{r}_i \to \boldsymbol{r}_i + \Delta\boldsymbol{r}$) ポテンシャルは変わらない(図 2)．$\Delta\boldsymbol{r}$ は時間に依らない一定のベクトルだから，運動エネルギーも変わらない．つまり

$$\Delta L = L(\boldsymbol{r}_1+\Delta\boldsymbol{r}, \boldsymbol{r}_2+\Delta\boldsymbol{r}, \cdots) - L(\boldsymbol{r}_1, \boldsymbol{r}_2, \cdots) = 0$$

である．$\Delta L=0$ ならば1次の変分もゼロである．たとえば $x$ 方向にずらしたときは $\Delta\boldsymbol{r}=(\Delta x, 0, 0)$ だから

$$\Delta_1 L = \frac{\partial L}{\partial x_1}\Delta x+\frac{\partial L}{\partial x_2}\Delta x+\cdots = \left(\frac{\partial L}{\partial x_1}+\frac{\partial L}{\partial x_2}+\cdots\right)\Delta x = 0 \tag{5}$$

ここで運動方程式

$$\frac{d}{dt}p_{x_1} = \frac{\partial L}{\partial x_1}, \qquad \frac{d}{dt}p_{x_2} = \frac{\partial L}{\partial x_2}, \qquad \cdots$$

をすべて加え合わせ，(5)と比較すると

$$\frac{d}{dt}(p_{x_1}+p_{x_2}+\cdots) = \frac{\partial L}{\partial x_1}+\frac{\partial L}{\partial x_2}+\cdots = 0$$

となり，やはり(4)が導かれる．つまり，質点系全体を空間方向にずらしてもラグランジアンが変わらない(つまり，運動の法則の形が変わらない)ときには，全運動量は保存する．

▶このような性質があるとき，空間は一様であるという．これに対し，ラグランジアンが $t$ に依らない場合，時間は一様であるという(前節参照)．

# 7.3 質点系の全角運動量保存則

ぽいんと

前節では，閉じた質点系と全運動量の保存則との関係を説明した．ここでは，質点系全体の回転と全角運動量の保存則との関係を説明する．

**キーワード：回転対称性，全角運動量の保存則**

## ■回転対称性

空間内の $N$ 個の質点を含む系を考える．そして，ある直線を軸として，質点系全体をある角度だけ回す．次のような場合には，回転前の系のラグランジアンの値と，回転後の値は変わらない．

［場合Ⅰ］ 質点系が閉じている，つまり質点の間にしか力が働かず，しかもその力のポテンシャルが質点間の距離にしか依らない場合．系全体を回しても質点間の距離関係は不変だから，ポテンシャルも変わらない．

［場合Ⅱ］ 質点間の力の他に，回転軸上の点から力が働いていて，しかもそのポテンシャルがその点からの距離にしか依らない場合，系を回転させても距離は変わらないからポテンシャルも変わらない．

以上のような性質を，系に「回転対称性がある」という．

▶系の性質に対称性があると言っているのであって物体の配置に対称性があるわけではない．

## ■円筒座標

惑星の運動を考えたときには，平面の座標である極座標を使った．ここでは空間内の運動を扱うので，平面内の極座標にもう１方向の座標軸を付け加えておく必要がある．

まず，今考えている回転の軸方向を $z$ 軸とし，その方向の位置を $z$ 座標で表わす．そして質点のその軸から(垂直方向)の距離を $r$ とし，軸に垂直で $z$ の値に依らないある特定の方向からの角度を $\theta$ とする．つまり，極座標が定義されている平面が，$z$ 軸に串刺しにされてずらっと並んでいる．この座標を**円筒座標**，あるいは**円柱座標**と呼ぶ(図１)．

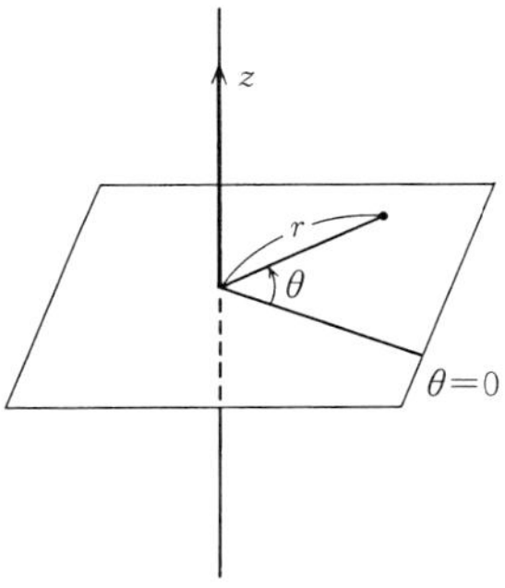

**図１** 円筒座標

$N$ 個のうちの $i$ 番目の質点の座標を $(r_i, \theta_i, z_i)$ と書く．運動エネルギーは，平面内の極座標で表わされる成分に，$z$ 方向の運動を加えて

$$T_i = \frac{1}{2} m_i (\dot{r}_i{}^2 + r_i{}^2 \dot{\theta}_i{}^2 + \dot{z}_i{}^2)$$

## ■角運動量保存則

まず，$i$ 番目の質点の角度座標 $\theta$ に対する角運動量を定義しよう．

$$p_{\theta_i} = \frac{\partial T}{\partial \dot{\theta}_i} = m_i r_i{}^2 \dot{\theta}_i$$

運動方程式は

$$\frac{d}{dt}p_{\theta_i} = \frac{\partial L}{\partial \theta_i}$$

である．すべての質点の角運動量の和 $P_\theta = p_{\theta_1} + p_{\theta_2} + \cdots$ に対しては

$$\frac{d}{dt}P_\theta = \frac{\partial L}{\partial \theta_1} + \frac{\partial L}{\partial \theta_2} + \cdots \qquad (1)$$

となる．ここで，この質点系が，$z$ 軸を中心とした回転に対して対称だとする．つまり，すべての質点の $\theta_i$ に一定の角度 $\Delta\theta$ を加えても，ラグランジアンが不変であるとする．

$$\Delta L = L(\theta_1 + \Delta\theta, \theta_2 + \Delta\theta, \cdots) - L(\theta_1, \theta_2, \cdots) = 0$$

ここで前項でやったように1次の変分だけを取り出すと，

$$\Delta_1 L = \frac{\partial L}{\partial \theta_1}\Delta\theta + \frac{\partial L}{\partial \theta_2}\Delta\theta + \cdots = \left(\frac{\partial L}{\partial \theta_1} + \frac{\partial L}{\partial \theta_2} + \cdots\right)\Delta\theta = 0$$

となる．これに(1)を代入すれば，回転対称性があるときには**全角運動量 $P_\theta$ は保存する**ことがわかる．

## ■惑星の運動での角運動量保存則

第6章でしたように，太陽と惑星の運動を，中心力中の1質点の問題に書き直すと，左頁の場合Ⅱに相当する．この場合，軸はどの方向を向いていても構わないから，方向に応じてそれぞれの角運動量保存則が導かれる．

6.3節で考えた角運動量とは，惑星の「運動平面に垂直な軸」に対する角運動量である．そこでの角度 $\theta$ とは，その平面内の極座標の角度であった．そしてこの角運動量が保存するということが，問題を解くうえで重要な役割をした．

次に，角運動量を定義する軸が「運動平面内」にある場合を考える(図2)．角度 $\theta$ を定義する平面とは軸に垂直な平面(a とする)であるが，それは運動の平面(b とする)とは垂直になる．そして惑星の軌道はすべて平面 b 上にあるから，その角度 $\theta$ は常に一定になる．つまり $\dot{\theta}$ はゼロであり，この軸に対する角運動量は常にゼロであることがわかる．

今は，質点が平面 b 上を運動していることを前提として，角運動量が保存している(常にゼロである)ことを導いた．しかし回転対称性より角運動量が保存していることはわかっているのだから，これを使って，逆に質点が平面内を運動することを証明することもできる．実際，ある時刻で，質点の位置も速度の方向も平面 b 内にあれば，そのとき $\dot{\theta}=0$ であり，角運動量がゼロとなる．すると角運動量保存則より常に $\dot{\theta}=0$ となり，$\theta$=一定ということがわかる．つまりこの質点は，平面 b 内を運動し続けることが証明される．

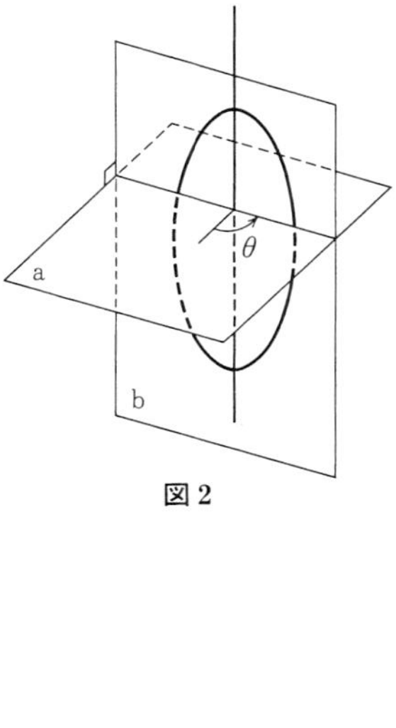


図2

## 章末問題

[7.1節]

**7.1** ラグランジアンが次の式で表わされるときの，$x$ に対する運動量を求めよ．

(1) $L=\dfrac{1}{2}x\dot{x}^2-U(x)$ (2) $L=\dfrac{1}{2}(\dot{x}-kx)^2$

**7.2** (1) ラグランジアンが次の式で表わされるとき，どのような $\dot{x}$ と $\dot{y}$ の組合せ $p\equiv A\dot{x}+B\dot{y}$ が保存するか調べよ．

$$L = \dot{x}^2+\dot{y}^2-k(2x-y)^2$$

(2) このラグランジアンを新しい2変数，$X\equiv x$，$Y\equiv 2x-y$ で表わすと，ポテンシャルは $Y$ のみで表わされ，$X$ には依存しなくなる．つまり $X$ は循環座標となる．(このことからわかるように，ある変数が循環座標かどうかは，その他の変数の取り方に依存する.) このとき，$X$ に対する一般運動量は，(1)で導いた $p$ に比例することを証明せよ．

**7.3** (1) 時間に依存するラグランジアン

$$L = \frac{1}{2}\dot{x}^2-tx$$

があるとき，ラグランジュ方程式を作り，その解を求めよ．

(2) その解のエネルギーを計算し，(7.1.3)が成り立っていることを確かめよ．

[7.2節]

**7.4** 2質点系の場合に，$\tilde{\boldsymbol{r}}_1$ と $\tilde{\boldsymbol{r}}_2$ が相対座標 $\boldsymbol{r}=\boldsymbol{r}_2-\boldsymbol{r}_1$ で表わされることを示せ．それを使って，(7.2.3)が(6.2.4)の運動エネルギーと一致することを示せ．

**7.5** すべてのベクトル $\tilde{\boldsymbol{r}}_i$ が，相対座標 $\boldsymbol{r}_{jk}=\boldsymbol{r}_j-\boldsymbol{r}_k$ の組合せで書けることを示せ．

[7.3節]

**7.6** 斜面の角度が $\theta$ のすりばちの中心から $2l$ の所を，水平方向に速度 $\boldsymbol{v}$ で転がりだした球を考える(図1)．それが半分落下したときの水平方向の速度 $v_{\parallel}$ と中心方向への速度 $v_{\perp}$ を，角運動量保存則とエネルギー保存則より求めよ(球の自転のエネルギーは考えないことにする)．また，半分落下できる条件を求めよ．

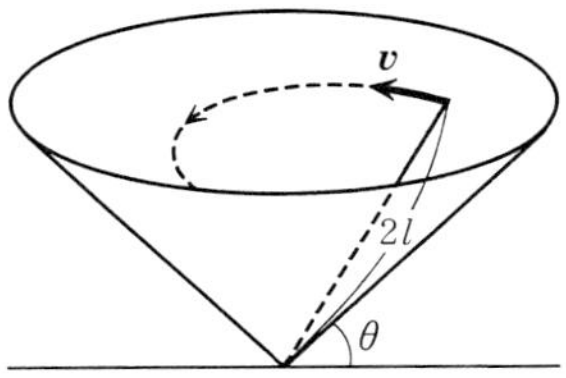

図1

# 8

# 振　動

きどころ

　1.4 節で学んだバネの運動は単振動と呼ばれ，力学ではもっとも基本的な運動の 1 つである．応用範囲も広く，応用に応じて特有の解法がある．この章では，単振動のいくつかのバリエーションを考え，日常的にも見られるさまざまな運動の理解を深めよう．

# 8.1 単振動と安定点

ぽいんと

この節ではまず，単振動という運動がどのような状況で現われるか，またそのバリエーションとしてどのような運動があるかを概観する．

キーワード：安定点

## ■単振動と安定点

バネの力が，自然長からの長さのずれ $x$ に比例している(フックの法則)ならば，バネの先に付いた質量 $m$ の質点の運動方程式は

$$m\frac{d^2x}{dt^2} = -kx \tag{1}$$

となる．右辺に現われる力が $x$ の1次式であることが特徴であり，解は sin または cos で表わされる．このような運動を一般に**単振動**と呼ぶ．

▶解として，たとえば

$$x = A\cos\sqrt{\frac{k}{m}}t$$

バネの力が $x$ に比例しているときは，ポテンシャル $U$ は $x$ の2次式になる．しかし，バネがかなり長く引き伸ばされると，伸び $x$ と力の比例関係は成り立たなくなることが予想される．すなわち，$x^2$ あるいは $x^3$ に比例した力も現われるだろう．ポテンシャルで言えば，

$$U(x) = 定数+\frac{1}{2}kx^2+\{x^3, x^4, \cdots の項\}$$

しかし，$x$ の1次式に比例した項は現われない．それは質点が静止する位置を $x=0$ としたからである．$x=0$ では力($U$ の微分に比例する)がゼロにならなければならないので，ポテンシャルには $x$ の1次式に比例した項は現われない．

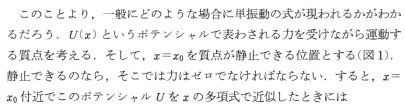

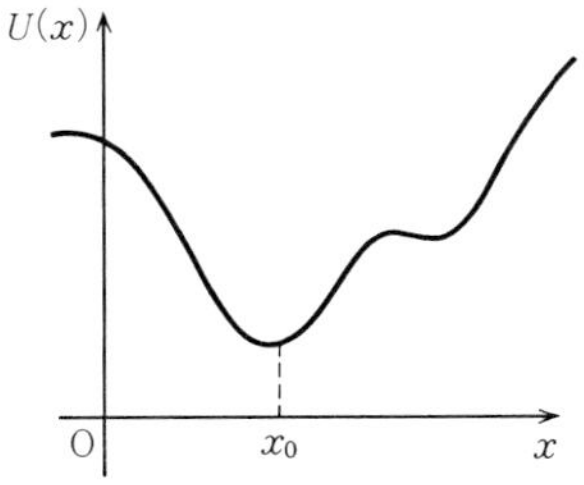


**図1**　ポテンシャルの安定点

このことより，一般にどのような場合に単振動の式が現われるかがわかるだろう．$U(x)$ というポテンシャルで表わされる力を受けながら運動する質点を考える．そして，$x=x_0$ を質点が静止できる位置とする(図1)．静止できるのなら，そこでは力はゼロでなければならない．すると，$x=x_0$ 付近でこのポテンシャル $U$ を $x$ の多項式で近似したときには

$$U(x) = 定数+a(x-x_0)^2+b(x-x_0)^3+\cdots \tag{2}$$

というように，$x-x_0$ の1次の項が現われない形になるだろう．そしてさらに，$x_0$ 付近だけで運動するとし，小さい量である $x-x_0$ の3次以降の項を無視すれば，力は

$$F = -\frac{dU}{dx} \simeq -2a(x-x_0)$$

というように $x-x_0$ に比例した形となり運動は単振動となる($x-x_0$ が sin あるいは cos で表わされる)．ただし，定数 $a$ はプラスでなければならな

い．つまり質点が $x=x_0$ からずれたときには，元に引き戻す方向に力が働いていなければならない．

この例のように，質点が静止でき，しかもそこからずれると元に引き戻す力(復元力)が働くとき，その位置を**安定点**と呼ぶ．そして，質点が安定点からわずかにずれたときの質点の運動が単振動になるのである．

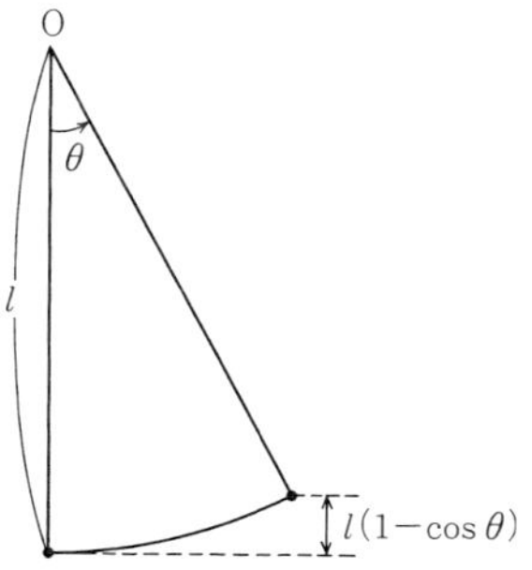

図 2　振り子のポテンシャル

▶紐の張力は拘束力だから，$\theta$ の運動に対しては考える必要がない(5.5 節参照)．

▶$\cos\theta \simeq 1-\frac{1}{2}\theta^2$ ($\theta$ が小さいとき)という近似式を使う．

## ■振り子

単振動の別の例として，振り子を考えてみよう．質量 $m$ の質点が紐にぶら下がっていて，小さく振れているとする(図 2)．紐の長さは変わらないとすれば，運動は角度方向だけ考えればよい．紐が角度 $\theta$ だけ振れているときの重力によるポテンシャルエネルギーは

$$U = mgl(1-\cos\theta)$$

である．しかし，これを使って力を計算し運動方程式に代入しても，答は簡単な形では求まらない．

しかし，この例でも今までの単振動の一般的な話が通用する．この場合は，$\theta=0$ の位置が安定点である．そして振れの幅 $\theta$ が小さいとし，ポテンシャルを $\theta$ の 2 次の項まで求めると

$$U \simeq \frac{1}{2}mgl\theta^2$$

となる(図 3)．これを(5.3.3)に代入すれば

$$ml^2\frac{d^2\theta}{dt^2} \simeq -mgl\theta$$

となる．これも数学的には(1)と同じ形をしている(つまり $\theta$ の 1 次式)ので単振動の式であり，解は sin または cos で表わされる．

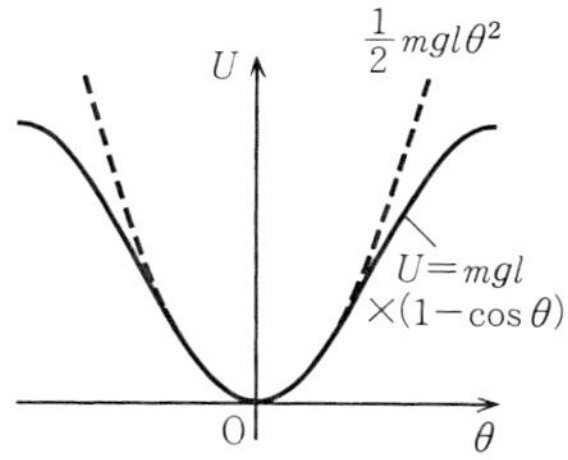

図 3　ポテンシャルの 2 次関数による近似

## ■複雑な振動の問題

今までの話からも単振動の重要性は理解できるだろうが，単振動をさらに複雑化した問題もよく現われる．その 1 つは，いくつかの振動が絡み合う例である．たとえば複数の質点がバネでつながって振動する場合である．この問題はさらに広げると，原子が無数につながっている紐や膜の振動の問題になり，振動・波動という力学の 1 つの重要な分野となる．8.7 節で最も簡単な問題を説明するが，一般の話は本シリーズの第 5 巻であらためて解説する．

単振動の特徴は，働く力がずれの 1 次式に表わされるという点にある．しかし，その力に加えて，他の力も同時に働く場合もよくある．たとえば，質点に抵抗力が働いたり，外力が働く場合である．また，振り子の長さが変化したり，(2)のポテンシャルで 3 次の項まで取り入れたらどうなるだろうか．この章では以下，そのような問題に対する考え方を解説する．

# 8.2 減衰振動

ぽいんと

現実の振動は，次第に減衰して止まってしまうというのが，日常経験することである．それは摩擦などの効果による抵抗力が働いて，振動のエネルギーが奪われていくからである．この節ではその中でも一番単純な問題，つまり１つの質点が振動しているときに，その速度に比例する抵抗力が働く場合を考えよう．

**キーワード：減衰振動，過減衰，複素数の解**

## ■抵抗力があるときの方程式

話を具体的にするために，バネに付いて振動している質点に対し，抵抗力が働いているとしよう．たとえば質点が気体や液体の中で振動しているので，周囲の物質から抵抗を受けていると考えてもいい．抵抗力は1.3節でも考えたように，速度に比例していると仮定する．(8.1.1)のバネの振動の式に，比例係数$\kappa$で表わされる抵抗力の項を加えると，運動方程式は

$$m\frac{d^2x}{dt^2}+\kappa\frac{dx}{dt}+kx=0 \qquad (1)$$

となる．指数関数を使って，この方程式の解を直観的に見つけよう．まず

$$x=e^{-\alpha t} \qquad (\alpha \text{ は定数}) \qquad (2)$$

と仮定して(1)に代入すると，

$$(m\alpha^2-\kappa\alpha+k)e^{-\alpha t}=0$$

となる．この式が成り立つ条件は

$$\alpha=\alpha_\pm\equiv\frac{\kappa}{2m}\pm\frac{1}{2m}\sqrt{\kappa^2-4km} \qquad (3)$$

である．この$\alpha$を(2)に代入すれば(1)の解になる．しかし，物理の問題としては，$x$が(したがって$\alpha$が)実数でなければ意味がないことに注意しよう．そこで，これがこの問題の答であるためには(3)が実数，つまり

$$\kappa^2>4km \qquad (4)$$

でなければならないことがわかる．これは$\kappa$で示される抵抗力が，バネの力$k$，あるいは慣性の効果$m$よりも大きいという条件である．

この条件が成り立っているとしよう．すると$\alpha$には２通りの可能性があるので，(1)の解が２通り求まったことになる．さらに，この２つの解を適当に組み合わせた

$$x=A_+e^{-\alpha_+t}+A_-e^{-\alpha_-t} \qquad (A_\pm \text{ は任意定数}) \qquad (5)$$

という式も，(1)の解であることはすぐわかる．1.4節での単振動のケースと同じことで，(1)のすべての項が$x$について１次であるためである(章末問題1.6参照)．そして，(5)は２つの任意定数を含んでいるので，これが２階の微分方程式である(1)の最も一般的な解であることもわかる．

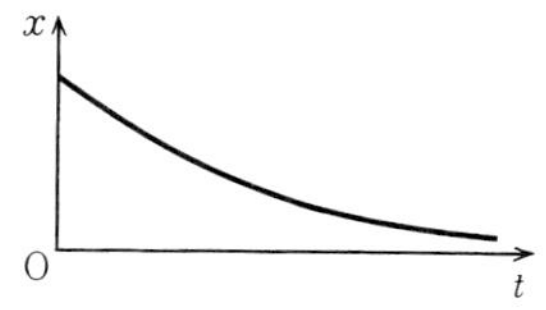


図 1　抵抗が強い場合（過減衰）

(5)が表わす質点の振る舞いは明らかだろう．抵抗力が強いので，質点は振動できず，($\alpha_{\pm}>0$ だから)安定点 $x=0$ に指数関数的に近づいていく(図 1)．

## ■抵抗力の小さい場合の解

次に，(4)の条件が成り立たない場合を考える．抵抗力が弱いケースである．そのときは $\alpha$ が複素数になってしまうので，質点の位置である $x$ が複素数となり物理的に意味をなさない．しかし，以下で述べる重要な性質が成り立つため，複素数を使った計算が役に立つ．まず仮に

$$x(t) = f(t)+ig(t) \qquad (f, g \text{ は実数の関数})$$

という複素数の関数が(1)の解であるとしよう．すると，これを(1)に代入したときには，その実数部分全体も，虚数部分全体も，それぞれゼロにならなければならない．つまり

$$\text{実数部}\quad m\frac{d^2f}{dt^2}+\kappa\frac{df}{dt}+kf = 0$$

$$\text{虚数部}\quad m\frac{d^2g}{dt^2}+\kappa\frac{dg}{dt}+kg = 0$$

である．ところがこれは，$f$ も $g$ もそれぞれが単独で，(1)の解になっているということに他ならない．つまり(1)の複素数の解が 1 つ見つかれば，実数の解が同時に 2 つ見つかったことになるのである．

このことを今の場合にあてはめてみよう．まず

$$\alpha_{\pm} = \beta \pm i\gamma$$

$$\beta \equiv \frac{\kappa}{2m}, \qquad \gamma \equiv \frac{1}{2m}\sqrt{4km-\kappa^2}$$

と分けて書いておく．すると

▶オイラーの公式

$$e^{i\theta} = \cos\theta + i\sin\theta$$

$$x = e^{-\alpha_{\pm}t} = e^{-\beta t}e^{\mp i\gamma t} = e^{-\beta t}(\cos\gamma t \pm i\sin\gamma t)$$

である．右辺の第 1 項，第 2 項がそれぞれ解となる．そして最も一般的な解は

$$\begin{aligned} x &= Be^{-\beta t}\cos\gamma t + Ce^{-\beta t}\sin\gamma t \\ &= Ae^{-\beta t}\sin(\gamma t+\theta) \qquad (B, C, A, \theta \text{ は任意定数}) \end{aligned}$$

であることもわかる．

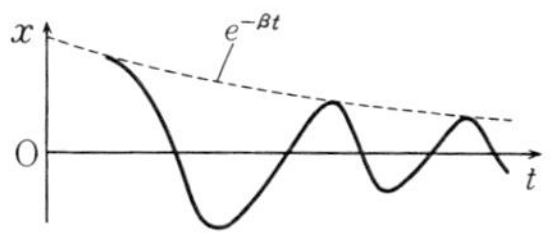


図 2　抵抗が弱い場合（減衰振動）

この式をグラフで描くと図 2 のようになる．質点は振動するが，その振幅はしだいに減衰していく．これを**減衰振動**と呼ぶ．(これに対し，前半の抵抗が大きい場合の振る舞いを，**過減衰**と呼ぶ.)

$\kappa^2-4mk=0$ という特殊ケースについては，章末問題 8.3 参照．

# 8.3 強制振動とうなり

ぽいんと

前節で考えた抵抗力は，質点の速度に比例する力であった．この節では，質点の位置にも速度にも依らないが，時間とともに周期的に変化する外力が働く場合を考えよう．一般的な手法を説明したのち，この節では特に，うなりという現象を考える．音叉（おんさ）に，その固有の音とわずかに高さが異なる音波があたったとき起きる現象である．

**キーワード：斉次方程式，非斉次方程式，特解，うなり**

## ■斉次方程式と非斉次方程式

単振動をする質点に対して，その位置 $x$ に依らない力 $F$ が働いているとすると，前節の運動方程式は

$$m\frac{d^2x}{dt^2}+\kappa\frac{dx}{dt}+kx=F \tag{1}$$

と書ける．もし $F$ が一定ならば，これは振動の中心を $x=0$ からずらす働きをするにすぎない．興味があるのは，$F$ が時間 $t$ に依存する場合である．

前節で扱った運動方程式は，すべての項が $x$ の 1 次式であった．それに対して(1)の特徴は，右辺に $x$ の 0 次の項が現われていることである．そのため，前者を**斉次式**というのに対し，後者を**非斉次式**と呼ぶ．

非斉次式の解は，その式の 0 次の項を除いた斉次式の解と密接な関係がある．斉次式の解の 1 つを $x_0$，非斉次式の解の 1 つを $x_1$ としよう．

$$m\frac{d^2x_0}{dt^2}+\kappa\frac{dx_0}{dt}+kx_0=0$$

$$m\frac{d^2x_1}{dt^2}+\kappa\frac{dx_1}{dt}+kx_1=F$$

このとき

$$x=x_1+x_0 \tag{2}$$

も，非斉次式(1)の解であることは，代入すればすぐにわかるだろう．

このことは，非斉次式の最も一般的な解を見つけるのに役に立つ．今扱っているのは 2 階の微分方程式だから，最も一般的な解は，任意定数(積分定数)を 2 つ含んでいなければならない．

そこでまず，非斉次式の解が 1 つ見つかったとする．それを $x_1$ としよう．すると今も述べたように，どのような斉次式の解をそれに加えても，非斉次式の解であることには変わりはない．そして斉次式に対しては任意定数が 2 つ含まれている解がわかっているのだから，(2)の形をした解も任意定数が 2 つ含まれている．つまり非斉次式の解が 1 つだけわかれば(これを**特解**と呼ぶ)，その最も一般的な解もわかったことになるのである．

## ■強制振動

具体的な問題として，外力が sin 関数で表わされる場合を考える．この節では話を簡単にするために，抵抗力はないとする(抵抗力のある場合は次節)．バネに限らない一般的な場合を考えるために，(1)を少し変形して

$$\frac{d^2x}{dt^2}+\omega_0{}^2x = f\sin\omega t \tag{3}$$

と表わそう．$\omega_0$ は外力が働いていないときのこの系の角振動数(系の**固有振動数**と呼ぶ)であり，外力の角振動数 $\omega$ とは異なるとする．また $f$ は外力の大きさを表わす定数である．

前頁の方針に従って，(3)の解をとにかく 1 つ見つけよう．そのために，外力と一緒に振動する解があると予想し

$$x_1 = A\sin\omega t$$

という形を仮定する．これを(3)に代入すれば

$$-A\omega^2+\omega_0{}^2A = f \quad\Rightarrow\quad A = \frac{f}{\omega_0{}^2-\omega^2} \tag{4}$$

という式が求まる．これより(3)の解が 1 つ求まった．これが特解である．一般解は，この特解に斉次式の一般解を付け加えればよい．

$$x = \frac{f}{\omega_0{}^2-\omega^2}\sin\omega t+A_0\sin(\omega_0 t+\theta_0) \tag{5}$$

$(A_0, \theta_0$ は任意定数$)$

## ■うなり

具体的な問題を考えてみよう．一般解の任意定数を決めるために，初期条件として，時刻 $t=0$ で質点は静止していたとする．つまり $t=0$ で

$$x = 0, \quad \dot{x} = 0 \tag{6}$$

▶(7)が(6)を満たしていることは，各自チェックされたい．

である．この条件より，(5)は

$$x = \frac{f}{\omega_0{}^2-\omega^2}\left(\sin\omega t-\frac{\omega}{\omega_0}\sin\omega_0 t\right) \tag{7}$$

▶ $\omega=\omega_0$ の場合は，章末問題 8.5 参照．

ここで，$\omega\fallingdotseq\omega_0$ としてみよう．系の固有の振動数と，外力の振動数が近い場合である．ただし完全には等しくないとしよう．すると(7)は右辺第 2 項の係数を $\omega/\omega_0\fallingdotseq 1$ として

$$x \simeq \frac{2f}{\omega_0{}^2-\omega^2}\sin\left(\frac{\omega-\omega_0}{2}t\right)\cos\left(\frac{\omega+\omega_0}{2}t\right) \tag{8}$$

となる．この式は，$(\omega+\omega_0)/2\fallingdotseq\omega$ という角振動数をもつ振動の振幅が，$(\omega-\omega_0)/2(\ll\omega)$ という角振動数でゆっくり振動するということを表わしている．音でいえば，($\omega$ で決まる)ある一定の高さの音が，ゆっくり大きくなったり小さくなったりするということであり，**うなり**と呼ばれている．

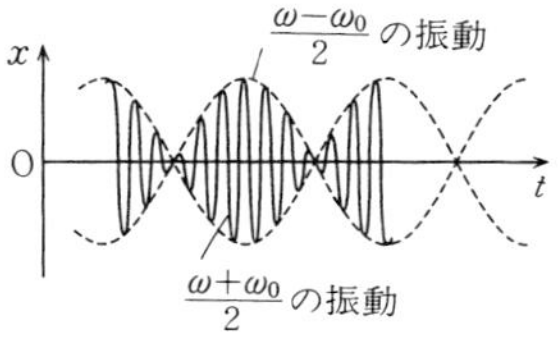


**図 1**　外力によるうなり

# 8.4 強制振動と共鳴

ぽいんと

前節では，抵抗のない場合の強制振動を扱った．この節では，抵抗の効果を考える．特に，共鳴という現象を学ぶ．地震のときの建物のゆれや，(力学ではないが)電波の受信回路などで登場する問題である．

**キーワード：共鳴(共振)，緩和時間**

## ■抵抗がある場合の強制振動

▶ $\gamma$(ガンマ)$\equiv \kappa/m$．8.2 節の $\gamma$ とは別の量．

(8.3.3)に，8.2 節でも考えた速度に比例した抵抗の効果を加えて

$$\frac{d^2x}{dt^2}+\gamma\frac{dx}{dt}+\omega_0{}^2x = f\sin\omega t \qquad (1)$$

という方程式を考えよう．解き方は前節と同様で，この式(非斉次式)の特解を1つ見つければよい．右辺をゼロとした斉次式の一般解は，8.2 節ですでに求めてある．

まず特解として

$$x_1 = A\sin(\omega t+\theta_0) \qquad (2)$$

という形のものを予想する．前節の(4)との違いに注意しよう．そこでは，$\theta_0=0$ であった．つまり，物体は外力と一緒に(つまり同じ位相で)振動するか($\omega_0>\omega$ の場合)，あるいは外力と正反対に(つまり逆符号で)振動するかだった．しかし，ここでは以下でわかるように $\theta_0=0$ とするわけにはいかない．抵抗があるため，物体は外力とはずれて振動する．このずれを求めるのが，この問題の主眼点の1つである．

具体的に $A$ と $\theta_0$ を決めるために，(2)を(1)に代入する．

$$-A\omega^2\sin(\omega t+\theta_0)+\gamma A\omega\cos(\omega t+\theta_0)+\omega_0{}^2A\sin(\omega t+\theta_0)$$
$$= f\{\cos\theta_0\sin(\omega t+\theta_0)-\sin\theta_0\cos(\omega t+\theta_0)\}$$

左辺と比較しやすいように，右辺を2つに分解した．この式があらゆる時刻で成り立っていなければならないのだから，$\sin(\omega t+\theta_0)$ と $\cos(\omega t+\theta_0)$ の係数がそれぞれ等しくなければならない．つまり

$$A(\omega_0{}^2-\omega^2) = f\cos\theta_0$$
$$\gamma A\omega = -f\sin\theta_0$$

である．したがって，

$$A^2 = \frac{f^2}{(\omega^2-\omega_0{}^2)^2+\gamma^2\omega^2} \qquad (3)$$

$$\tan\theta_0 = \frac{\gamma\omega}{\omega^2-\omega_0{}^2} \qquad (4)$$

となる．

## ■共　鳴

これで1つの特解が求まったので，8.2節で求めた斉次式の一般解を加えれば，(1)の一般解になる．しかし抵抗力がある場合，(減衰振動であろうと過減衰であろうと)斉次式の解は必ず指数関数的に減衰し，ゼロになってしまう．つまり時間が十分経過すれば，今求めた特解だけが生き残ることになる．

最初に何らかの振動をしていたとしても，抵抗のためにその運動エネルギーはなくなってしまうので，継続して外から与えられる外力の効果だけが残ると考えればよい．もちろん，そうなるまでの時間(緩和時間)は抵抗の大きさに依るが，以下では，上の特解だけで表わされる定常的な状態になったと仮定して，運動の性質を考えてみよう．

▶一般に，定常状態に近づくのにかかる時間の程度を，**緩和時間**と呼ぶ．減衰振動の場合は，振動が$e$分の1になるのにかかる時間$1/\beta$を，緩和時間とする．

振動の振幅は(3)の$A$で表わされており，系の固有角振動数$\omega_0$にも，外力の角振動数$\omega$にも依存する．抵抗がない場合は(8.3.5)からもわかるように，$\omega$と$\omega_0$が一致してしまうと特殊なことが起きる．系が外力からエネルギーを吸収し続けることにより，振幅が無限大になってしまうからである(章末問題8.5参照)．しかし抵抗があるときは，運動が激しくなると抵抗も強くなるので，ある段階で釣り合いが取れる．つまり(3)は$\omega=\omega_0$の場合でも通用する．

それでも$\omega$が$\omega_0$に近くなると，振幅$A$は大きくなる．最大となる位置は抵抗のため少しずれて，

$$\omega^2 = {\omega_0}^2 - \frac{\gamma^2}{2}$$

である．これをグラフにしたのが図1である．

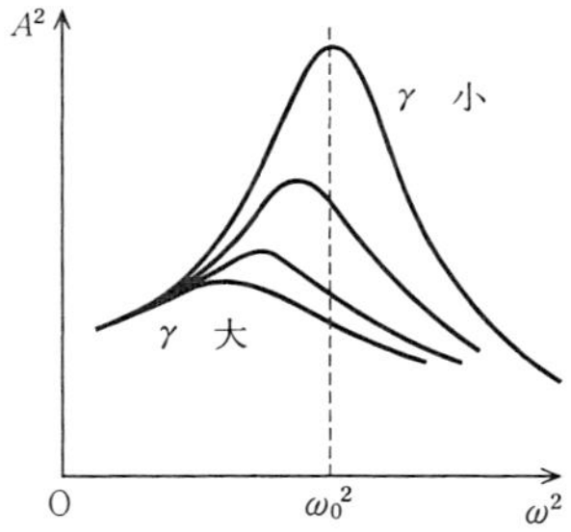


**図1**　共鳴

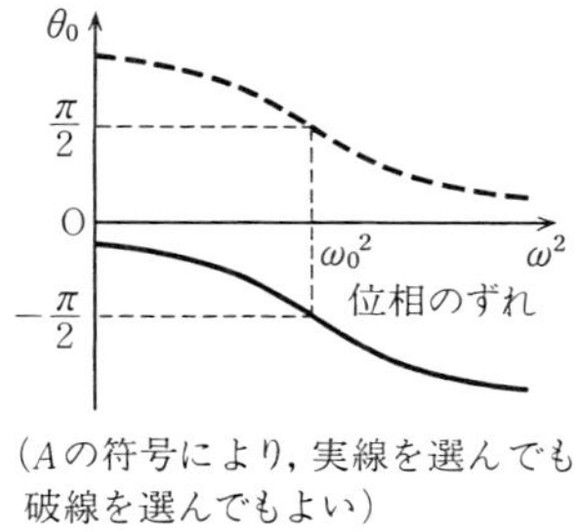


($A$の符号により，実線を選んでも破線を選んでもよい)

**図2**　$\theta_0$のグラフ

この現象を**共鳴**(あるいは**共振**)と呼ぶ．2つの角振動数が近いと，外力の振動に「共鳴」して系が大きく振動するのである．力学系でもよく見られる現象だが，電波でも同様な現象がある．電波の受信装置とは，その固有振動数を何らかの方法で調節し，外部からくる特定の波長の電波によく反応するように仕組まれた装置である．

共鳴の程度は，抵抗$\gamma$の大きさによる．抵抗が小さくなればなるほど，山の高さは高くなり，その幅は狭くなる．逆に抵抗が大きいと共鳴しにくくなる．そして$\gamma^2>2{\omega_0}^2$となると山は消滅する．また抵抗があると，(4)からわかるように，位相のずれ$\theta_0$も生じる．$\theta_0$のグラフを図2に示す．$A$を正とした場合は$\theta_0<0$を選ばなくてはならない．つまりこの系は外力よりおくれて振動する．

# 8.5 振動数が変化する場合(断熱近似)

ぽいんと

振動数がゆっくり変化するときの運動方程式の解を求める．エネルギーは保存しないが，エネルギーと振動数の比が一定になる．このように，系の性質がゆっくり変化するときに一定に保たれる量を断熱不変量と呼ぶ．

キーワード：断熱不変量

## ■ゆっくり変化する振動数

単振動の運動方程式

$$\frac{d^2x}{dt^2} = -\omega^2 x \tag{1}$$

で，振動数 $\omega$ がゆっくり変化するケースを考える．長さが少しずつ変化する振り子などを考えればよい．「ゆっくり変化する」というのは，振動の1周期 $(2\pi/\omega)$ の間には $\omega$ はほとんど変化しないという意味である．

$\omega$ が変化する場合の(1)の解を一般的に求めるのは不可能である．そこで $\omega$ がゆっくり変化する場合に成り立つ近似的な解を求めたいのだが，$\omega$ の変化が遅ければ，その効果が現われるのにも時間がかかる．したがって，近似的な解であるといっても，非常に長時間にわたってよい近似になっている解でなくては意味がない．

$\omega$ の変化に要する時間の程度を示すパラメータ $T$ を導入し，$\omega$ がある関数 $f$ により

$$\omega(t) = f\left(\frac{t}{T}\right)$$

という形で表わされると仮定する．ここで $f$ とは普通に変化する関数であり，その変化率(微分)も特に小さいというわけではない．しかし

▶ $f'(x) \equiv \dfrac{df(x)}{dx}$

$$\frac{d\omega}{dt} = \frac{1}{T}f'\left(\frac{t}{T}\right) \tag{2}$$

であるので，$T$ が非常に大きければ $\omega$ の変化率は小さくなる．また $\omega$ がある程度変化するためには，$T$ 程度の時間が経たなくてはならない．つまり解としては，$T$ が大きい場合に近似的に成り立つもので，かつ，$T$ 程度の長時間にわたってよい近似になっているものを求めなければならないことになる．

## ■近 似 解

もし $\omega$ が一定であれば，(1)の解は

$$x = A\sin(\omega t + \theta_0) \tag{3}$$

である．この形を一般化し，$\omega$ が変化する場合の解として，

$$x = A(t)\sin F(t) \tag{4}$$

という形が可能かどうかを調べてみよう．ここで $A$ や $F$ は，時刻 $t$ の関数である．(3)では $A$ は定数であり，$F$ は $t$ の1次関数であったが，$\omega$ が変化するときにはそうはならない．しかし $\omega$ の変化が緩やかであれば，それに近いはずである．その形を決めるために，まず(4)を(1)に代入する．

$$(-A\dot{F}^2+\ddot{A})\sin F+(2\dot{A}\dot{F}+A\ddot{F})\cos F = -\omega^2 A \sin F$$

$A$ や $F$ は sin や cos と比較して早く振動する関数ではないから，この式があらゆる時刻 $t$ で成り立つためには sin や cos の係数がそれぞれ(近似的には)ゼロになるべきである．まず cos の係数をゼロとすれば

$$2\dot{A}\dot{F}+A\ddot{F} = 0$$

である．これは変形すると

$$\frac{d}{dt}\log A = -\frac{1}{2}\frac{d}{dt}\log \dot{F}$$

となり，積分して両辺の指数を比較して

$$A = C\dot{F}^{-1/2} \qquad (C \text{ は定数}) \tag{5}$$

という関係が求まる．

次に sin の係数を考える．ここで，実は $\ddot{A}$ は無視してかまわない．そのことは後で示すことにして，とりあえずその他の項だけで考えると

$$\dot{F}^2 \simeq \omega^2$$

であり，結局

$$F(t) \simeq \int^t \omega(t')dt' \tag{6}$$

という関係が求まる．$\omega$ が定数であれば，$F$ は予想通り $t$ の1次関数となる．(3)の任意定数 $\theta_0$ は，(6)の積分の下限の任意性に対応している．(6)を使えば(5)より $A$ も決まり

$$A(t) \simeq C/\sqrt{\omega(t)} \tag{7}$$

である．これにより，$\ddot{A}$ が小さく無視できると上で仮定したことが正当化される．なぜなら(7)より

$$\ddot{A} = C\left(\frac{3}{4}\frac{\dot{\omega}^2}{\omega^{5/2}}-\frac{1}{2}\frac{\ddot{\omega}}{\omega^{3/2}}\right) = O\left(\frac{1}{T^2}\right)$$

▶(2)参照.
▶ $O(n)$ は $n$ のオーダーと呼び，関数の大きさが $n$ の程度であることを表わす.

であるので，$T$ が大きければ $\ddot{A}$ は小さいからである．

振動のエネルギーは $E=m\omega^2A^2$ である(2.2節)．$\omega$ も $A$ も変化しているのでエネルギーは保存しないが，(7)を使えば

$$E \simeq m\omega^2\frac{C^2}{\omega} \propto \omega$$

であることがわかる．これより $E/\omega$ は一定，つまり[ぽいんと]で定義した**断熱不変量**にあてはまる．

# 8.6 非線形振動

ぽいんと

単振動というのは，力が安定点からのずれの 1 次に比例しているときに起きる運動である．しかし現実の状況では厳密には比例しておらず，ずれの 2 次やそれより高次に比例する成分(非線形項)もあると考えられる．もちろん，ずれの大きさが小さければ(微小振動ならば)，そのような項の効果は小さい．そこでこの節では，小さいがゼロではない高次の項があるとし，その影響を調べてみよう．

**キーワード：非線形項(非調和項)，摂動法，高調波**

## ■非調和項

ずれの大きさ $x$ に比例する力の他に，$x$ の 2 乗に比例する力の成分があるとする．そのときの運動方程式を

▶ポテンシャルは
$$U=\frac{1}{2}\omega^2x^2-\frac{1}{3}ax^3$$
となる．

$$\frac{d^2x}{dt^2}=-\omega^2x+ax^2 \qquad (1)$$

と書こう．$\omega$ は力の第 2 項を無視したときの単振動の角振動数である．$a$ は，2 次の項の大きさを示す定数である．

単振動のことを**調和振動**とも呼ぶが，2 次の項のために運動は調和振動でなくなるので，この項を**非調和項**と呼ぶ．また，この運動を**非調和振動**と呼ぶ．また(1)が $x$ について 1 次の微分方程式(線形微分方程式)ではなくなっているので，**非線形項**，**非線形振動**という用語も使われる．

## ■摂動による解法

(1)を厳密に解くことはできない．しかし，$x$ が小さい領域での振動ならば，2 次の力の効果は小さいと考えられ，そのような場合に解を求める便利な方法として摂動法というものがある．その考え方は，以下のようなものである．

(1)の厳密な答 $x$ は $a$ の大きさに依存する．つまり $a$ の関数である．そこでまず，$a=0$ の場合の解を $x_0$ と表わそう．そして $x$ と $x_0$ の差を，$a$ に比例した部分，$a$ の 2 乗に比例した部分というように分けて書き

$$x=x_0+ax_1+a^2x_2+\cdots \qquad (2)$$

とする．各 $x_i$ は $a$ には依らないが，もちろん時間の関数である．感覚的に言えば，$a^n x_n$ という項は，(1)の $ax^2$ という力が $n$ 重に影響した部分である．したがって，この力の影響が小さいのならば，(2)の展開は高次にいくにつれて，その寄与が小さくなっていくはずである．

次に，(2)を(1)に代入する．それは，$a$ がどんな値でも成り立たなければならないから，代入した式の $a$ の 0 次の部分，1 次の部分，2 次の部分，… の係数はすべてゼロにならなければならない．つまり

$$a^0:\quad \frac{d^2x_0}{dt^2} = -\omega^2 x_0 \qquad (3)$$

$$a^1:\quad \frac{d^2x_1}{dt^2} = -\omega^2 x_1 + x_0{}^2 \qquad (4)$$

$$a^2:\quad \frac{d^2x_2}{dt^2} = -\omega^2 x_2 + 2x_0x_1 \qquad (5)$$

という式が成り立たなければならない．

まず最初の式(3)はもともとの単振動の式に他ならない．したがって，$x_0$ はすぐに求まる．次にそれを(4)に代入しよう．すると(4)は $x_1$ を求める式となる．そして，その結果を(5)に代入すれば $x_2$ がわかるというように，計算が進んでいく．もちろん現実には，このような操作は有限回しかできないから，求まるのは近似解である．このような解法を**摂動法**と呼ぶ．

## ■高 調 波

実際に解を求めてみよう．まず

$$x_0 = A\sin\omega t \qquad (6)$$

とする．これを(4)に代入すれば，

$$\frac{d^2x_1}{dt^2} = -\omega^2 x_1 + \frac{A^2}{2}(1-\cos 2\omega t)$$

となるが，これは $y=x_1-A^2/2\omega^2$ とすれば

$$\frac{d^2y}{dt^2} = -\omega^2 y - \frac{A^2}{2}\cos 2\omega t$$

であり，角振動数 $2\omega$ の強制振動(8.3節)に他ならない．したがって，その解は

$$x_1 = \frac{A^2}{2\omega^2} - \frac{A^2/2}{\omega^2-(2\omega)^2}\cos 2\omega t + (\text{斉次式の解}) \qquad (7)$$

となる．斉次式の解とは，角振動数 $\omega$ の単振動である．

▶微小振動ならば $A$ が小さい．したがって，$x_1$ は $x_0$ よりも小さい．一般に $x_n$ は $A^{n+1}$ に比例する．

(7)の特徴は，振動数が2倍の振動が現われたという点である．(4)で右辺に $x_0{}^2$ の項があることが原因である．そのことから，摂動を進めていけば振動数が3倍，4倍といった振動が現われることもすぐわかる．あるいは最初の式(1)に $x^n$ の項があれば，$x_1$ に $n$ 倍の振動が現われる．

一般にある振動を起こすと，その整数倍の振動数の振動も同時に発生する．これを**高調波**と呼ぶ．同じ高さの声を出しても人それぞれ声色が違うのは，高調波の混じり具合，つまり非線形の効果が異なるからである．

2次の項 $x_2$ は，高調波ばかりでなく，角振動数 $\omega$ を変化させる．もし角振動数が $\varDelta\omega$ だけ変化すると

$$\sin(\omega+\varDelta\omega)t - \sin\omega t \simeq \varDelta\omega t\cos\omega t$$

となるが，実際 $x_2$ を(5)から求めると，この形をした項が現われる．その係数を見ることにより $\varDelta\omega$ を求めることができる．

# 8.7 つながったバネの振動

ぽいんと

2つの質点が，バネでつながって同時に振動しているときの解き方を説明する．2種類の振動の組合せとして解が求まる．

**キーワード：固有振動（基準振動），連成振動**

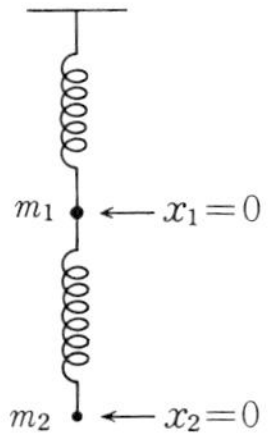


**図1** 静止状態での配置

## ■運動方程式

バネ定数 $k_1$ のバネに質量 $m_1$ の質点がぶらさがっていて，その下に，もう1つ質量 $m_2$ の質点が付いたバネ定数 $k_2$ のバネがぶらさがっているとする．上の質点の位置を $x_1$，下の質点の位置を $x_2$ で表わす（図1）．ただし，重力と釣り合った状態でそれぞれの位置を，$x_1=0$，$x_2=0$ とする．

すると，上のバネの釣り合いの位置からのずれは $x_1$ そのものになるが，下のバネの伸縮は $x_2-x_1$ である．したがって，2つの質点の運動方程式をそれぞれ書くと，

$$
\begin{aligned}
m_1\frac{d^2x_1}{dt^2} &= -k_1x_1+k_2(x_2-x_1) \\
m_2\frac{d^2x_2}{dt^2} &= -k_2(x_2-x_1)
\end{aligned}
\qquad (1)
$$

となる．（質量 $m_1$ の質点は，両方のバネから力を受ける．）

## ■単振動への変形

この式が今までの単振動の式と異なるのは，右辺が $x_1$ と $x_2$ の組合せとなっているという点にある．そこで，この2式を適当に組み合わせ，左辺も右辺も同じ変数で表わすことを考えてみよう．

まず，新しい変数 $y$ を

▶ギリシャ文字 $\xi$ はグザイと読む．

$$y \equiv x_1+\xi x_2 \qquad (\xi \text{は定数}) \qquad (2)$$

と定義する．すると $y$ の運動方程式は

$$
\begin{aligned}
\frac{d^2y}{dt^2} &= \frac{d^2x_1}{dt^2}+\xi\frac{d^2x_2}{dt^2} \\
&= -\left(\frac{k_1+k_2}{m_1}-\xi\frac{k_2}{m_2}\right)x_1-\left(-\frac{k_2}{m_1}+\xi\frac{k_2}{m_2}\right)x_2
\end{aligned}
$$

となる．そしてもし右辺が $y$ に比例する，つまり，

$$\xi = \frac{-\dfrac{k_2}{m_1}+\xi\dfrac{k_2}{m_2}}{\dfrac{k_1+k_2}{m_1}-\xi\dfrac{k_2}{m_2}} \qquad (3)$$

であれば，

$$\frac{d^2y}{dt^2} = -\omega^2 y \qquad \left(\omega^2 \equiv \frac{k_1+k_2}{m_1} - \xi\frac{k_2}{m_2}\right) \tag{4}$$

となる．これは角振動数 $\omega$ の単振動の式に他ならない．

(3)は $\xi$ の 2 次式なので解は 2 つあり，それを $\xi_\pm$ と書けば

$$\xi_\pm = -\frac{1}{2} + \frac{1}{2}\frac{m_2}{m_1}\frac{k_1+k_2}{k_2}$$
$$\pm\frac{1}{2k_2}\sqrt{\left\{\frac{m_2}{m_1}(k_1+k_2)-k_2\right\}^2 + 4\frac{m_2}{m_1}k_2{}^2} \tag{5}$$

である．これを(4)に代入すれば，それぞれに対応する角振動数 $\omega_\pm$ が求まる．

## ■固有振動

以上のことから，(1)の 2 つの微分方程式は

$$\frac{d^2y_+}{dt^2} = -\omega_+{}^2 y_+, \qquad \frac{d^2y_-}{dt^2} = -\omega_-{}^2 y_- \qquad (y_\pm \equiv x_1 + \xi_\pm x_2)$$

という 2 つの式になることがわかった．そして，これは単振動の式に他ならないから，その解は

$$y_+ = x_1 + \xi_+ x_2 = A_+ \sin(\omega_+ t + \theta_+)$$
$$y_- = x_1 + \xi_- x_2 = A_- \sin(\omega_- t + \theta_-)$$

である．$A_\pm$ と $\theta_\pm$ が任意定数である．

実際の質点の運動，つまり $x_1$ や $x_2$ の振る舞いは，これを書き直して

$$\begin{aligned} x_1 &= -\xi_- C_+ \sin(\omega_+ t + \theta_+) + \xi_+ C_- \sin(\omega_- t + \theta_-) \\ x_2 &= C_+ \sin(\omega_+ t + \theta_+) - C_- \sin(\omega_- t + \theta_-) \end{aligned} \tag{6}$$

となる．ここで

$$C_\pm \equiv A_\pm / (\xi_+ - \xi_-)$$

であるが，$A_\pm$ は任意定数であるから，$C_\pm$ も任意定数であることには変わりはない．

以上の議論からわかるように，この運動は角振動数 $\omega_+$ の単振動と，角振動数 $\omega_-$ の単振動の組合せである．それぞれの単振動を，この運動の**固有振動**(**基準振動**)と呼ぶ．たとえば $C_+ \neq 0$ だが $C_- = 0$ の場合は，この系は純粋に $\omega_+$ の固有振動で振動しているということになる．一般的にはもちろん，2 つの固有振動が混じり合って運動している．(運動の具体的な様子は，章末問題 8.9 参照.)

この例のように，複数個の振動が組み合わさった運動を**連成振動**と呼ぶ．自然界に頻繁に現われる重要な問題だが，詳しくは本シリーズ第 5 巻を参照．

## 章末問題

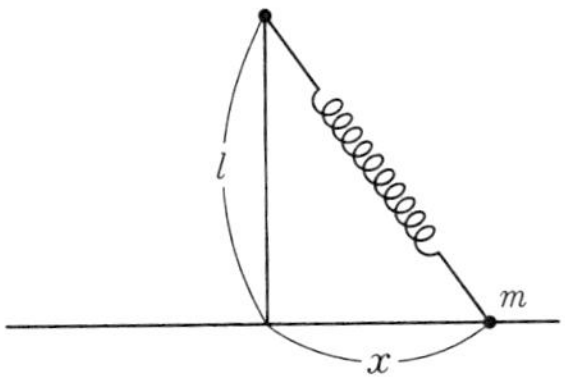


図 1

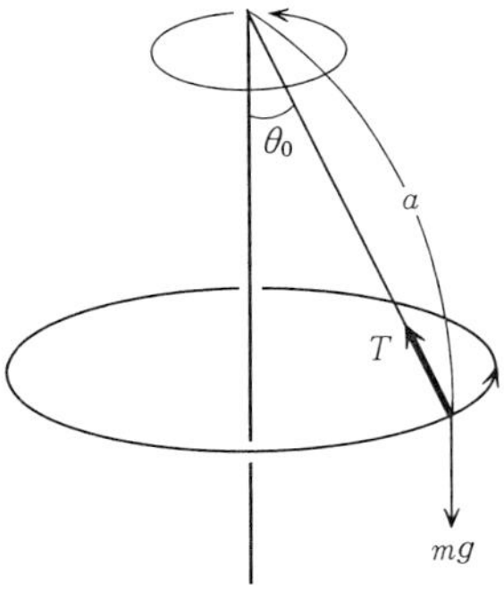


図 2

[8.1 節]

**8.1** バネでぶらさがっている質量 $m$ の物体が，水平な棒に沿って摩擦なしですべるようになっている(図 1)．この物体が微小な振幅で振動するときの角振動数を求めよ．ただし重力は考えず，バネ定数は $k$，自然長は $l_0$，$x=0$ のときのバネの長さを $l\ (>l_0)$ とする．(ヒント：バネのポテンシャルを $x=0$ の回りで展開する.)

**8.2** (1) 先端に質点が付いている長さ $a$ の振り子が，一定の角速度 $\omega$ で円運動をしている(図 2)．このときの振り子の傾き $\theta_0$ を求めよ．

(2) また，同じ角速度で回転してはいるが，角度がわずかにずれていると，傾き $\theta$ は $\theta_0$ の回りを振動する．この振動の角振動数を求めよ．(ヒント：球座標(章末問題 5.3)で考える．角度 $\theta$ に対する運動方程式の力を，$\theta-\theta_0$ が小さいとして展開する.)

[8.2 節]

**8.3** 8.2 節の減衰振動の問題で，$\kappa^2-4mk=0$ という場合は，

$$x \propto te^{-\alpha t} \qquad (\alpha\equiv\kappa/2m)$$

が 1 つの解になることを，実際に(8.2.1)に代入して確かめよ．

[8.3 節]

**8.4** (8.3.5)の解を使い，(8.3.3)の右辺の外力は，時間平均を取ると仕事をしていないことを確かめよ．(その結果，振動の振幅は増えない.)

**8.5** $\omega=\omega_0$ の場合，

$$x = -\frac{f}{2\omega}t\cos\omega t$$

が(8.3.3)の特解になることを確かめよ．(この場合，外力は仕事をする.)

[8.4 節]

**8.6**

$$\frac{d^2x}{dt^2}+\gamma\frac{dx}{dt}+{\omega_0}^2x = fe^{i\omega t}$$

という式の解の虚数部分が，(8.4.1)の解になっている(右辺の虚数部分が(8.4.1)の右辺だから)．上式は，8.2 節の手法を使えば簡単に解ける．$x=Ce^{i\omega t}$ として上式に代入し $C$ を求め，(8.4.3)を導け．

**8.7** 一般の外力 $F(t)$ が働いている場合の運動方程式

$$\frac{d^2x}{dt^2}+\gamma\frac{dx}{dt}+{\omega_0}^2x = F(t)$$

に対して

$$x = x_- - x_+, \qquad x_\pm \equiv \int_{-\infty}^{t}\frac{F(t')}{\sqrt{\gamma^2-4\omega_0}}e^{-\alpha_\pm(t-t')}dt'$$

が 1 つの解(特解)となることを，代入して示せ($2\alpha_\pm=\gamma\pm\sqrt{\gamma^2-4\omega_0}$)．

(以下，100 ページにつづく)

# 9

# 角運動量ベクトル

## ききどころ

（狭い意味での）運動量とは，質量×速度だから，ベクトルである．また，その各成分は，それぞれの方向の直線座標に対する，広い意味での運動量とも考えられるということを，5.4節で学んだ．一方，この本では，角運動量を角度座標に対する（広い意味での）運動量であると定義した．角度座標は，それを決める軸の方向によって無限の種類が考えられるから，このように定義する角運動量にも無限の種類がある．

しかし，通常の運動量の場合と同様に，実は角運動量も1つのベクトルと解釈でき，そのベクトルの各方向の成分が，今まで定義してきた角運動量に等しいことが示せる．このような立場から角運動量を考えると，物体の回転を調べるときわめて有用なものになる．

# 9.1 角運動量ベクトル

ぽいんと

角運動量というものは，軸を１つ決めたとき，その回りの回転角に対する運動量として定義される．つまり任意の方向に軸を決めると，それに応じて角運動量という量が決まる．しかし無限個の無関係な角運動量があるわけではない．角運動量は１つのベクトルとして定義できる．そしてそのベクトルの各方向の成分が，その方向の軸に対する，今まで定義してきた角運動量に一致する．

**キーワード：角運動量ベクトル**

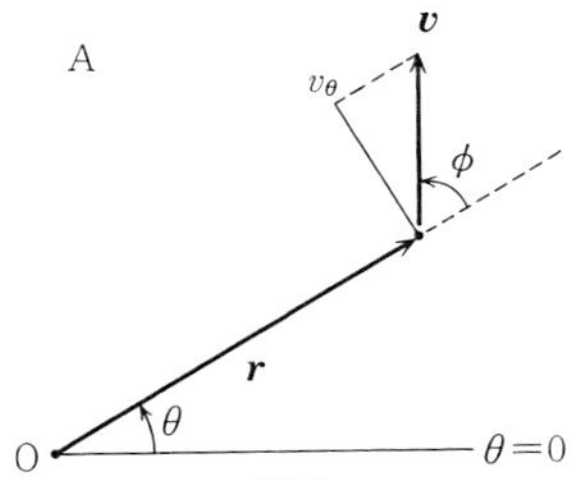


図１

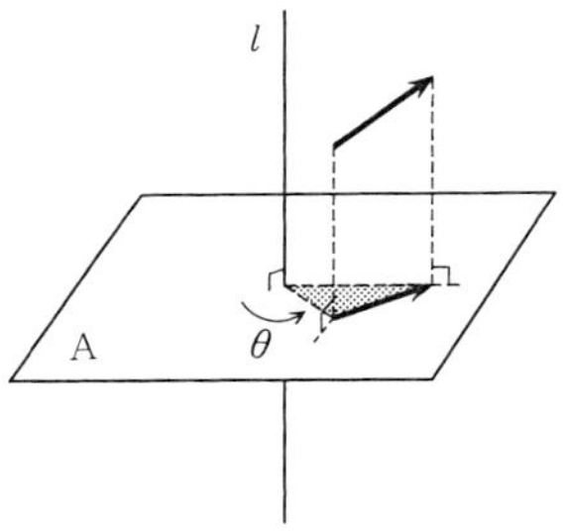


**図２** 運動の射影(影をつけた部分が射影された面積速度)

▶軸方向や軸から遠ざかる方向の運動は，軸を回る方向に対して垂直．

## ■任意の方向の角運動量

まず，今まで考えてきた角運動量の定義を復習しよう．まず座標の原点をOとする．そして質点は，Oから $r$ だけ離れた位置を，速度 $\boldsymbol{v}$（運動量 $\boldsymbol{p}=m\boldsymbol{v}$）で動いているとする(図１)．ある時刻でのこの質点の運動平面をAと呼ぼう．

運動平面とは，その時刻で質点が運動している平面であり，ベクトル $\boldsymbol{r}$ と $\boldsymbol{v}$ で決まる面である．一般には運動の方向 $\boldsymbol{v}$ は時刻とともに変わっていくので，運動平面も変わる．しかし，第６章で考えた中心力の場合のように，運動平面が一定な場合もある．

5.4節で考えた角運動量とは，この運動平面内の角度座標 $\theta$ に対するものであった．つまり，この平面に垂直な軸の回りの角運動量である．ベクトル $\boldsymbol{r}, \boldsymbol{v}, \boldsymbol{p}$ の絶対値をそれぞれ $r, v, p$ とし，$\boldsymbol{r}$ と $\boldsymbol{v}$ のなす角度を $\phi$ とすると，この軸の回りの角運動量は

$$
\begin{aligned}
\text{角運動量}\quad l &= 2(\text{質量})\times(\text{面積速度}) \\
&= mr^2\dot{\theta} \\
&= mv_\theta r = p_\theta r \\
&= mvr\sin\phi = pr\sin\phi
\end{aligned}
\tag{1}
$$

と表わされる．いろいろな表わし方があるがすべて等しい．

次に，一般の方向を向く軸 $l$ の回りの角運動量を考えてみよう(図２)．このときの角運動量とは，質点の，この軸の回りの回転角に対する運動量と定義する．軸の方向，あるいは軸から遠ざかる方向への運動は回転角が変化しないから角運動量には寄与しない．軸の回りを回る方向への運動だけを考えればよい．

直観的に考えるために，まず，この軸に垂直な平面(Aとする)を１つ考え，この平面内に，面と軸との交点を原点とする極座標を考える．次に，この平面へ運動を射影(その面へ垂直に降ろした影を射影と呼ぶ)し，射影された運動をこの極座標で表わす．すると，この座標系での $mr^2\dot{\theta}$ ((1)参照)が，まさにこの軸の回りの角運動量を表わしている．射影された運動

の面積速度に $2m$ を掛けたものと考えてもよい．

射影ということを考えなくても，この軸を $z$ 軸とする円筒座標(7.3節参照)で質点を表わせば，この座標系の角度座標に対する運動量が $mr^2\dot{\theta}$ となることはすぐに示せる．しかし，射影という幾何学的描像で考えることが，以下で角運動量ベクトルを理解するうえで役に立つ．

## ■角運動量ベクトル

各方向に対して角運動量という量が定義されるが，序文でも述べたように，これらは角運動量ベクトルのその方向の成分として理解できることを示そう．

まず角運動量は，実際の運動平面に垂直な軸に対して考えたときに最大になることに注意しよう．斜めな面に運動を射影すれば，面積速度は減ってしまうことは明らかだろう(面を斜めに射影すれば，面積は必ず減る)．

そこで角運動量を，この最大になる方向を向き，大きさが(1)で与えられるベクトルだと考えることにする．つまり

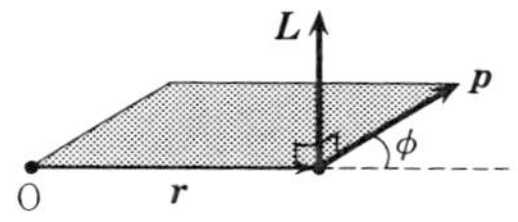

図3 角運動量ベクトルの方向

**定義** 位置ベクトル $\boldsymbol{r}$，運動量ベクトル $\boldsymbol{p}$ で運動している質点の，原点Oの回りの角運動量ベクトル $\boldsymbol{L}$ とは，この2つのベクトル双方に垂直な方向を向いた，大きさ $pr\sin\phi$ のベクトルである(図3)．ただし $\phi$ は，$\boldsymbol{r}$ と $\boldsymbol{p}$ がなす角度である．(垂直方向には2つあるが，$\boldsymbol{r}$ から $\boldsymbol{p}$ へ右ねじをまわしたときのねじの進む方向であるとする．)

**注意** 角運動量(ベクトル)は位置ベクトルに依存した量であるから，座標の原点の選び方に依存する．以上の議論では，原点は決まっているとし，その原点を通る軸に対する角運動量のみを考えている．原点が異なる角運動量の間の関係については，9.4節で考える．

角運動量をこのようにベクトルとして定義し，各方向の角運動量はベクトルのその方向の成分であるとする．これが，左ページの角運動量の定義と一致することを示しておこう．

まず，$\boldsymbol{L}$ と角度 $\phi$ をなす方向への角運動量の大きさは，上の定義に従えば，$\boldsymbol{L}$ というベクトルのその方向の成分であるから

$$|\boldsymbol{L}|\cos\phi \tag{2}$$

である．一方，左ページの定義では，運動を運動平面に対して角度 $\phi$ をなす面に射影して考える(軸が $\phi$ だけ傾いているのだから，それに垂直な面も $\phi$ だけ傾く)．そして，傾いた面に射影されると平面図形の面積は $\cos\phi$ だけ減少する．だから面積速度も，そして角運動量も，最大値と比べて $\cos\phi$ だけ減少し，(2)と一致することがわかる．

# 9.2 外積と角運動量ベクトル

**ぽいんと**

角運動量ベクトルの方向は，位置ベクトルと運動量ベクトルの双方に垂直な方向として定義された．一般に2つのベクトルから，その双方に垂直なもう1つのベクトルを決めることができる．これを，この2つのベクトルの外積と呼ぶ．外積の定義とその重要な性質をまとめておこう．

キーワード：外積

## ■角運動量ベクトルの外積による定義

質点の位置ベクトルを $\boldsymbol{r}$，運動量ベクトルを $\boldsymbol{p}$ とする．すると角運動量ベクトル $\boldsymbol{L}$ とは，その双方に垂直で（$\boldsymbol{r}$ から $\boldsymbol{p}$ に右ねじを回したときにねじが進む方向），そしてその大きさは，$\boldsymbol{r}$ と $\boldsymbol{p}$ がなす角度を $\phi$ とすると，

$$|\boldsymbol{L}| = |\boldsymbol{r}||\boldsymbol{p}|\sin\phi$$

であった．この関係を

$$\boldsymbol{L} = \boldsymbol{r}\times\boldsymbol{p}$$

というように表わすことにし，$\boldsymbol{L}$ は $\boldsymbol{r}$ と $\boldsymbol{p}$ の**外積**であるという．$\boldsymbol{r}$ と $\boldsymbol{p}$ が平行だと，それらに垂直な方向というのは1つには決まらないが，そのときは $\phi=0$ なので $\boldsymbol{L}$ の大きさが0になり，方向が決まる必要はない．

## ■外　　積

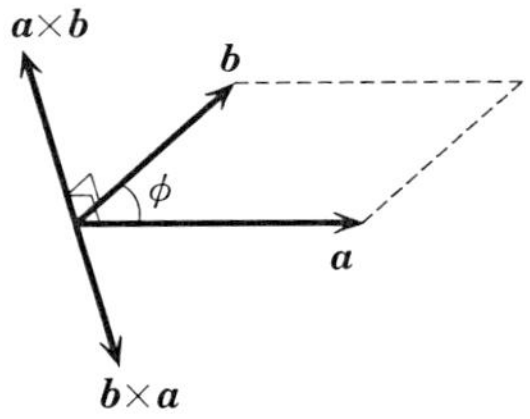

図1

上の関係はすぐに一般化できる．任意のベクトル $\boldsymbol{a}$ と $\boldsymbol{b}$ があったとき，その双方に垂直で，その大きさが

$$|\boldsymbol{a}||\boldsymbol{b}|\sin\phi$$

であるようなベクトル（$\phi$ は $\boldsymbol{a}$ と $\boldsymbol{b}$ がなす角度）を $\boldsymbol{a}$ と $\boldsymbol{b}$ の外積と呼び，

$$\boldsymbol{a}\times\boldsymbol{b}$$

と表わす（図1）．垂直な方向とは上下2つあるが，$\boldsymbol{a}$ から $\boldsymbol{b}$ に右ねじを回したときにねじが進む方向だとする．つまり $\boldsymbol{a}$ と $\boldsymbol{b}$ の順番を変えると向きが逆転することになる．

$$\boldsymbol{a}\times\boldsymbol{b} = -\boldsymbol{b}\times\boldsymbol{a}$$

▶内積の定義
$\boldsymbol{a}\cdot\boldsymbol{b} = |\boldsymbol{a}||\boldsymbol{b}|\cos\phi$

2つのベクトルから作られる数として内積 $\boldsymbol{a}\cdot\boldsymbol{b}$ というものがあるが，これはもちろん外積とは別のものである．内積はベクトルではなく，ただの数（スカラー）である．また，外積は $\boldsymbol{a}$ と $\boldsymbol{b}$ が平行のときにゼロになるのに対し，内積は垂直のときにゼロになる．また，内積は $\boldsymbol{a}$ と $\boldsymbol{b}$ の順序にはよらない．

## ■外積の性質

外積には，簡単な幾何学的な意味がある．ベクトル $\boldsymbol{a}$ と $\boldsymbol{b}$ があったとき，

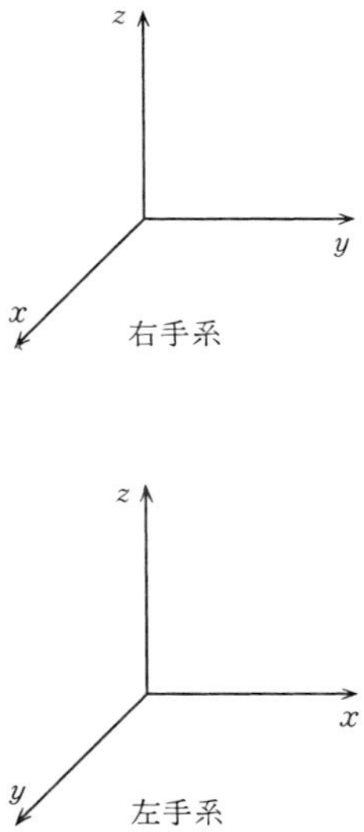


**図2**　右手系と左手系

その外積とは，$\boldsymbol{a}$ と $\boldsymbol{b}$ が作る平行四辺形の面積に等しい大きさを持ち，その面に垂直なベクトルである（角運動量と面積速度との関係に対応している）．

次に，成分を使った表わし方を説明する．内積が

$$\boldsymbol{a}\cdot\boldsymbol{b} = a_x b_x + a_y b_y + a_z b_z$$

と表わされるのに対し，外積はベクトルなので3つの成分があり

$$\begin{aligned}(\boldsymbol{a}\times\boldsymbol{b})_x &= a_y b_z - a_z b_y \\ (\boldsymbol{a}\times\boldsymbol{b})_y &= a_z b_x - a_x b_z \\ (\boldsymbol{a}\times\boldsymbol{b})_z &= a_x b_y - a_y b_x\end{aligned} \qquad (1)$$

である．$x, y, z$ の役割が回るように入れ替わっていることに注意しよう．この式の証明は省略するが，たとえば $\boldsymbol{a}=\hat{\boldsymbol{x}}=(1,0,0)$，$\boldsymbol{b}=\hat{\boldsymbol{y}}=(0,1,0)$ とすれば

$$\begin{aligned}(\boldsymbol{a}\times\boldsymbol{b})_x &= 0\cdot0-0\cdot1 = 0 \\ (\boldsymbol{a}\times\boldsymbol{b})_y &= 0\cdot0-1\cdot0 = 0 \\ (\boldsymbol{a}\times\boldsymbol{b})_z &= 1\cdot1-0\cdot0 = 1\end{aligned}$$

だから，$\boldsymbol{a}\times\boldsymbol{b}=\hat{\boldsymbol{z}}=(0,0,1)$ となる．

**注意**　この公式は，**右手系**（図2）と呼ばれる座標系で成り立つ．右ねじを $x$ 軸から $y$ 軸へまわしたときにねじが進む方向が，$z$ 軸の「プラス」方向であるような座標系である．それが $z$ 軸の「マイナス」方向であるような座標系は**左手系**と呼ばれ，そこでは上の公式の右辺の符号をすべて ＋，－ 入れ換えなければならない．

外積に対しては，以下の関係が成り立つ．

$$\boldsymbol{a}\times\boldsymbol{b} = -\boldsymbol{b}\times\boldsymbol{a} \qquad (2)$$

$$\boldsymbol{a}\cdot(\boldsymbol{a}\times\boldsymbol{b}) = 0 \qquad (3)$$

$$\boldsymbol{a}\times\boldsymbol{a} = 0 \qquad (4)$$

$$\boldsymbol{a}\times(\boldsymbol{b}+\boldsymbol{c}) = \boldsymbol{a}\times\boldsymbol{b}+\boldsymbol{a}\times\boldsymbol{c} \qquad (5)$$

$$\boldsymbol{a}\cdot(\boldsymbol{b}\times\boldsymbol{c}) = \boldsymbol{c}\cdot(\boldsymbol{a}\times\boldsymbol{b}) = \boldsymbol{b}\cdot(\boldsymbol{c}\times\boldsymbol{a}) \qquad (6)$$

$$\boldsymbol{a}\times(\boldsymbol{b}\times\boldsymbol{c}) = (\boldsymbol{a}\cdot\boldsymbol{c})\cdot\boldsymbol{b}-(\boldsymbol{a}\cdot\boldsymbol{b})\cdot\boldsymbol{c} \qquad (7)$$

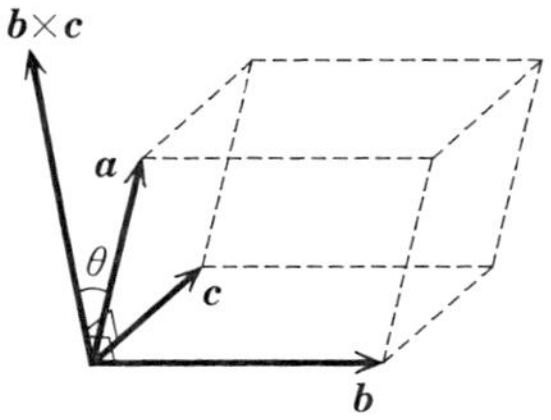


**図3**

(2)と(4)はすでに説明した．(3)は，外積 $\boldsymbol{a}\times\boldsymbol{b}$ が $\boldsymbol{a}$ に垂直ということである．(5)は外積の線形性だが，(1)より明らか．(6)の各項は，ベクトル $\boldsymbol{a}, \boldsymbol{b}, \boldsymbol{c}$ で構成される平行四面体の体積を表わしている．（$|\boldsymbol{b}\times\boldsymbol{c}|$ は，$\boldsymbol{b}$ と $\boldsymbol{c}$ が作る平行四辺形の面積であり，$\boldsymbol{a}$ との内積をとるということは，$|\boldsymbol{a}|\cos\theta$，つまりこの平行四面体の高さを掛けることになる．図3参照．）(6)はどこを底辺と考えて体積を計算してもよいという当たり前の公式だが，順序を間違えるとマイナスになってしまう．(7)は(1)を使って真面目に計算すれば証明できる．複雑だが重要な式である（章末問題9.2参照）．

# 9.3　力のモーメント

ぽいんと

角運動量がベクトルで表わされたので，こんどは角運動量の運動方程式をベクトルで表わすことを考えよう．この運動方程式で力に相当するものが，力のモーメントである．

キーワード：力のモーメント

## ■角運動量ベクトルの運動方程式

普通の運動量 $\boldsymbol{p}$（$=m\boldsymbol{v}$）に対する運動方程式は，ベクトル表示で

$$\frac{d\boldsymbol{p}}{dt}=\boldsymbol{F} \tag{1}$$

と表わせる．これと同様に，角運動量ベクトルに対する運動方程式も，ベクトル表示で表わすことができる．実際，

$$\begin{aligned}\frac{d\boldsymbol{L}}{dt}&=\frac{d}{dt}(\boldsymbol{r}\times\boldsymbol{p})\\&=\frac{d\boldsymbol{r}}{dt}\times\boldsymbol{p}+\boldsymbol{r}\times\frac{d\boldsymbol{p}}{dt}\\&=\boldsymbol{r}\times\boldsymbol{F}\end{aligned} \tag{2}$$

となる．ここで，まず第2行目に行くには，積に対する微分公式を使った．外積の各成分は，もとのベクトルの成分の積で表わされるのだから((9.2.1))，外積にも積に対する微分公式が使える．また，第2行目の第1項はゼロである．なぜなら位置ベクトル $\boldsymbol{r}$ の微分は速度ベクトル $\boldsymbol{v}$ であり，$\boldsymbol{v}$ と $\boldsymbol{p}$ は平行だから，外積の定義よりゼロになる．

(2)の最後の式を**力のモーメント**と呼び，通常 $\boldsymbol{N}$ と書く．位置ベクトル $\boldsymbol{r}$ は，座標の原点Oを指定して初めて決まるものだから，力のモーメントもOの位置に依存する．つまり $\boldsymbol{N}$ を定義するには，どの点の回りのモーメントであるのかを指定しなければならない．

▶この事情は，角運動量ベクトル $\boldsymbol{L}$ でも同じことである．

結局，角運動量ベクトル $\boldsymbol{L}$ に対する運動方程式は

$$\frac{d\boldsymbol{L}}{dt}=\boldsymbol{N}\qquad(\boldsymbol{N}=\boldsymbol{r}\times\boldsymbol{F}\text{ は力のモーメント}) \tag{3}$$

と書けることがわかる．

## ■ラグランジュ方程式との比較

もともと角運動量の方程式は，角度座標 $\theta$ に対するラグランジュ方程式として5.3節で求めてあり

$$\frac{d}{dt}\left(\frac{\partial L}{\partial\dot{\theta}}\right)=-\frac{\partial U}{\partial\theta} \tag{4}$$

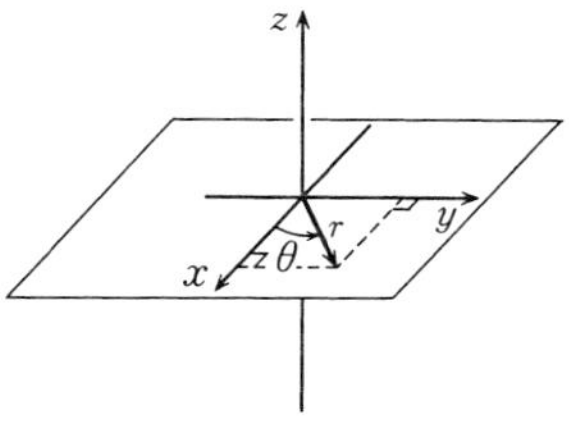

図 1

という形で表わせた(ここの $L$ はもちろん角運動量ではなくラグランジアン $L=T-U$. また右辺には $L$ の中の $U$ だけが寄与するので，いきなり $U$ と書いた).

この式の中で $\partial L/\partial\dot{\theta}$ という量が，角度座標 $\theta$ に対する軸方向の角運動量であることは，9.1節で説明した通りである．したがって，この式の右辺は，力のモーメント(3)の，この方向の成分に等しくなければならない．

それを証明するには，図1のように座標系を取って考えればよい．すると

$$x=r\cos\theta,\quad y=r\sin\theta$$

であるから，ポテンシャル $U$ を $x,y,z$ で表わしたときには，$U$ は $x$ と $y$ を通して $\theta$ の関数である．したがって，合成関数の微分公式より

$$
\begin{aligned}
-\frac{\partial U}{\partial\theta} &= -\frac{\partial x}{\partial\theta}\frac{\partial U}{\partial x}-\frac{\partial y}{\partial\theta}\frac{\partial U}{\partial y} \\
&= -r\sin\theta\,F_x+r\cos\theta\,F_y \\
&= -yF_x+xF_y
\end{aligned}
$$

となる．これはまさに力のモーメント $\boldsymbol{r}\times\boldsymbol{F}$ の $z$ 成分に他ならない．このことから，(3)が(4)と同じ式であることがわかる．

## ■中心力と角運動量の保存

角運動量の運動方程式(3)は，(1)から導かれたものだから，(1)と独立な新しい法則が求まったわけではない．しかし(1)ではなく(3)の方を用いると，便利なことがある．それは，特に角運動量が保存する場合である．

力が原点の方向を向いている場合(中心力)には，角運動量が保存するということを前に説明した．そのときポテンシャルは角度座標 $\theta$ に依らず，そのため(4)の右辺がゼロになるので角運動量が一定になることがすぐわかる．

このことを，(3)を使って考えてみよう．まず中心力とは，力 $\boldsymbol{F}$ が $\boldsymbol{r}$ の方向を向いている場合だから，外積の定義より

$$\boldsymbol{r}\times\boldsymbol{F}=0$$

である．したがって $\boldsymbol{L}$ がベクトルとして一定であることがすぐわかる．ベクトルとして一定であるとは，その方向も大きさも不変だということである．

このことは第一に，この運動が平面運動であることを意味する．もし質点が1つの平面上ではなく，うねりながら動くとしたら，(角運動量が最大となる方向である)角運動量ベクトルの方向も変わってしまうからである．また第二に，この平面内での面積速度が一定ということも意味する．ただし，この運動平面の方向，および面積速度の大きさは，どちらも問題の設定条件(たとえば初期条件)から決定しなければならない．

# 9.4 質点系の全運動量と全角運動量

ぽいんと

多くの質点が互いに力を及ぼしながら，外部からも力を受けているとき，系の全運動量と全角運動量が満たす方程式を考える．特に，角運動量を計算する基準点の取り方との関係を説明する．

**キーワード：重心の角運動量，内部角運動量**

## ■重心の運動方程式

$N$ 個の質点があったとする．それぞれの質量を $m_i$，位置ベクトルを $\boldsymbol{r}_i$ とする$(i=1,\cdots,N)$．また，この質点系の外部から $i$ 番目の質点にかかる力(外力)を $\boldsymbol{F}_i$，$j$ 番目の質点が $i$ 番目の質点に及ぼす力を $\boldsymbol{F}_{ij}$ とする$(i \neq j)$．そのとき $i$ 番目の質点の運動方程式は

$$m_i \frac{d^2 \boldsymbol{r}_i}{dt^2} = \boldsymbol{F}_i + \sum_j \boldsymbol{F}_{ij}$$

である．すべての質点に対して，この式を単純に足し合わせると

▶ $M$(全質量) $= m_1 + m_2 + \cdots$
$\boldsymbol{R} = \frac{m_1}{M}\boldsymbol{r}_1 + \frac{m_2}{M}\boldsymbol{r}_2 + \cdots$
(7.2 節でも定義した.)

$$M \frac{d^2 \boldsymbol{R}}{dt^2} = \sum_i \boldsymbol{F}_i + \sum_i \sum_j \boldsymbol{F}_{ij} \tag{1}$$

となる．$\boldsymbol{R}$ は重心の座標である．さらに作用・反作用の法則 $\boldsymbol{F}_{ij} = -\boldsymbol{F}_{ji}$ が成り立っていることを考えれば(1)の右辺第 2 項はゼロとなり

$$M \frac{d^2 \boldsymbol{R}}{dt^2} = \sum_i \boldsymbol{F}_i \tag{2}$$

▶ $M\dot{\boldsymbol{R}} = m_1 \dot{\boldsymbol{r}}_1 + m_2 \dot{\boldsymbol{r}}_2 + \cdots$

となる．つまり重心の運動は外力だけで決まり，質点間にどのような力が働くかには依らない．さらに，重心座標の運動量とは，質点系の全運動量に他ならない(7.2 節)から，全運動量は外力だけで決まることがわかる．

## ■全角運動量の運動方程式

次に，この質点系の全角運動量 $\boldsymbol{L}_{全}$ が満たす運動方程式を考えてみよう．各質点の角運動量 $\boldsymbol{L}_i$ が満たす運動方程式は(9.3.3)より

$$\frac{d}{dt}\boldsymbol{L}_i = \boldsymbol{r}_i \times \boldsymbol{F}_i + \sum_j \boldsymbol{r}_i \times \boldsymbol{F}_{ij}$$

である．これをすべて加えれば

$$\begin{aligned} \frac{d}{dt}\boldsymbol{L}_{全} &= \sum_i (\boldsymbol{r}_i \times \boldsymbol{F}_i) + \sum_i \sum_j (\boldsymbol{r}_i \times \boldsymbol{F}_{ij}) \\ &= \sum_i (\boldsymbol{r}_i \times \boldsymbol{F}_i) + \sum_{i>j} (\boldsymbol{r}_i - \boldsymbol{r}_j) \times \boldsymbol{F}_{ij} \end{aligned} \tag{3}$$

作用・反作用の法則を使った．ここで 2 質点間の力は，その相対ベクトルの方向を向いていると仮定する．

$$\boldsymbol{F}_{ij} \mathbin{/\!/} \boldsymbol{r}_i - \boldsymbol{r}_j$$

すると外積の定義より明らかに(3)の第2項はゼロになり，全運動量の場合と同じく全角運動量も，外力のモーメントだけで決まることがわかる．

$$\frac{d}{dt}\boldsymbol{L}_{全} = \sum_i (\boldsymbol{r}_i \times \boldsymbol{F}_i) \tag{4}$$

ところで角運動量は位置ベクトル $\boldsymbol{r}_i$ の基準点に依存する量である．空間内に固定した点を基準点と定めればどこでもよく，(4)はどの基準点に対する角運動量に対しても成り立つ．しかし，基準点を変えたときの方程式は，本質的に新しい意味を持っているわけではない．それはもとの基準点に対する(4)と(2)を組み合わせれば求まる式である(章末問題9.4参照)．

### ■重心を基準点とした全角運動量

各質点の位置ベクトル $\boldsymbol{r}_i$ は，重心の位置ベクトル $\boldsymbol{R}$ とそこからのずれ $\tilde{\boldsymbol{r}}_i$ の和で表わされる．

$$\boldsymbol{r}_i = \boldsymbol{R} + \tilde{\boldsymbol{r}}_i$$

また速度 $\boldsymbol{v}_i$ も，重心の速度 $\boldsymbol{V}$ とそれからのずれ $\tilde{\boldsymbol{v}}_i$ の和として

$$\boldsymbol{v}_i = \boldsymbol{V} + \tilde{\boldsymbol{v}}_i$$

として表わすことができる．ここで

$$m_1\tilde{\boldsymbol{r}}_1 + m_2\tilde{\boldsymbol{r}}_2 + \cdots + m_N\tilde{\boldsymbol{r}}_N = 0$$
$$m_1\tilde{\boldsymbol{v}}_1 + m_2\tilde{\boldsymbol{v}}_2 + \cdots + m_N\tilde{\boldsymbol{v}}_N = 0$$

という関係があることに注意しよう．この第1式は(7.2.2)であり，第2式は第1式の時間微分である．この関係を使うと，質点系の全角運動量は

$$\begin{aligned}\boldsymbol{L}_{全} &= \sum_i (\boldsymbol{R} + \tilde{\boldsymbol{r}}_i) \times m_i(\boldsymbol{V} + \tilde{\boldsymbol{v}}_i) \\ &= \underbrace{\boldsymbol{R} \times M\boldsymbol{V}}_{重心} + \underbrace{\sum_i (\tilde{\boldsymbol{r}}_i \times m_i\tilde{\boldsymbol{v}}_i)}_{内部}\end{aligned} \tag{5}$$

となる．$M\boldsymbol{V}$ は系全体の運動量であるから，右辺の第1項は**重心の角運動量**と解釈できる．また第2項は，重心を基準点とした質点系の全角運動量である．これは重心の運動の効果を除いた後の「質点系内部」の角運動量(**内部角運動量**)と考えられるので，$\boldsymbol{L}_{内}$ と書く．

次に運動方程式を考えよう．(4)と(2)を使うと

$$\begin{aligned}\frac{d}{dt}\boldsymbol{L}_{内} &= \frac{d}{dt}\boldsymbol{L}_{全} - \frac{d}{dt}(\boldsymbol{R} \times M\boldsymbol{V}) \\ &= \sum_i (\boldsymbol{r}_i \times \boldsymbol{F}_i) - \boldsymbol{R} \times \sum_i \boldsymbol{F}_i = \sum_i (\tilde{\boldsymbol{r}}_i \times \boldsymbol{F}_i)\end{aligned}$$

となり(4)と同じ形をしている．つまり重心を基準点に選べば，そこが動いている場合でも，固定した点を基準点として求めた角運動量と同じ形の運動方程式を満たすことがわかる．

## 章末問題

[9.2節]

**9.1** 次の場合に外積を(9.2.1)より計算し，外積の幾何学的定義と一致していることを確かめよ．

(1) $\boldsymbol{a}=(1,0,0)$,　$\boldsymbol{b}=(1,1,0)$

(2) $\boldsymbol{a}=(1,1,\sqrt{2})$,　$\boldsymbol{b}=(1,1,-\sqrt{2})$

**9.2** $\boldsymbol{a}=(1,0,0)$，$\boldsymbol{b}=(b_x,b_y,b_z)$，$\boldsymbol{c}=(c_x,c_y,c_z)$ であるとき，(9.2.7)を確かめよ．

[9.3節]

**9.3** 重力を受けて等加速度で落下している物体の角運動量ベクトルと，それに働く力のモーメントを計算し，(9.3.3)が満たされていることを確かめよ．

[9.4節]

**9.4** (9.4.4)と(9.4.2)を使って，原点を $\boldsymbol{r}_0$ ずらした全角運動量に対しても(9.4.4)が成り立つことを示せ．

**9.5** (9.4.5)で定義されている内部角運動量は，2質点系の場合，$\boldsymbol{r}\times\mu\dot{\boldsymbol{r}}$ に等しいことを示せ．ただし $\boldsymbol{r}$ は相対ベクトル($\boldsymbol{r}=\boldsymbol{r}_2-\boldsymbol{r}_1$)，$\mu$ は換算質量($\mu=m_1m_2/(m_1+m_2)$)．

**第8章の章末問題の続き**

[8.5節]

**8.8** (1) 質量 $m$ の質点が付いた，振幅 $A_0$ で振れている長さ $r_0$ の振り子を，ゆっくり持ち上げて半分の長さにする．そのときの振幅はどうなるか．振動のエネルギーはどうなるか．

(2) 張力に等しい力で質点を持ち上げた場合に，その仕事は，ポテンシャルエネルギーの変化と(上問の)振動のエネルギーの変化の和に等しいことを示せ．(ヒント：張力($mg/\cos\theta$)が $mg$ とは異なる分の仕事が，振動エネルギーの変化に等しいことを示す.)

[8.7節]

**8.9** 8.7節のバネの問題で，次のような場合に振動 $y_+, y_-$ がどのような運動であるか，それぞれ $x_1, x_2$ そして $\omega_\pm$ を計算して考えよ．

(1) $m_1\gg m_2$ のとき　(2) $m_2\gg m_1$ のとき

# 10

# 剛体の運動(回転軸が決まっている場合)

## ききどころ

この章と次章では，大きさのある物体の運動を考える．ただし，その形は変化しないと仮定する．このような物体を剛体と呼ぶ．厳密にまったく変形しない物体というものはありえないが，前章までの，大きさがない質点というものをもう一歩現実の物体に近づけた重要な問題である．大きさがある場合は，物体の位置ばかりでなく，その向きを考えなければならない．そして向きの変化が，その物体の回転(自転)運動になる．この章ではまず，回転の軸が決まっている場合の運動を議論する．「回転運動のエネルギー」というものが果たす役割を理解することが重要である．

# 10.1 単振り子と剛体振り子

ぽいんと

剛体のもっとも基本的な問題として，固定された軸にぶらさがって振れる剛体の運動を考えよう．

**キーワード：剛体振り子，慣性モーメント**

## ■単振り子

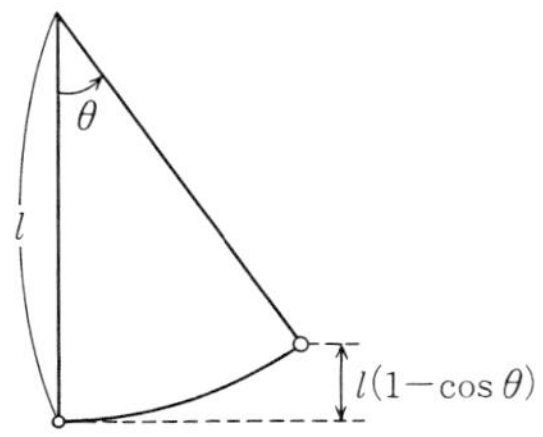


図1　単振り子

まず，質点の問題から出発する．重さのない棒(あるいは糸)にぶらさがって振れる質量 $m$ の質点の運動を考える(図1)．棒の長さを $l$ とし振れの角度を $\theta$ とすれば，その速度は

$$v = l\dot{\theta}$$

である．したがって，運動エネルギーは

$$T = \frac{1}{2}ml^2\dot{\theta}^2 \tag{1}$$

である．一方，ポテンシャルエネルギーは，$\theta=0$ の状態をゼロとすれば

$$U = mgl(1-\cos\theta) \tag{2}$$

である．以上の結果から，角度変数 $\theta$ に対するラグランジュ方程式は

$$\frac{d}{dt}\left(\frac{\partial L}{\partial\dot{\theta}}\right)-\frac{\partial L}{\partial\theta} = 0 \quad\Rightarrow\quad \frac{d}{dt}(ml^2\dot{\theta}) = -mgl\sin\theta \tag{3}$$

となる．特に $\theta$ が小さいとき(振れが小さいとき)は，次節でも述べるように単振動になる(あるいは8.1節を参照)．

## ■剛体振り子

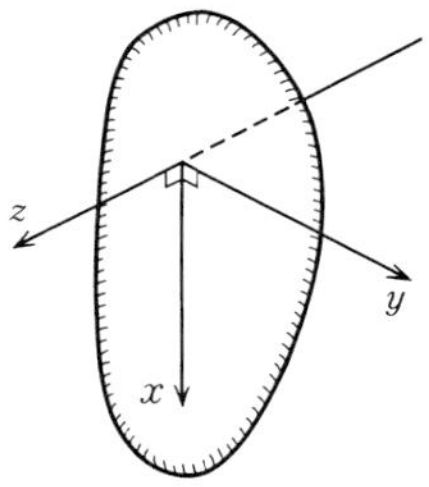


図2　剛体が垂れ下がった状態

こんどは図2のように，水平に固定された軸に剛体がぶらさがって振れる場合を考えよう．これを**剛体振り子**という．まず，「剛体に固定した」座標系を設定しよう．剛体が垂れ下がって静止している状態を考える．そのときの，回転軸の方向を $z$，垂直方向を $x$，軸に垂直な水平方向を $y$ 方向とする．また回転軸上のある点を，座標の原点とする．剛体に固定した座標系であるから，剛体が回転すると，$x$ 方向も $y$ 方向もそれと一緒に回転する．剛体上の各点は，3つの座標 $x, y, z$ で表わされる．そして点 $(x, y, z)$ での質量密度を $\rho(x, y, z)$ と表わすことにする．

剛体の振れは，垂れ下がった位置からのずれの角度 $\theta$ で表わす．剛体は変形しないし，しかも回転軸が固定されているので，剛体の状態はこの変数 $\theta$ だけで決まることに注意しよう．

## ■運動エネルギーと慣性モーメント

まず運動エネルギーを考えよう．角度座標 $\theta$ の変化率が $\dot{\theta}$ であるから，軸からの距離が $r$ である部分の剛体の速度は $r\dot{\theta}$ となる．したがって，その部分の運動エネルギーは

$$\frac{1}{2}\rho(x,y,z)(r\dot{\theta})^2$$

と表わされる．これを剛体全体で積分すれば，全運動エネルギーが求まる．それは

▶回転運動なので特に回転エネルギーともいう．

$$T = \frac{1}{2}I\dot{\theta}^2 \tag{4}$$

ただし，$I$ は

▶$r^2 = x^2+y^2$

$$I \equiv \int(x^2+y^2)\rho(x,y,z)dxdydz \tag{5}$$

という形に書ける．この $I$ のことを**慣性モーメント**と呼ぶ．慣性モーメントは，振れの角度 $\theta$ には依存しない剛体固有の量である．しかし，$x$ や $y$ が関係しているので，剛体のどこを回転軸としたかということには依存する．

単振り子の場合でも，慣性モーメントという量は定義できる．それが

$$ml^2$$

であることは，(5)からも，あるいは(1)と(4)を比較してもわかる．

## ■ポテンシャル

一般に，一様な重力による質点系のポテンシャルは，重心の位置に全質量が集中しているとして計算すればよいことがわかっている(章末問題10.1)．剛体も質点系の一種であるから，このことは変わらない．

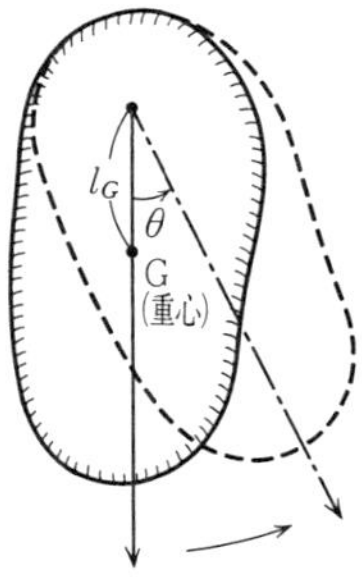

図3 剛体振り子

しかも剛体の場合は形が変わらないのだから，重心の位置は剛体に固定された点である．そこで，回転軸から重心までの距離を $l_G$ とすれば，ポテンシャルは，

$$U = Mgl_G(1-\cos\theta)$$

となる．ただし $\theta=0$ のときに $U=0$ となるように調節した．これは(2)と形式的に同じ形である．

運動エネルギーとポテンシャルが，剛体の傾き $\theta$ により表わされた．そこで，この変数によるラグランジュ方程式を考えれば，(3)と同様にして

$$\frac{d}{dt}(I\dot{\theta}) = -Mgl_G\sin\theta \tag{6}$$

となり，(3)と同じ型になる．つまり $I, M, l_G$ を $ml^2, m, l$ に対応させれば，単振り子とまったく同じ運動になる．

# 10.2 慣性モーメントの意味

ぽいんと

慣性モーメントは，回転運動における質量の役割をする．具体例として一様な棒に対して慣性モーメントを計算し，振り子の振動数を求める．

**キーワード：回転運動の慣性，棒の慣性モーメント**

## ■角運動量と慣性モーメント

角度変数に対するラグランジュ方程式を言葉で表わすと

$$\frac{d}{dt}(\text{角運動量}) = (\text{力のモーメント})$$

という意味であることは9.3節で説明した．ここに出てくる量を具体的に書けば

| | 角運動量 | 力のモーメント |
|---|---|---|
| 単振り子 | $ml^2\dot{\theta}$ | $-mgl\sin\theta$ |
| 剛体振り子 | $I\dot{\theta}$ | $-Mgl_G\sin\theta$ |

である．

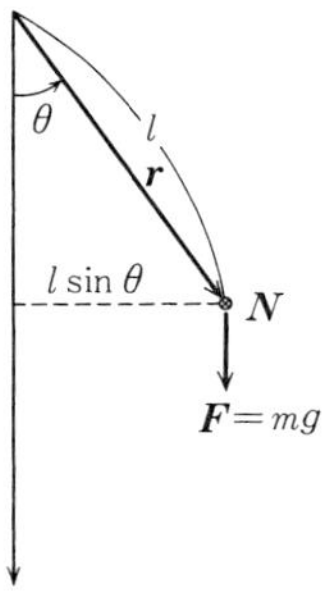


図1　単振り子の場合の力のモーメント$\boldsymbol{N}$と力$\boldsymbol{F}$の方向($\boldsymbol{N}$は向こう向き⊗)

力のモーメントがこのようになるのは，単振り子の場合，力のモーメントの公式$\boldsymbol{N}=\boldsymbol{r}\times\boldsymbol{F}$と外積の定義を思い出せば明らかである(図1)．剛体振り子の場合は，すべての質量が重心の位置に集中していると考えて計算すればよい．

次に角運動量であるが，これを普通の運動量と比較してみよう．たとえば質量$m$の質点の$x$方向の運動量は

$$x\text{方向の運動量} = m\times\dot{x}$$

である．これを上の剛体の角運動量と比較すれば，$m$と$I$が対応していることがわかるだろう．つまり角運動量における慣性モーメントとは，運動量における質量に対応するものである．

この対応は運動エネルギーを考えてもわかる．質量$m$の物体が速度$\dot{x}$でまっすぐ運動しているときのエネルギーは，$\frac{1}{2}m\dot{x}^2$である．一方，剛体が角速度$\dot{\theta}$で回転しているときの回転運動のエネルギーは，前節(1)より$\frac{1}{2}I\dot{\theta}^2$である．ここでも，$m$と$I$が対応している．

質量が大きければその物体は慣性が大きく，その物体の速度を変えるのには多くの仕事が必要である．同様に，慣性モーメントが大きければ回転に対する慣性が大きく，その物体の回転速度を変えるのに多くの仕事が必要となる．

## ■振り子の周期と慣性モーメント

振り子の運動方程式は，振れ幅 $\theta$ が小さいとして

$$\sin\theta \simeq \theta$$

と近似すれば，(10.1.6)より

$$\frac{d^2\theta}{dt^2} = -\omega^2\theta \qquad \text{ただし}\ \omega^2 \equiv \frac{Mgl_G}{I} \tag{1}$$

という単振動の式になる．$\omega$ は角振動数である．単振り子の場合は特に

$$\omega^2 = g/l \tag{2}$$

となる．振り子が長いほどゆっくり振れる．剛体の場合も，実質的に長い振り子にすれば角振動数が減少することが予想される．「実質的に長い」という意味は，軸から遠い部分に多く質量が分布しているということであり，この実質的な長さが慣性モーメントで決まっている．

## ■棒の慣性モーメント

簡単な例として，一様な棒の慣性モーメントを計算する．全質量は $M$，長さは $l$ とする．そして回転軸が棒の先端にあったとして，回転軸の回りの慣性モーメントを計算しよう．

単位長さあたりの質量密度は $M/l$ である．先端からの距離を $x$ で表わすと，慣性モーメントは(距離の2乗に質量を掛けて和をとるのだから)

$$I = \int_0^l x^2 \frac{M}{l}dx = \frac{1}{3}Ml^2$$

である．慣性モーメントは棒の長さの2乗に比例する．また重心の位置は棒の真ん中，つまり $l_G = l/2$ だから，(1)より

▶注意：慣性モーメントの場合，重心の位置にすべての質量が集中しているとして計算してしまうと $I = M(l/2)^2$ となり，正しい結果にはならない．

$$\omega^2 = \frac{Mgl/2}{Ml^2/3} = \frac{3}{2}\frac{g}{l}$$

である．棒が長いほど $\omega$ が小さくなるのは予想どおりだが，さらに(2)と比較すれば，すべての質量が端から2/3の位置に集中している単振り子と同じ速さで振動することもわかる．

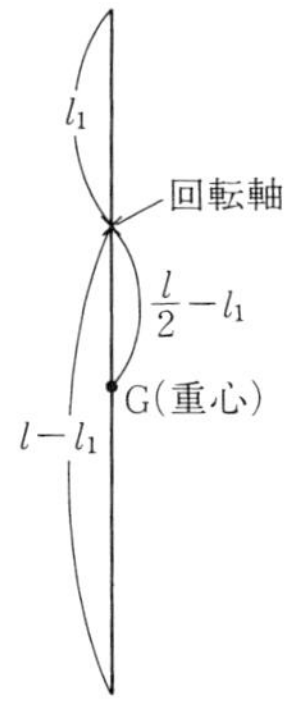

図2

また前節でも注意したように，慣性モーメントという量は，回転軸の位置に依存する．もし回転軸が棒の先端ではなく，端から $l_1$ の位置であったとしたら(図2)

$$\begin{aligned} I &= \int_0^{l_1} \frac{M}{l}x^2 dx + \int_0^{l-l_1} \frac{M}{l}x^2 dx \\ &= \frac{M}{3l}\{l_1{}^3 + (l-l_1)^3\} = M\left\{\left(\frac{l}{2\sqrt{3}}\right)^2 + \left(\frac{l}{2} - l_1\right)^2\right\} \end{aligned} \tag{3}$$

となる．棒の端の回り ($l_1 = 0$) の $I$ は，棒の中心の回り ($l_1 = l/2$) の $I$ の4倍になる．振り子の角振動数は，$l_G = l/2 - l_1$ を使えばすぐ求まる．

# 10.3 坂を転がる剛体

ぽいんと

剛体運動の別の例として，坂を転がる回転体の運動を考える．重力により落下は加速されるが，その加速度は剛体の回転のために，質点が(摩擦を受けずに)滑り落ちる場合よりも遅くなる．

**キーワード：回転運動と並進運動のエネルギー**

## ■回転運動と並進運動

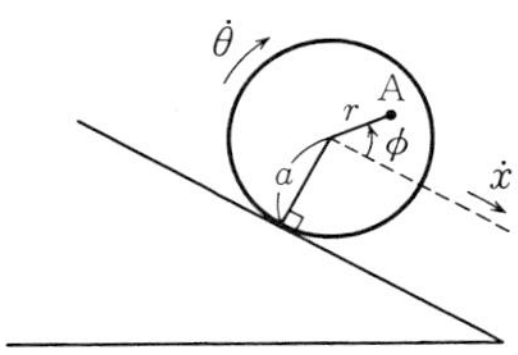


**図1**　坂を転がる剛体

滑らかな坂を転がりながら滑らずに，真っすぐ落ちる剛体を考える(図1)．剛体は球でも円柱でも，あるいは中は空洞の円筒でも構わない．半径を $a$ とし，中心から $r$ の位置での質量密度を $\rho(r)$ とする．また坂を下る方向を $x$ で，軸の方向を $z$ で表わす．この剛体の全質量 $M$ は

$$M = \int \rho(r) 2\pi r dr dz$$

である．

▶極座標 $(r, \phi)$ での積分は
$$\int f(r, \phi) dr \cdot r d\phi$$
$f$ が $\phi$ に依存しないときは $\phi$ 積分をしてしまい
$$\int f(r) 2\pi r dr$$
となる．

まず運動エネルギーを考えよう．中心の速度を $\dot{x}$ とし，回転の角速度を $\dot{\theta}$ とする．剛体が坂の表面を滑らないとすれば

$$a\dot{\theta} = \dot{x} \tag{1}$$

という関係が成り立っている．

剛体の各点の速度は，中心が移動せず回転だけしているとしたときの速度に，中心の速度を加えればよい．したがって，図1の点Aでの速度は，その位置を図1のように $r$ と角度 $\phi$ で表わすと，

$$v_A{}^2 = (r\dot{\theta}\sin\phi + \dot{x})^2 + (r\dot{\theta}\cos\phi)^2$$

となる．これを使えば全運動エネルギーは

▶回転だけを考えたときの点Aの速度は $r\dot{\theta}$ だから，それを $x$ 方向と $y$ 方向に分割する．

$$\begin{aligned} T &= \frac{1}{2}\int \rho v_A{}^2 r dr d\phi dz \\ &= \frac{1}{2}\int \rho(r^2\dot{\theta}^2 + 2r\dot{\theta}\sin\phi + \dot{x}^2) r dr d\phi dz \end{aligned} \tag{2}$$

である．この第2項の寄与は

$$\int_0^{2\pi} \sin\phi d\phi = 0$$

となりゼロとなることに注意しよう．したがって(2)は

$$T = \frac{1}{2} I\dot{\theta}^2 + \frac{1}{2} M\dot{x}^2 \tag{3}$$

▶ 6.2節あるいは7.1節の言葉を使えば，運動エネルギーにおいては並進運動と回転運動が「分離」する．

というように $x$ と $\theta$ の項の和として書ける．ただし $M$ は全質量，$I$ は

$$I = \int \rho r^2 2\pi r dr dz$$

であり，中心の回りの慣性モーメントである．

(3)には直観的な意味がつけられる．まず第1項は回転速度 $\dot{\theta}$ の2乗に比例しているので，(重心の回りの)回転運動のエネルギー(あるいは，回転エネルギー)である．また第2項は，全体が $x$ 方向に速度 $\dot{x}$ で動いている効果を表わすので，並進運動のエネルギーである．後者は，質量全体がこの物体の重心(つまり中心)に集中している場合の運動エネルギーに等しいので，重心運動のエネルギーともいう．(振り子の問題では，重心が回転していて回転軸は別の所にあった．この問題では重心が回転軸上にあり，重心自身は並進運動をしているという違いがある．)

ただし，剛体が滑らないという条件があるときは，この2つの運動エネルギーの間には関係があり，(1)より次のように書ける．

$$T = \frac{1}{2}\left(M+\frac{I}{a^2}\right)\dot{x}^2 \tag{4}$$

## ■ポテンシャルと運動方程式

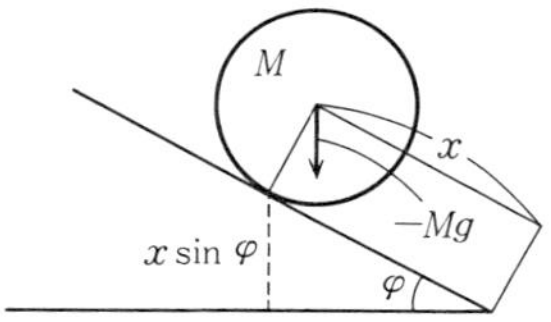

**図2** 剛体のポテンシャルエネルギー

▶$\varphi$ は左ページの $\phi$ と区別して使っている．

坂の傾斜を $\varphi$ とすれば(図2)，この剛体のポテンシャルエネルギーは

$$U = -Mgx\sin\varphi$$

である($x=0$ のとき $U=0$ となるようにした)．これを(4)と組み合わせればラグランジアンは

$$L = \frac{1}{2}\left(M+\frac{I}{a^2}\right)\dot{x}^2+Mgx\sin\varphi$$

であり，$x$ についてのラグランジュ方程式は

$$\left(M+\frac{I}{a^2}\right)\ddot{x} = Mg\sin\varphi \tag{5}$$

となる．(1)を使って回転と落下運動を結びつけてしまったので，剛体と坂の表面の間で働く摩擦力は考える必要はなかった．摩擦が弱く剛体が滑ってしまう場合はそうはいかない．それについては10.5節で説明する．

▶滑らない場合の摩擦力は，滑らないという条件を満たすための拘束力である(5.5節)．

ところで(5)は等加速度運動の式である．しかし単に，質量 $M$ の質点の運動とは異なる．質量が実質的に

$$M \to M+\frac{I}{a^2} \tag{6}$$

と増加した式になっていて，その分だけ加速度は減少する．

その物理的な理由は，$I/a^2$ という項の起源を考えれば明らかだろう．それは回転運動のエネルギーであった．重力によって加速するとき，滑らないという仮定により回転も加速される．したがって加速するためには，重心運動のエネルギーばかりでなく回転運動のエネルギーも増さなければならない．しかし仕事をするのは重力だけだから，回転の分だけ剛体の慣性が大きくなってしまうのである(具体例は次節参照)．

# 10.4 慣性モーメントの計算

ぽいんと

回転運動のエネルギーは慣性モーメントに比例する．そして慣性モーメントは，物体の質量ばかりでなく，その形状にも依存する．いくつかの例で慣性モーメントを計算してみよう．

## ■円　筒（あるいは輪）

まず中空の円筒の，その中心軸の回りの慣性モーメントを計算する．半径を $a$ とし，その全質量を $M$ とする．

すべての質量が中心軸から $a$ の距離の所にあるので，慣性モーメントはすぐに

$$I = Ma^2 \tag{1}$$

であることがわかる．全質量を決めてしまえば，この答は円筒の長さには依存しない．したがって長さがゼロの極限である輪の慣性モーメントも答は同じである．

この答を，10.3節の(4)に当てはめてみると，運動エネルギーは重心運動と回転運動に等しく分配されることがわかる．転がり落ちるときの加速度は，回転がない場合と比較して半分になる．

## ■円　柱（あるいは円板）

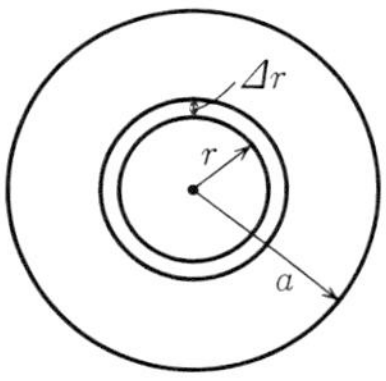


**図1**　円柱の慣性モーメントの計算

こんどは，同じ半径 $a$ と全質量 $M$ を持つが，一様に中が詰まっている円柱を考える（図1）．これは円筒を何重にも重ね合わせたものと考えて計算できる．

まず，中心軸からの距離 $r$，幅 $\varDelta r$ の部分の円筒を考える．この部分の質量は，全質量を全体積で割り，この部分の体積を掛ければよいから

$$\frac{M}{\pi a^2} 2\pi r \varDelta r = \frac{2M}{a^2} r \varDelta r$$

これに $r^2$ を掛けたものがこの部分の慣性モーメントであり，それをすべて加え合わせれば（積分すれば）全慣性モーメントとなる．

$$I = \frac{2M}{a^2} \int_0^a r^3 dr = \frac{Ma^2}{2} \tag{2}$$

円筒に比べて半分に減っている．質量がより回転軸に近い所にも分布しているので，減るのは当然である．その結果として，坂を転がるときには円筒よりも速く加速される．

また上の答は，円筒の長さには依らない．したがって，厚さがゼロの円板の中心の回りの慣性モーメントも同じ値である．

## ■円板の振り子の慣性モーメント

円板で振り子を作るためには，その回転軸を中心からずらさなければならない．しかし，ずれた軸の回りの慣性モーメントを公式どおりに直接計算するのは面倒である．そこで，以下の定理を使って計算する．

▶(10.2.3)もこの形になっていることに注意．

**定理**　重心を通る回転軸の回りの慣性モーメント $I_G$ と，それと平行で $d$ だけ離れた回転軸の回りの慣性モーメント $I$ の間には

$$I = I_G + Md^2 \tag{3}$$

という関係がある(図2)．ただし，$M$ はこの物体の全質量である．

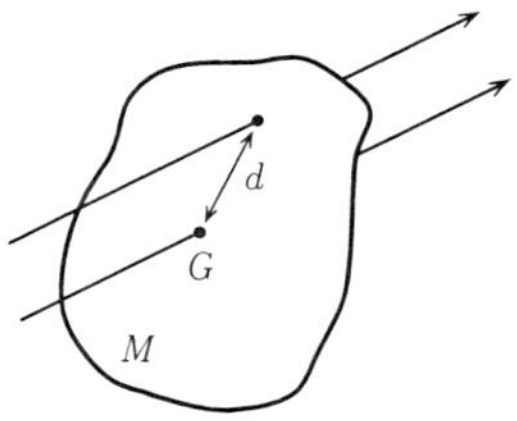


**図2**　重心を通る軸とそれに平行な軸

[証明]　重心の位置を座標の原点とし，回転軸の方向を $z$ 方向とする．また，重心から離れた回転軸の $x, y$ 座標をそれぞれ，$X, Y$ とする．$d^2=X^2+Y^2$ である．まず，

$$(x-X)^2+(y-Y)^2 = x^2+y^2+X^2+Y^2-2(xX+yY)$$

であり，また重心が座標の原点なのだから

▶$\int \cdots dV$ とは全体積での積分で $\int \cdots dxdydz$ のこと．

$$\int x\rho dV = \int y\rho dV = 0$$

である．これを使えば

$$\int\{(x-X)^2+(y-Y)^2\}\rho dV = \int(x^2+y^2)\rho dV+(X^2+Y^2)\int \rho dV$$

という関係が求まる．これは(3)に他ならない．(証明終)

この定理を使えば，中心から $d$ だけ離れた軸の回りの円板の慣性モーメントは次の式となる．

$$I = M\left(\frac{a^2}{2}+d^2\right)$$

## ■円板の直径の回りの慣性モーメント

慣性モーメントは，回転軸の位置ばかりでなく，その方向によっても異なる．そこで(厚さがゼロの)円板を，図3のようにある直径を軸としたときの慣性モーメントを計算してみよう．振り子にするには軸を中心からずらさなければならないが，そのときの慣性モーメントは上の定理からすぐ求まる．まず，軸からの距離 $r$ (両側)，幅 $\Delta r$ の部分の質量は

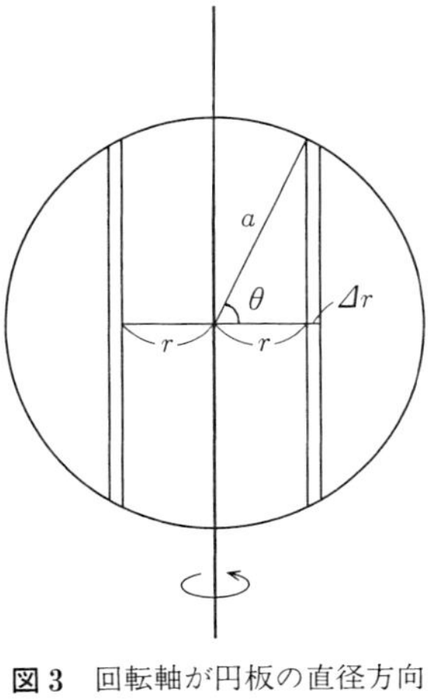


**図3**　回転軸が円板の直径方向

$$\frac{M}{\pi a^2}4\sqrt{a^2-r^2}\,\Delta r$$

である．したがって，全慣性モーメントは

▶$r=a\cos\theta$ とすれば積分できる．

$$I = \frac{4M}{\pi a^2}\int_0^a r^2\sqrt{a^2-r^2}\,dr = \frac{Ma^2}{4} \tag{4}$$

となる．回転軸が板に直角の場合と比較して，半分になっている．同じ角速度で回転していても，そのエネルギーは半分だということである．

# 10.5 滑りながら転がる剛体

ぽいんと

10.3 節では，坂を滑らず転がる剛体の運動を考えた．しかし坂が急だったり摩擦が弱かった場合は，剛体は滑ってしまう可能性がある．そのような場合も含めた取り扱いを考える．

**キーワード：摩擦力，摩擦係数**

## ■摩擦力を含んだ運動方程式

10.3 節では，剛体は滑らないという仮定をして式をたてた．滑らなければ接触点は，接触の瞬間は静止している（$a=r$，$\phi=3\pi/2$ であるから接触点での速度はゼロになる）．したがって，摩擦力は仕事をしない．つまり剛体にエネルギーを与えないので，ラグランジュ方程式を作るときには摩擦力を考える必要がなかった(10.3 節参照).

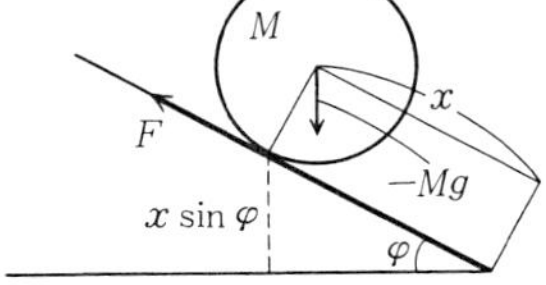


**図 1**　剛体のポテンシャルエネルギー

しかし，滑る可能性を考えるときは(10.3.1)が成り立つかどうかはわからないので，角度 $\theta$ に対する方程式と重心の位置 $x$ に対する方程式を，摩擦力を考えた上で独立に考えなければならない(図 1)．そして摩擦力は保存力ではないのでポテンシャルエネルギーというものは考えられず，その効果は運動方程式の段階で人為的に取り入れなければならない．

まず重心の位置 $x$ の運動を考えよう．摩擦力の大きさを $F$ と書く．摩擦力は接触面で $-x$ の方向に働く力だから，重力と合わせて運動方程式は

$$M\frac{d^2x}{dt^2} = Mg\sin\varphi - F \tag{1}$$

となる．一方，角度座標 $\theta$ の運動方程式に出てくるのは，力のモーメントである．回転軸から接触点までの距離は $a$ なので，摩擦による力のモーメントは $Fa$ である．それを加えて運動方程式は

$$\frac{d}{dt}\left(\frac{\partial L}{\partial\dot{\theta}}\right) = -\frac{\partial U}{\partial\theta} + Fa$$

となるが，ここに現われるポテンシャル(重力ポテンシャル)は $\theta$ に依存しないので，それからの寄与はなく，結局

$$\frac{d}{dt}(I\dot{\theta}) = Fa \tag{2}$$

という式が求まる．

これが最も一般的な関係式であるが，この両式から $F$ を消去した上で(10.3.1)という滑らない場合の関係を使って $\dot{\theta}$ も消去すれば，方程式(10.3.5)に戻る．

## ■摩擦力の大きさ

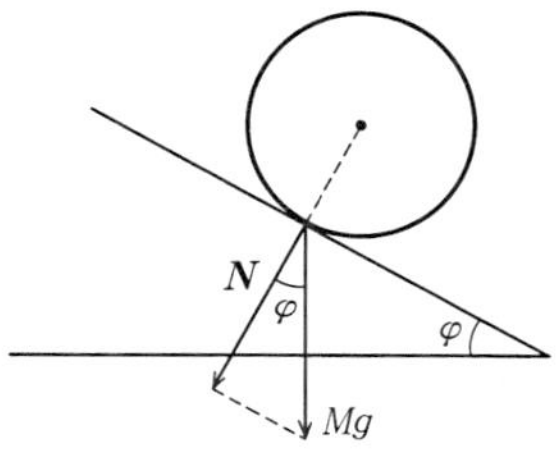


図2 接面に垂直に働く力(抗力 $N$)

摩擦力の大きさには限度がある．経験則によれば，最大摩擦力は物体が台の表面に垂直に及ぼす力 $N$ (抗力)に比例し，静摩擦係数を $\mu$ として

$$F < F_{\max} \equiv \mu N \tag{3}$$

と表わされる(図2)．今の問題では，$N = Mg\cos\varphi$ である．

まず滑らないと仮定して，10.3節のように問題を解いたとしよう．その結果を(1)あるいは(2)に代入すれば，その運動に必要な摩擦力がわかる．しかし，もしそれが(3)の $F_{\max}$ よりも大きければ，そのような運動は不可能となり，滑らないという仮定が誤りであったことになる．

滑らないと仮定して求めた運動は，

$$\left(M+\frac{I}{a^2}\right)\ddot{x} = Mg\sin\varphi, \qquad \ddot{x} = a\ddot{\theta}$$

である．これを(2)に代入すると摩擦力は

$$F = \frac{I\ddot{\theta}}{a} = \frac{I}{a^2}\frac{Mg\sin\varphi}{M+I/a^2}$$

となる．これを(3)と比較すれば，滑らない条件として

$$\tan\varphi < \frac{Ma^2+I}{I}\mu \tag{4}$$

という不等式が求まる．急勾配にして $\varphi$ を十分大きくすれば，必ず滑ってしまうということがわかる．

## ■滑る場合の計算

上の不等式が成り立たなければ滑るので，$\dot{x} = a\dot{\theta}$ という関係式は使えない．滑っている場合の摩擦力 $F'$ はやはり経験則により，近似的には速度に依らずに抗力 $N$ に比例する．その比例係数(**動摩擦係数**)を $\mu'$ とすれば

$$F' = \mu' N = \mu' Mg\cos\varphi$$

となる．動摩擦係数は上の静摩擦係数 $\mu$ よりは小さく，材質に依存する．

この $F'$ を(1)と(2)に代入すれば，$x$ と $\theta$ がそれぞれ独立に求まる．加速度だけ求めると

$$\ddot{x} = g(\sin\varphi - \mu'\cos\varphi), \qquad a\ddot{\theta} = g\mu'\frac{Ma^2}{I}\cos\varphi$$

である．また，

$$\ddot{x} - a\ddot{\theta} = g\cos\theta\left(\tan\varphi - \mu'\frac{Ma^2+I}{I}\right) > 0$$

である((4)の逆が成り立っていることと，$\mu > \mu'$ を使った)ので，回転より落下の方が早い．つまり接触点は前方に滑っている．

# 章末問題

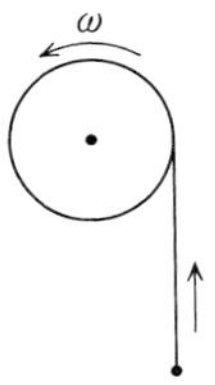


図 1

[10.1 節]

**10.1** 質点系に一様な重力が働いているときのポテンシャルは，すべての質点が重心に集中しているとして計算したポテンシャルに等しいことを証明せよ．

**10.2** 中心軸が固定され自由に回転する，慣性モーメント $I$ の円柱にひもの先を付け，もう一方の端には質量 $\boldsymbol{m}$ の質点を付けて垂らす(図 1)．ひもを巻き取る方向に円柱を回転させて角速度 $\boldsymbol{\omega}$ にし手を離す．質点の重みにより回転が止まるまで，質点はどれだけ持ち上がるか．（ヒント：円柱の回転エネルギーと，質点の運動エネルギー，ポテンシャルの和の保存則を考える.）

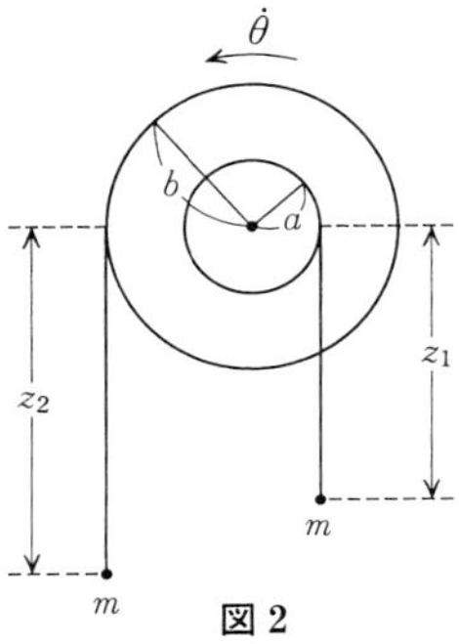


図 2

[10.2 節]

**10.3** 長さ $l$ の棒の，端から $l_1$ の位置を支点にして振り子の角振動数 $\omega$ を求めよ．$l_1=0, l/4, l/3$ の場合の $\omega$ を計算し，どれが一番早く振れるか考えよ．(問題 10.6 で $\omega$ を最大にする $l_1$ を計算する.)

**10.4** 共通の回転軸をもつ，互いに固定されている 2 つの定滑車(半径 $a$ と $b$)の両側に，等しい質量 $m$ をもつ質点をぶらさげる(図 2)．滑車全体の慣性モーメントを $I$ としたとき，滑車はどのように回転するか．次の 2 つの方法で計算せよ．(1)全体の運動エネルギーとポテンシャルを考える．(2)張力を使って，滑車の各質点に対する運動方程式を考える．

[10.4 節]

**10.5** 10.3 節で議論した坂を転がる物体が，円筒である場合と円柱である場合の，加速度の比を求めよ．

**10.6** 剛体振り子の角振動数は，その回転軸と重心との距離が等しければ，回転軸の位置に依存しないことを示せ((10.4.3)を使う)．ただし，回転軸の方向は決まっているとする．また，角振動数が最大になるときの距離を，その剛体の質量 $M$ と，重心の回りの慣性モーメント $I_G$ で表わせ．

[10.5 節]

**10.7** 半径 $a$，質量 $M$ の円柱を回転させずに，水平面上を速度 $v$ で滑らせ始める．この球はその後どのような運動をするか．ただし動摩擦係数を $\mu'$ とする．

# 11

# 剛体の運動（一般の場合）

きき どころ

前章では，回転軸の方向が最初からわかっている場合の剛体の運動を考察した．この章では，一般的なケースを考える．物体の一般的な回転運動を表わすには，第9章で考えた角運動量ベクトルを使うとわかりやすい．剛体の一般的な運動は，その重心の運動，そしてその回転の状態を表わす角運動量ベクトルの運動の組合せとして表わされることを示す．重心運動の方程式は，質点の運動方程式と形は変わらないが，回転運動の方程式を具体的に表わすには，慣性テンソル（前章で学んだ慣性モーメントの一般化）とかオイラー角などという新しい量を導入する必要がある．物体の釣り合い，自転車やコマの運動についても考える．

# 11.1 剛体の一般の運動

ぽいんと

空間内での剛体の配置(位置と向き)を決めるには，6つの変数が必要であることを説明する．したがって，一般的に剛体の運動を計算するには，6つの運動方程式が必要となる．その6つとしては，剛体の重心運動の方程式3つと，全角運動量ベクトルの運動方程式3つを考えればよい．

**キーワード：剛体の自由度の数，剛体の運動方程式**

## ■剛体の配置を決めるための変数の数

剛体振り子の問題では，回転の角度に対する方程式を1つ考えればよかった．坂を転がる問題では，回転の角度と重心の位置という，2つの変数に対する方程式を考えた(ただし，滑らないと仮定するとこの2つには関係があるので，運動方程式は1つですむ)．これらの問題では，回転軸の位置も方向も最初からわかっているので，その回りの回転角だけを考えればよかった．しかし，どこを中心に回転するかがわからない場合には，当然のことながら，より一般的な議論をしなければならない．

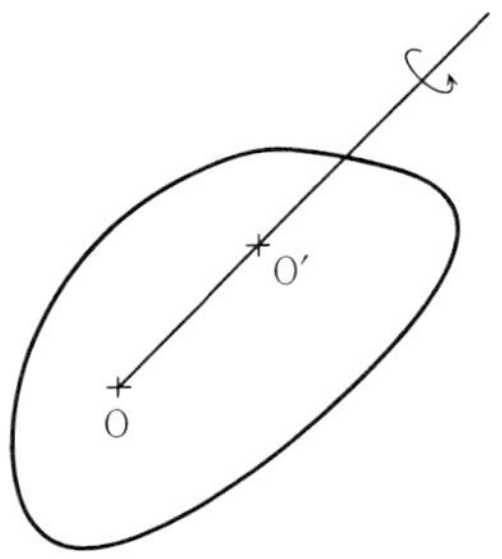


**図1** 剛体のOO′軸の回転

剛体の運動を計算するのに運動方程式がいくつ必要であるかを理解するには，剛体の配置を完全に決めるために変数がいくつ必要であるかを考えればよい．剛体上の特定の1点(Oとしよう)をまず指定する．この点Oが空間内のどこにあるかを決めるためには，座標が3つ必要である．(この点として，剛体の重心をとるのが都合がよいことが後でわかるが，ここでの議論のためには重心である必要はない．)

剛体の配置を決めるには，次に，この点Oに対して剛体がどの方向を向いているかを決めなければならない．それにはまず，剛体上に別の点O′を指定する(図1)．そして，この点が最初の点Oに対してどの方向を向いているかを決めよう．方向を決めるには，変数は2つあればよい．なぜならOから見たときのO′の位置は，Oを原点とする座標系の3つの座標で表わされるが，剛体なのでこの2点の距離は最初から決まってしまっている．方向だけを決めればいいのだから，変数は2つで十分である．

ここまでで必要な変数は計5つだが，剛体の配置を完全に決めるには，変数がもう1つ必要である．OとO′の位置を決めたとしても，剛体はこの軸の回りに回転することができるからである．そこで，どこまで回転しているかを表わすために，角度変数がもう1つ必要となる．

▶独立な変数の数のことを**自由度**という．

以上の議論より，剛体の配置を完全に決めるには変数が6つ必要であることがわかる．したがって運動方程式も，最も一般的には6つ必要であることになる．

## ■重心の運動方程式

次に，どのような変数に対する運動方程式があればよいかを考えてみよう．この問題も，今までの議論を振り返りながら考えるとよい．まず，最初に指定した点Oの座標3つを変数として選ぶ．特にその点を剛体の重心とすれば，その運動方程式は9.4節の質点系の重心の運動方程式(9.4.2)になるはずである(剛体も一種の質点系に他ならない)．つまり，重心の位置ベクトルを$\boldsymbol{R}$とし，外部から働いている力の和を$\boldsymbol{F}$とし，剛体の全質量を$M$とすれば，運動方程式は

$$M\frac{d^2\boldsymbol{R}}{dt^2} = \boldsymbol{F} \tag{1}$$

である(重心を選べば，外力だけで運動方程式が書ける)．

ただし，振り子の場合のように，固定された点がある場合には，そこを点Oに選ぶのがよい．固定されているという条件からその座標が決まってしまうので，それに関しては運動方程式を解く必要がなくなるからである．

## ■回転運動の方程式

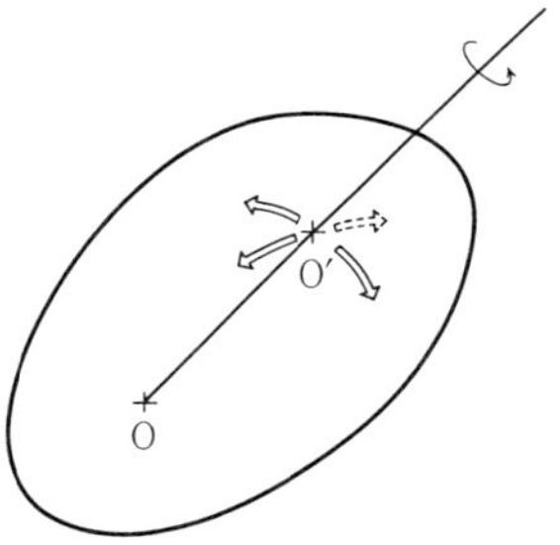

**図2** Oを中心とした3種類の回転

運動方程式は，あと3つ必要である．それが何であるべきかも，この節前半の議論からわかる．まず，剛体上のもう1つの点O′を決め，OO′という線の運動を考えよう．ただし，O自身の位置の運動はすでに考えたので，Oに相対的な運動だけを考える．すると図2に示したように，Oを中心とした前後，左右の2種類の回転が考えられる．さらに剛体の運動としては，OとO′自体は動かないが，それを軸とした回転も考えられる．つまり合計，3種類の回転がある．(他の方向を軸とした回転は，この3つを合成すれば得られる.)

回転を決めるには，回転軸の回りの角度座標の運動方程式を考えればよいが，それは角運動量の運動方程式に他ならない．3つの独立な回転は角運動量ベクトルの3成分と関係がつく．つまり，角運動量ベクトルに対する運動方程式を1つ考えればよい．

ところで，質点系の全角運動量の運動方程式は，その質点系に外部から働いている力のモーメントだけで表わせるということは，9.4節で説明した．そして剛体も質点系の一種であるから，同じ式が成り立つはずである．つまり，剛体の全角運動量ベクトルを$\boldsymbol{L}$とし，外力のモーメントの和を$\boldsymbol{N}$とすれば次の式となる．

$$\frac{d}{dt}\boldsymbol{L} = \boldsymbol{N} \tag{2}$$

▶角運動量や力のモーメントは，それを計算する基準点に依存する量である．今までの議論を考えれば，その基準点は上記のOとするのが自然であるし，一般に便利である．しかし，必ずしもその必要がないことは，次節で説明する．

# 11.2 剛体の静力学

ぽいんと

剛体が静止しているためには，その位置が動かないばかりでなく，回転もしてはならない．そのための条件を釣り合いの条件と呼ぶ．

**キーワード：剛体の釣り合い，静力学**

## ■剛体の釣り合いの条件

前節で示したように，剛体の運動方程式の最も一般的な形が

$$\frac{d\boldsymbol{P}}{dt} = \boldsymbol{F}, \qquad \frac{d\boldsymbol{L}}{dt} = \boldsymbol{N}$$

である．$\boldsymbol{P}, \boldsymbol{L}, \boldsymbol{F}, \boldsymbol{N}$ はそれぞれ剛体全体の運動量，角運動量，外部からの力(外力)の和，そのモーメントの和である．

剛体にいくつかの力が働いているが，それらが釣り合って剛体が静止するための条件を考えよう．このような問題を**静力学**と呼ぶ．

剛体が静止しているということは，$\boldsymbol{P}=\boldsymbol{L}=0$ である．そのためには，まず初期条件として(つまりある時刻で) $\boldsymbol{P}=\boldsymbol{L}=0$ であり，さらにそれらが時刻が経過しても変わってはならない．そして変わらないという条件が，上式より

$$\boldsymbol{F} = 0, \qquad \boldsymbol{N} = 0 \tag{1}$$

であることがわかる．

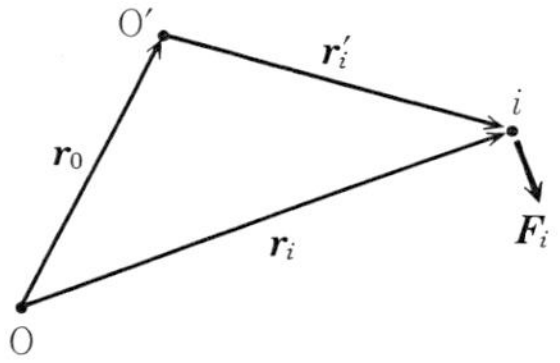

**図1** 基準点の移動

力のモーメントは，それを計算するための基準点に依存する量である．しかし(1)の条件は，どこを基準にしても変わらない．そのことを，剛体より一般的な質点系で示しておこう(図1)．ある点Oを基準点としたときの各質点の位置ベクトルを $\boldsymbol{r}_i$，力のモーメントを $\boldsymbol{N}$ とし，基準点を別の点O′としたときの量を ′ を付けて表わそう．OからO′へ向かうベクトルを $\boldsymbol{r}_0$ とすれば

$$\begin{aligned}\boldsymbol{N} &= \sum(\boldsymbol{r}_i \times \boldsymbol{F}_i) = \sum\{(\boldsymbol{r}_i' + \boldsymbol{r}_0) \times \boldsymbol{F}_i\} \\ &= \sum(\boldsymbol{r}_i' \times \boldsymbol{F}_i) + \boldsymbol{r}_0 \times \sum \boldsymbol{F}_i = \boldsymbol{N}' + \boldsymbol{r}_0 \times \boldsymbol{F}\end{aligned}$$

であるから，$\boldsymbol{F}=0$ である場合は $\boldsymbol{N}=0$ も $\boldsymbol{N}'=0$ も同等の条件であることがわかる．

［例題］ **棒の両端に物体を載せたときの釣り合い**

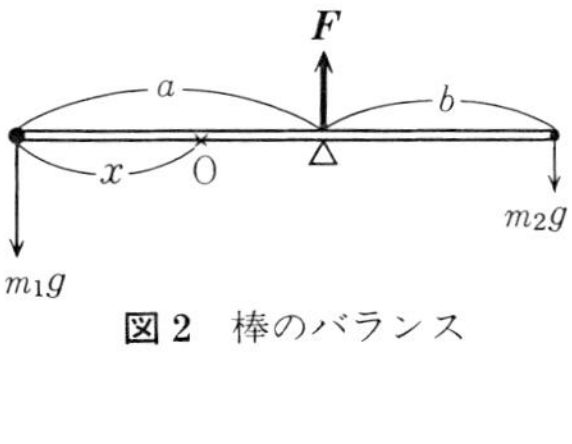

**図2** 棒のバランス

図2のように，棒の両端に質量 $m_1$ と $m_2$ の物体を載せ，棒の中間で支えて釣り合わせるためには

$$m_1 a = m_2 b \tag{2}$$

という関係がなければならない．この式が，棒上の任意の点を基準とした

力のモーメントから求まることを示せ．（棒の左端から $x$ の距離にある点Oを基準として計算し，結果が $x$ に依らないことを示せ．）棒の重さは考えなくてよい．

［解法］　支点で働く力を $F$ とすると，上下方向の力の釣り合いは

$$F = m_1 g + m_2 g \qquad (F = |\boldsymbol{F}|)$$

である．またOの回りの力のモーメントは，方向も考えると

$$m_1 g x + F(a-x) - (a-x+b) m_2 g = 0$$

となる．以上の2式より，$x$ には無関係に(2)が求まる．

［例題］　**壁に立て掛けた棒の釣り合い**

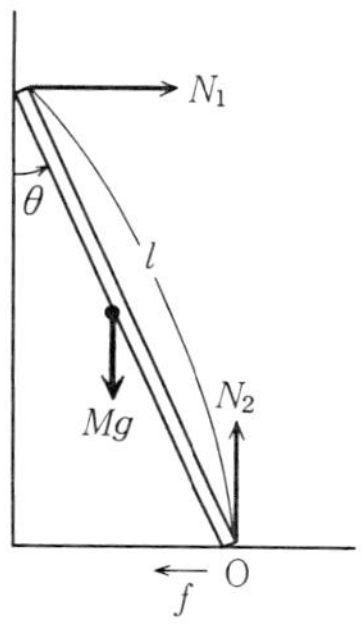


**図3**　壁と床に支えられた棒

図3のように，長さ $l$，重さ $M$ の棒を，角度 $\theta$ で壁に立て掛ける．棒は床と壁から抗力を受ける．さらに床から摩擦力を受けるので，滑らずに静止しているとする．釣り合いの条件の式を書き，抗力と摩擦力の大きさを求めよ．（壁は滑らかなので，そこでは摩擦力は働かないと仮定する．）

［解法］　まず，力は左右方向，および上下方向に働いているので，その2方向で $\boldsymbol{F}=0$ という式を書くと

$$N_1 - f = 0$$
$$N_2 - Mg = 0$$

となる．力のモーメントを計算するには，まず基準点をどこかに選ばなければならない．力のモーメントとは，力の大きさと基準点から力のベクトルへの垂直距離の積だから，基準点に働いている力は距離がゼロとなり寄与しない．そこで，床との接触点Oを基準点に選べば，そこでの抗力も摩擦力も考えずに済むので一番簡単である．またこの問題では，力は（釣り合っていないとしても）紙面に垂直な方向を軸とする回転を引き起こしうるだけだから，$\boldsymbol{N}=0$ という式も，その方向の成分だけを考えればよい．すると，垂直距離を正しく計算し，力の方向も考慮して

▶習慣なので抗力を $N_1, N_2$ と書く．力のモーメントではない．

$$N_1 l \cos\theta - Mg\frac{l}{2}\sin\theta = 0$$

という式が求まる．全重力は重心（棒の中心）にかかっているとして計算した．（一様な重力の場合には，質点系の重心に全質量が集中しているとして力のモーメントを計算してよい．章末問題10.1参照．）

▶章末問題10.1では，ポテンシャルについて証明しているだけだが，力のモーメントはポテンシャルを角度座標で微分したものであることに注意（9.3節）．

以上の3式を解けば，答は

$$f = N_1 = \frac{Mg}{2}\tan\theta, \qquad N_2 = Mg$$

と求まる．（壁にも摩擦力が働くとすると，式の数よりも変数の数が多くなってしまう．このような場合にどのように力が配分されるかは，壁や床の材質，さらに棒の置き方にも関係し単純な静力学を越えた問題となる．）

# 11.3 コマの歳差運動

ぽいんと

剛体の運動を解くには，厳密には角運動量の方程式を剛体の方向を示す角度座標を使って表わさなければならない．しかしここでは，そのような手続きはふまないでも問題が近似的に解ける場合を扱う．回転運動に特徴的な振る舞いであるコマの歳差運動という現象を説明する．回転している物体は，必ずしも力の方向には動かないことに注意しよう．

**キーワード：歳差運動，章動**

## ■回転軸が動く方向

角運動量の運動方程式は

$$\frac{d\boldsymbol{L}}{dt}=\boldsymbol{N}\ (=\boldsymbol{r}\times\boldsymbol{F}) \tag{1}$$

▶角運動量ベクトルの方向と回転軸の方向とは，一致しない場合もある．

である．左辺の角運動量は剛体の回転の程度を表わしており，その方向は，ほぼ回転軸の方向を向いている．また右辺の力のモーメントは，外積の定義より力の方向と垂直である．したがって，回転している剛体に力を加えると，剛体の回転軸は力と垂直な方向に傾き始めることがわかる．

動く方向が力の方向と垂直というのは奇妙に思えるかもしれないが，日常的にも観察できる現象である．たとえば自転車を走行中に左に傾けたとする．重力は下方に働くが，自転車は倒れずに左に曲がる．これも上の式から理解できる．車輪が地面と接触する点Oを，基準点に選ぼう(図1)．車輪には重力と地面からの抗力が働いているが，基準点を地面に選べば抗力は力のモーメント$\boldsymbol{N}$には寄与しない($\boldsymbol{r}=0$だから)．また重力は，車輪の中心(＝重心)に働いていると考えてよいから，$\boldsymbol{N}=\boldsymbol{r}\times\boldsymbol{F}$を計算すれば，$\boldsymbol{N}$の向きは自転車の進行方向に水平で後向きになる．自転車が前に走っているとき，車輪の角運動量ベクトルは左向きだから，それが(1)により後向きに曲げられれば，車輪は左に曲がることになる．

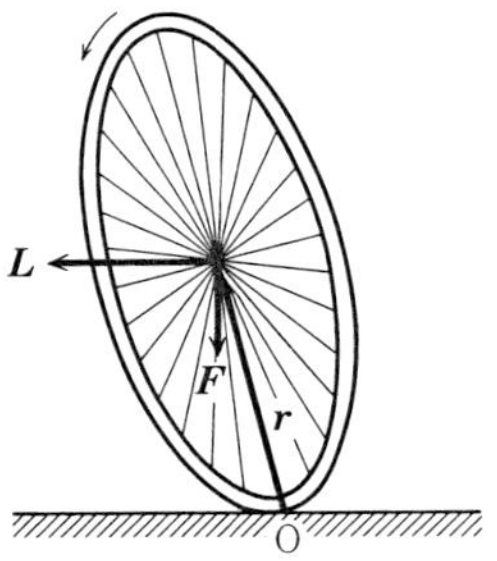


**図1**　車輪の回転(向こうに転がる車輪を左に傾けた．モーメント$\boldsymbol{N}$はこちら向き)

## ■コマの歳差運動

このような現象のもう1つの典型はコマの運動である(図2)．回転しているコマが傾くと，コマはそのまま倒れるのではなく首振り運動を始める．これは回転軸の向きの回転であり，**歳差運動**と呼ぶ．コマの回転速度と歳差運動の回転速度の関係を調べてみよう．

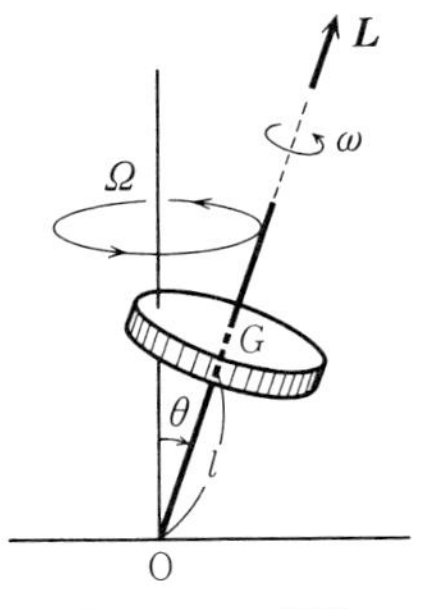


**図2**　コマの運動

コマの運動を厳密に解くには，角運動量を角度座標で表わさなければならない．回転軸の方向が変わるときはこれはかなり面倒な話になるが，ここでは簡単なケースに限定し，そのようなことをせずに問題が解ける場合を考える．

▶重心を水平方向に動かす力の起源は，支点に働く力だが，それがコマの運動にどのように寄与するかは複雑である．しかし，それを考えなくても運動の様子がわかるのが興味深い点である．

まず第一に，コマの傾きの角度は一定で，その軸は一定の角速度で回転しているとする(歳差運動)．厳密に解いても，このような運動は1つの特殊ケースとして可能であることがわかっている．またコマの支点は動かないとする．

次に近似として，コマ自体の回転(自転)が歳差運動の回転に比べて十分大きいとする．このコマを上から見たときの軸の回転角速度を $\boldsymbol{\Omega}$ (図2参照)とし，自転の角速度を $\boldsymbol{\omega}$ とすれば

$$\boldsymbol{\omega} \gg \boldsymbol{\Omega}$$

である．その結果として角運動量は，自転だけで近似できるとする．つまり $\boldsymbol{L}$ は常にコマの軸方向を向き，その軸の回りの慣性モーメントを $I$ とすれば

$$|\boldsymbol{L}| \simeq I\omega$$

である(10.2節参照)．

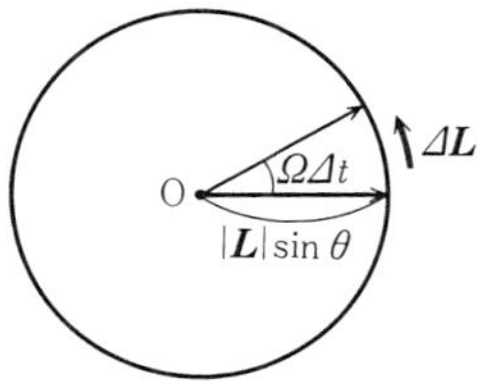

図3　ベクトル $\boldsymbol{L}$ を上から見た図

コマの質量を $M$ とし，支点Oから重心Gまでの距離を $l$ とする．また軸の傾きの角度を $\theta$ とする．角運動量の方程式は，支点を基準点として考える．すると重力による力のモーメントは図2の向こう向きで

$$|\boldsymbol{N}| = Mgl \sin\theta$$

である．また微小時間 $\Delta t$ に軸は $\Omega\Delta t$ だけ回転するから(図3)，角運動量の変化は

$$|\Delta \boldsymbol{L}| = |\boldsymbol{L}| \sin\theta\, \Omega\Delta t$$

である．したがって，運動方程式(1)は

$$\left|\frac{\Delta \boldsymbol{L}}{\Delta t}\right| = |\boldsymbol{N}| \quad\Rightarrow\quad I\omega \sin\theta\, \Omega = Mgl \sin\theta$$

となる．これより

$$\Omega = \frac{Mgl}{I\omega}$$

となる．つまり自転の速度 $\boldsymbol{\omega}$ が速いほど，歳差運動の速度 $\boldsymbol{\Omega}$ は遅くなる．

## ■一般的なコマの運動

コマの問題を厳密に解くには，11.8節で学ぶオイラー角という表示法を使わなければならない(章末問題11.8参照)．ここではその結果を先取りして，コマは一般的にどのような運動をするのかを説明しておこう．

コマは，重力が働かず，無重力状態で回転しているときにも首振り運動をする．これを**章動**と呼び，詳しくは11.6節と11.8節で説明する．重力が働いているときは，この章動と，この節で説明した歳差運動の組合せとなる．つまりコマの回転軸は垂直線の回りを回転するが(歳差運動)，回転軸の先端はより小さな半径で円運動をする(章動)．この2つの回転を組み合わせると結局，回転軸は図4に示したように，波をうちながら動く．

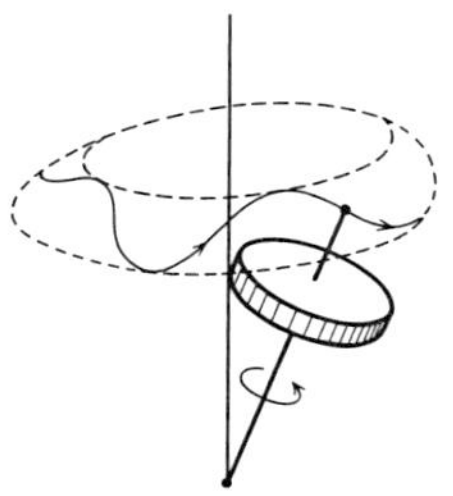
図4　コマの一般的な運動

# 11.4 角速度ベクトル

ぽいんと

角運動量の運動方程式を解くには，まず剛体の運動を表わす量，および剛体の形状を表わす量を使って，具体的に運動方程式を表わさなければならない．前章で扱った回転軸が決まっている運動の場合には，前者は角速度であり，後者は慣性モーメントという量であった．より一般的な運動では，角速度ベクトルおよび慣性テンソルという量を用いる．この節ではまず，角速度ベクトルの説明をする．

**キーワード：角速度ベクトル**

## ■角運動量の基準点

角運動量を表わすには，まずそれを計算する基準点を決めなければならない．運動しても位置が変わらない固定点(振り子の支点のようなもの)が剛体中にあれば，そこを基準点にすればよい．

固定点がない場合は，基準点として空間内に特定の1点をまず決める必要がある．ところで一般に，質点系の全角運動量は，重心の基準点に対する角運動量と，すべての質点の重心に対する角運動量の和に等しい(9.4節)．剛体も質点系の一種であるからこの関係は成り立つ．

▶重心の運動量がわかれば重心の角運動量もわかる．

重心の基準点に対する角運動量の方は，運動方程式(11.1.1)を使って求めれば計算できるから，あとは「重心に対する剛体全体の角運動量」を求めればよい．そして重心も剛体内に固定された特定の点であるから，固定点がある場合にしろ，ない場合にしろ，(空間に対してではなく)剛体に固定された点(以下Oとする)の回りの角運動量というものの表示法を考えればよいことがわかる．

## ■角速度ベクトル

剛体の角運動量とは，剛体の各部分の角運動量の和である．剛体中には物質は連続的に分布しているので，実際には積分で表わす必要があるが，しばらくは剛体をいくつかの部分に分割し，各部分の和として剛体全体を表わすこととする．たとえば剛体の角運動量は，各部分($A$で表わす)の角運動量の和である．

$$\boldsymbol{L}=\sum_A(\boldsymbol{r}_A\times m_A\boldsymbol{v}_A) \qquad (1)$$

このような表示法で，角運動量がどのように表わされるかを考えてみよう．剛体上のどこかに固定した基準点O(上記)から見た各部分への位置ベクトルを$\boldsymbol{r}_A$とする．そしてその微小時間$\Delta t$の間の変化量を$\Delta\boldsymbol{r}_A$とする．剛体なのだから$\Delta\boldsymbol{r}_A$は，各点で勝手な方向を向くことはできない．$A$の「Oに対する運動」は，Oを通るある軸の回りの回転に限られる．

▶Oからの距離は固定されている．

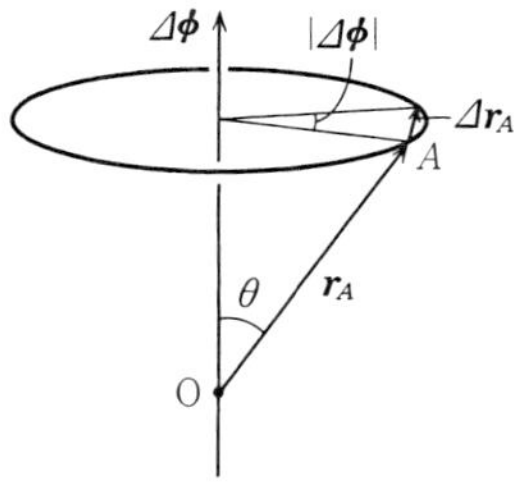


**図 1** 回転 $\boldsymbol{\Delta\phi}$ による $A$ 点の移動

そこでまず，その軸の方向を向き，大きさが(その微小時間の)回転角に等しいベクトル $\boldsymbol{\Delta\phi}$ を考える．すると図1からもわかるように，$\Delta \boldsymbol{r}_A$ は $\boldsymbol{r}_A$ にも $\boldsymbol{\Delta\phi}$ にも垂直である．しかもその大きさは，

$$|\Delta \boldsymbol{r}_A| = |\boldsymbol{r}_A||\boldsymbol{\Delta\phi}|\sin\theta$$

に等しい．これはまさに外積の定義に他ならない．つまり

$$\Delta \boldsymbol{r}_A = \boldsymbol{\Delta\phi}\times\boldsymbol{r}_A \tag{2}$$

である．また速度を表わすにはこれを $\Delta t$ で割ればいいので

$$\text{角速度ベクトル}\quad \boldsymbol{\omega}\equiv\frac{\boldsymbol{\Delta\phi}}{\Delta t} \tag{3}$$

という**角速度ベクトル** $\boldsymbol{\omega}$ というものを定義すれば

▶この式の別証は章末問題 11.5 参照.

$$\boldsymbol{v}_A = \frac{\Delta \boldsymbol{r}_A}{\Delta t} = \boldsymbol{\omega}\times\boldsymbol{r}_A \tag{4}$$

となる．$\boldsymbol{\omega}$ は方向を持つことを除けば，今まで角速度($\dot{\theta}$)と呼んできたものと同じものである．ただし一般の運動では，その大きさも方向も，時間の経過とともに変化しうるものであることに注意しよう．

今 $\boldsymbol{\omega}$ は，$A$ という部分の回転から定義したが，別の部分で定義しても同じでなければならない．もし各部分が異なった回転ベクトルを持ち，勝手な方向に勝手な大きさだけ回転すれば，剛体は変形してしまうだろう．つまり剛体のあらゆる部分の速度が，共通のベクトル $\boldsymbol{\omega}$ により(4)のように表わされる．

## ■角運動量

角運動量は位置ベクトルと運動量との外積だから，速度(4)を使えば

▶(9.2.7)を使った.

$$\begin{aligned}\boldsymbol{L} &= \sum_A\{\boldsymbol{r}_A\times m_A(\boldsymbol{\omega}\times\boldsymbol{r}_A)\}\\ &= \sum_A m_A\{(\boldsymbol{r}_A\cdot\boldsymbol{r}_A)\boldsymbol{\omega}-(\boldsymbol{\omega}\cdot\boldsymbol{r}_A)\boldsymbol{r}_A\}\end{aligned} \tag{5}$$

前章では，回転軸の方向(つまり角速度ベクトルの方向)が決まっているケースを考え，その方向の角運動量(その軸を回る角度に対する運動量)の運動方程式を考えた．角運動量は角速度に比例しており，その比例係数が慣性モーメントという量であった．

このことは，上の式でも同じである．たとえば $\boldsymbol{\omega}=(0,0,\omega_z)$ というように角速度ベクトルが $z$ 方向を向いているとしよう．すると角運動量ベクトルの $z$ 成分は

$$\begin{aligned}L_z &= \sum m_A\{(x_A{}^2+y_A{}^2+z_A{}^2)\omega_z-(\omega_z z_A)z_A\}\\ &= \{\sum m_A(x_A{}^2+y_A{}^2)\}\omega_z\end{aligned} \tag{6}$$

▶(10.1.5)参照.

となる．これは前章の $I\dot{\theta}$ とまったく同じものである．しかしたとえば，

$$L_x = -\{\sum m_A x_A z_A\}\omega_z,\qquad L_y = -\{\sum m_A y_A z_A\}\omega_z \tag{7}$$

というように，他方向の成分もある．(その意味は次節で考える.)

# 11.5 慣性テンソル

ぽいんと

前節で示したように，角運動量ベクトル $\boldsymbol{L}$ と回転ベクトル $\boldsymbol{\omega}$ は比例関係にある．つまり，$\boldsymbol{\omega}$ 全体を $k$ 倍すれば $\boldsymbol{L}$ も $k$ 倍になる．しかし，ベクトルの各成分ごとに比例しているわけではない．$\omega_x$ だけが $k$ 倍になったとき，$L_x$ ばかりでなく $L_y$ や $L_z$ にもそれぞれの影響が現われる可能性がある．このような関係を表わすには，比例係数として行列を使う．慣性テンソルとは，この行列を剛体の向きには依らずその形状だけで決まるように定義した量である．

**キーワード：慣性テンソル，対角化，主慣性モーメント，主軸**

## ■角運動量ベクトルの向き

▶前章では，角速度は $\dot{\theta}$ と表わしていた．

前章の例のように，特定の方向の回転(角速度 $\omega$)と，その方向の角運動量 $L$ だけしか考えていないときには

$$L = I\omega \tag{1}$$

という関係があり，$I$ は(その回転軸に対する)慣性モーメントと呼ばれていた(10.1,10.2 節参照)．この式にならって，前節最後の式(6)と(7)を，

$$L_x = I_{xz}\omega_z, \quad L_y = I_{yz}\omega_z, \quad L_z = I_{zz}\omega_z$$

と表わす(図 1)．ただし

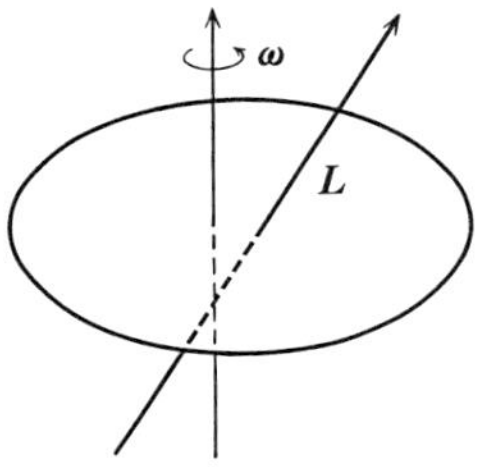


**図 1**　回転軸と $\boldsymbol{L}$ の向きのずれ

$$I_{xz} \equiv -\sum m_A x_A z_A$$
$$I_{yz} \equiv -\sum m_A y_A z_A$$
$$I_{zz} \equiv \sum m_A (x_A{}^2 + y_A{}^2)$$

である．$I_{zz}$ は書き方の違い(積分か和かの違い)を除けば(10.1.5)と同じものだが，$I_{xz}$ と $I_{yz}$ は新しいタイプの量である．$z$ 軸の回りの回転 ($\omega_z$) から，他方向の角運動量 $L_x, L_y$ が生じることを示している．ただし，これらの量は一般には小さい．$I_{zz}$ はプラスの項ばかりの和だが，$I_{xz}$ や $I_{yz}$ の各項は，プラスになったりマイナスになったりするからである．たとえば，基準点からみて $+x$ の方向と $-x$ の方向に同じように質量が分布していれば，それらが相殺して $I_{xz}=0$ となってしまう．しかし，物体にそのような対称性がなければ一般にはゼロにならず，角運動量ベクトルの向きは $z$ 方向からずれる．

## ■慣性テンソル

上では角速度ベクトルが $z$ 方向を向いている場合を考えたが，一般の場合として $\boldsymbol{\omega}=(\omega_x, \omega_y, \omega_z)$ と表わすと，たとえば $L_z$ は

$$L_z = I_{zx}\omega_x + I_{zy}\omega_y + I_{zz}\omega_z$$

となる．$I_{zz}$ は上で定義してある．また

▶対角要素のみ示すと
$I_{xx} \equiv \sum m_A(y_A{}^2+z_A{}^2)$
$I_{yy} \equiv \sum m_A(z_A{}^2+x_A{}^2)$
$I_{zz} \equiv \sum m_A(x_A{}^2+y_A{}^2)$

$$I_{zx} = -\sum_A m_A z_A x_A \quad (=I_{xz})$$

であり，$I_{zy}$ の定義も以上の例から明らかだろう．そして他の成分 $L_x, L_y$ も同様に，3つの項からなる．このような場合はまとめて行列の形で書くとわかりやすい．

$$\begin{pmatrix} L_x \\ L_y \\ L_z \end{pmatrix} = \begin{pmatrix} I_{xx} & I_{xy} & I_{xz} \\ I_{yx} & I_{yy} & I_{yz} \\ I_{zx} & I_{zy} & I_{zz} \end{pmatrix} \begin{pmatrix} \omega_x \\ \omega_y \\ \omega_z \end{pmatrix} \qquad (2)$$

右辺の行列のことを，**慣性テンソル**(あるいは**慣性モーメントテンソル**)と呼び，まとめて $I$ と表わす．

## ■剛体に固定した座標系

(1)との類推で慣性テンソルという量を定義したが，それを，どのような座標系で計算するかを決めておかなければならない．

剛体が回転すると各部分の座標が変わってしまうので，普通に考えると，慣性テンソルの各成分の値も変わってしまう．しかしそれでは不便なので，上の公式における $x, y, z$ は，(空間に固定されているのではなく)剛体に固定されている座標系で考えることとする．そうすれば慣性テンソルは，剛体の向きに依らない，その剛体に固有の量となる．ただしそのように定義すると，(2)の左辺の角運動量ベクトルの成分は，運動方程式

$$\frac{d\boldsymbol{L}}{dt} = \boldsymbol{N}$$

の左辺には直接使えないことを注意しておこう．この運動方程式は，空間に固定された座標系で考えたものだからである．そこで運動方程式を考えるときは，剛体に固定された座標系の，空間に固定された座標系に対する回転を考えなければならなくなる(図2)．それについては11.8節で説明する．

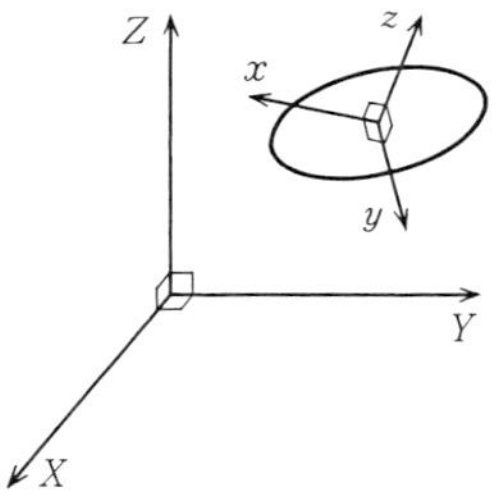

**図2**　空間に固定された座標と剛体に固定された座標

また，剛体に固定した座標系といっても，一意的ではない．原点(基準点)は決まっていても，その向きは自由に選べる．そこで，この任意性をうまく利用し，うまい方向に座標軸を選ぶと，

$$I = \begin{pmatrix} I_x & 0 & 0 \\ 0 & I_y & 0 \\ 0 & 0 & I_z \end{pmatrix} \qquad (3)$$

という形に必ず表わすことができる(**対角化**)．座標軸の左右の質量分布のバランスを取って，$I_{xy}$ などの非対角成分をすべてゼロにするのである．そして対角成分は，前章の慣性モーメントと同様に計算することができる(例は次節)．この3つの対角成分のことを，**主慣性モーメント**と呼び，このときの $x, y, z$ 軸を**主軸**と呼ぶ．

▶慣性テンソルは，$I_{xy}=I_{yx}$ など，対角線に対して対称，つまり対称行列である．このような行列は，座標系をうまく選べば必ず対角化できることが知られている．

# 11.6 慣性テンソルの例・対称コマの章動

ぽいんと

主慣性モーメントを，簡単な例で計算する．主慣性モーメントのうちの2つが等しい物体を対称コマと呼ぶ．対称コマが力を受けていないときの運動の様子を説明しよう．

**キーワード：対称コマ，歳差運動**

## ■慣性テンソルの例

具体例で慣性テンソル（主慣性モーメント）の計算を行なう．基準点は重心とする．回転対称な物体だけを取り扱う．主軸の方向は，対称軸の方向（それを $z$ 方向とする）と，それに垂直な2方向（$x, y$ 方向とする）となる．

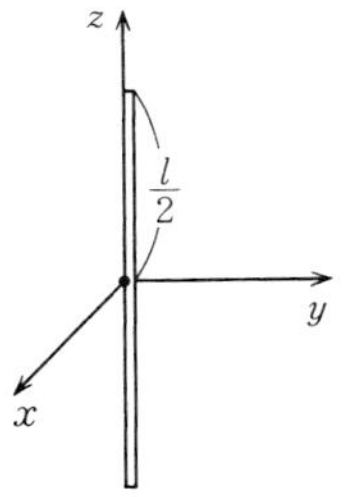


**図1**　長さ $l$ の棒

［例1］　**長さ $l$，太さ0，重さ $M$ の一様な棒**

図1のような棒の場合，$z$ 座標以外は0である．したがって，慣性テンソルでゼロでない成分は，$I_{xx}$（$=I_x$）と $I_{yy}$（$=I_y$）のみ．基準点（重心）は棒の中心だから，(10.2.3)で，$l_1=l/2$ とすればよい．つまり

$$I_x = I_y = \frac{1}{12}Ml^2$$

［例2］　**半径 $a$，重さ $M$ の球**

球には特別な方向というものはないから，3つの主慣性モーメントは等しい．つまり

▶原点からの距離 $r$ のみに依存する関数 $f(r)$ の空間での積分は

$$\int f(r)4\pi r^2 dr$$

と書ける．$4\pi r^2$ は球面の面積．

$$I_x = \frac{1}{3}(I_x+I_y+I_z) = \frac{2}{3}\int_0^a (x^2+y^2+z^2)\frac{M}{\frac{4}{3}\pi a^3}dV$$

$$= \frac{M}{2\pi a^3}\int_0^a r^2 4\pi r^2 dr = \frac{2}{5}Ma^2$$

［例3］　**高さ $h$，底面の半径 $a$，重さ $M$ の円柱**

回転軸方向（$z$ 軸とする）の慣性モーメントは，(10.4.2)で求めた．他の成分を計算する前に，まず半径 $a$，質量 $m$ の円盤の，それと平行で距離 $l$ 離れた軸の回りの慣性モーメント $I(a, m, l)$ を求めると，(10.4.3)と(10.4.4)より

$$I(a, m, l) = \left(\frac{a^2}{4}+l^2\right)m$$

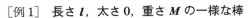

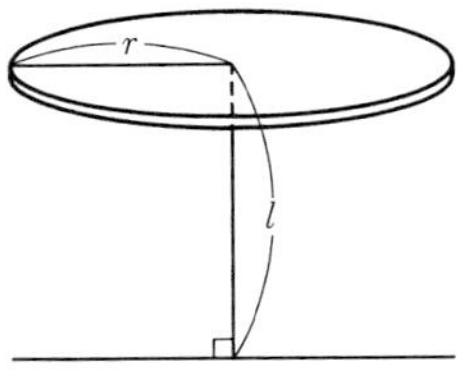


**図2**　軸から離れた円板

である（図2）．これを使えば

$$I_x = I_y = 2\cdot\int_0^{h/2}\left(\frac{a^2}{4}+z^2\right)\frac{M}{h}dz = \frac{M}{4}\left(a^2+\frac{h^2}{3}\right) \tag{1}$$

## ■対称コマの自由運動

主慣性モーメントのうちの2つ($I_x, I_y$ とする)が等しい物体を，**対称コマ**と呼ぶ．すべての回転体は対称コマである．力がまったく働いていないとき(自由運動)に，このような物体がどんな回転をするかを考えてみよう(以下，$I_x=I_y=I$，$I_z=I+\Delta I$ と書く)．

前節でも述べたように，慣性テンソルの定義には，物体に固定した座標系を使っている．しかし物体の運動の様子を記述するには，空間に固定した座標系を使わなければならない．そこで前者を $xyz$，後者を $XYZ$ で表わすことにする．特に $xyz$ は，慣性テンソルが対角化される座標系だとし，以後，慣性テンソルを，主慣性モーメントだけで表わす．

まず最初に，力が働いていないと仮定したのだから，角運動量ベクトル $\boldsymbol{L}$ に保存することに注意しよう．つまりその方向も大きさも，時間に依存しない．そこで，その方向を $Z$ 軸にとることにする．

▶慣性テンソルを対角化したので．

角運動量ベクトルの成分と，角速度ベクトル $\boldsymbol{\omega}$ の成分は比例している．

$$L_x = I\omega_x, \quad L_y = I\omega_y, \quad L_z = I\omega_z + \Delta I\omega_z$$

$\Delta I=0$ ならば，$\boldsymbol{L}=I\boldsymbol{\omega}$ であり，$\Delta I \neq 0$ ならば，$\Delta I\omega_z$ の項を加えて

▶ $\hat{\boldsymbol{z}}$ は $z$ 方向の単位ベクトル．

$$\boldsymbol{L} = I\boldsymbol{\omega} + \Delta I\omega_z\hat{\boldsymbol{z}} \qquad (2)$$

という関係が求まる．つまり，$\Delta I \neq 0$ のときは，$\boldsymbol{\omega}$ の方向(物体の回転軸の方向)は $Z$ 方向($\boldsymbol{L}$ 方向)を向いていない．さらに物体が回転すると，$z$ の方向(物体に固定された座標軸)も回転するので，$\boldsymbol{L}$ と $\boldsymbol{\omega}$ のずれの方向も変わってしまう．つまりこの物体は回転しながら，その回転軸も変化する(実は，回転軸の方向も回転している)．

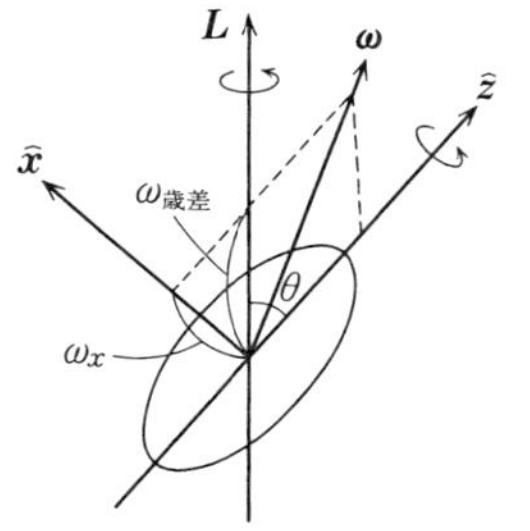

**図3**　対称コマの自転と歳差運動

その様子をより具体的に考えてみよう．まず(2)より $\boldsymbol{L}$ と $\hat{\boldsymbol{z}}$ と $\boldsymbol{\omega}$ は，同じ平面内にあることがわかる．また $\boldsymbol{\omega}$ は物体の回転軸なのだから，$\boldsymbol{L}$ はそれに対して相対的に回転している．しかし保存則より $\boldsymbol{L}$ は不変なのだから，実際には $\boldsymbol{\omega}$ の方が $\boldsymbol{L}$ を中心として，逆回りに回転することになる．このことは，$\boldsymbol{\omega}$ を $z$ 方向と $\boldsymbol{L}$ 方向に分解するとわかりやすい．つまりこの物体の運動は，$z$ 軸の回りの回転(自転)と，$z$ 軸自体の $\boldsymbol{L}$ の回りの回転の合成だと考えられる(図3参照)．これは運動としては，11.3節の重力によるコマの運動と同じで，やはり歳差運動と呼ばれる．しかし，その起源は別であり，その節の最後に述べた章動という現象に対応する．

歳差運動の角速度を計算しよう．$\boldsymbol{L}$ と $\hat{\boldsymbol{z}}$ の角度を $\theta$ とする．($z$ 軸は $\boldsymbol{L}$ と $\hat{\boldsymbol{z}}$ で決まる平面に垂直に回転するので，角度 $\theta$ は不変に保たれる．)

$$\left.\begin{aligned} |\boldsymbol{L}|\sin\theta &= I\omega_x \\ \omega_{歳差}\sin\theta &= \omega_x \end{aligned}\right\} \quad \Rightarrow \quad \omega_{歳差} = |\boldsymbol{L}|/I \qquad (3)$$

# 11.7 剛体の運動エネルギー

ぽいんと

11.5 節では，剛体の角運動量ベクトルを慣性テンソルという量を使って表わした．剛体の運動エネルギーも，この慣性テンソルを使うと簡単な形に書くことができることを示す．また具体的な問題で運動エネルギーを計算する．

キーワード：剛体の回転エネルギー

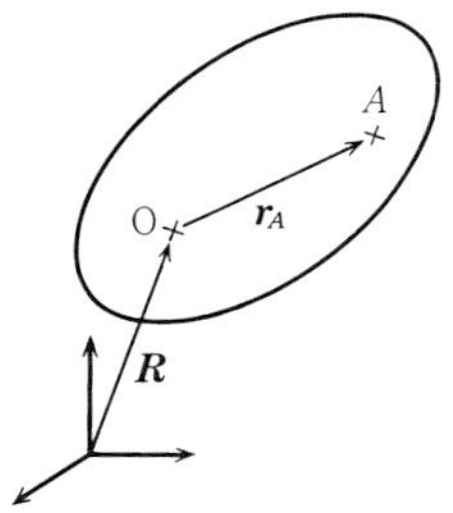


**図 1** 座標系と剛体に固定された基準点

## ■運動エネルギー

剛体の運動を，剛体上に固定した点 O の位置ベクトル $\boldsymbol{R}$ と，そこを基準点とした回転で表わそう．角速度ベクトルを $\boldsymbol{\omega}$ とする．また剛体上の部分(点)$A$ の，O に対する位置ベクトルを $\boldsymbol{r}_A$ と書く．するとその部分の速度は，O の速度と，O に対する速度(O を中心とした回転運動の速度)の和だから

$$\dot{\boldsymbol{r}}_A = \dot{\boldsymbol{R}} + \boldsymbol{\omega}\times\boldsymbol{r}_A$$

と表わされる．したがって，この部分の運動エネルギーは，

$$\begin{aligned} T_A &= \frac{1}{2}m_A(\dot{\boldsymbol{R}} + \boldsymbol{\omega}\times\boldsymbol{r}_A)^2 \\ &= \frac{1}{2}m_A\dot{\boldsymbol{R}}^2 + m_A\dot{\boldsymbol{R}}\cdot(\boldsymbol{\omega}\times\boldsymbol{r}_A) + \frac{1}{2}m_A(\boldsymbol{\omega}\times\boldsymbol{r}_A)^2 \end{aligned} \tag{1}$$

となる．右辺の各項の意味を考えてみよう．まず，第 1 項の和を取ると

$$T(\text{第 1 項}) = \sum_A T_A(\text{第 1 項}) = \frac{1}{2}M\dot{\boldsymbol{R}}^2 \tag{2}$$

となる．ここで $M$ とは，この剛体の全質量である．つまりこの項は，剛体全体が速度 $\dot{\boldsymbol{R}}$ で動いていることによる運動エネルギーを表わしている．

次に(1)の右辺の第 3 項の和を取ると

$$\begin{aligned} T(\text{第 3 項}) &= \sum_A \frac{1}{2}m_A(\boldsymbol{\omega}\times\boldsymbol{r}_A)\cdot(\boldsymbol{\omega}\times\boldsymbol{r}_A) \\ &= \frac{1}{2}\sum_A m_A\boldsymbol{\omega}\cdot\{\boldsymbol{r}_A\times(\boldsymbol{\omega}\times\boldsymbol{r}_A)\} = \frac{1}{2}\boldsymbol{\omega}\cdot\boldsymbol{L} \end{aligned}$$

である．2 行目に移るときは公式(9.2.6)を用い，そして最後に(11.4.5)を使って角運動量ベクトルで書き直した．

11.5 節で説明したように，角運動量ベクトルは慣性テンソルを使って表わされる．特に慣性テンソルが対角行列(11.5.3)になるような座標系を使えば，この項はさらにわかりやすくなる．いま角速度ベクトルが

$$\boldsymbol{\omega} = (\omega_x, \omega_y, \omega_z)$$

と書けるとする．すると $\boldsymbol{L}$ の方は

$$\boldsymbol{L} = (I_x\omega_x, I_y\omega_y, I_z\omega_z)$$

だから，

$$T(\text{第 3 項}) = \frac{1}{2}I_x\omega_x{}^2 + \frac{1}{2}I_y\omega_y{}^2 + \frac{1}{2}I_z\omega_z{}^2 \tag{3}$$

である．前章で，回転軸の決まっているときの回転運動のエネルギーの表式を求めた(たとえば(10.2.4))．(3)はまさに，回転軸の方向が 3 つありうることを反映して，3 つの回転運動のエネルギーの和になっている．

もし運動エネルギー(1)が第 1 項と第 3 項だけだったら，この式の意味はわかりやすい．つまり，剛体全体がある方向に動くことによるエネルギーと，剛体が回転していることによるエネルギーの和である．

もちろん一般には第 2 項があるため，そう単純には考えられない．しかし，回転を考えるときの基準点 O をうまく選ぶと，第 2 項がゼロとなり，このような単純な解釈が成り立つ．その選び方には以下の 2 通りの可能性がある．

(1) 剛体に固定点がある場合，そこを O とする．

振り子の軸上の 1 点とか 11.3 節のコマの支点などのように，運動中も静止している点があれば，そこを O とする．そこは動かないのだから

$$\dot{\boldsymbol{R}} = 0$$

であり，したがって第 2 項はゼロとなる．この場合，もちろん第 1 項もゼロである．

(2) 剛体の重心を O とする．

O が重心ならば，

$$\sum m_A \boldsymbol{r}_A = 0$$

である．したがって，第 2 項の和はゼロとなる．この場合，重心はどのように動いていてもかまわないことに注意しよう．

以上のように，基準点は空間に固定された点か，重心にすればよい．これは角運動量の場合と事情は同じである(9.4 節)．

[例題] **直方体の回転のエネルギー**

1 辺が $a, b, c$ の直方体が，中心を通る対角線を軸として，角速度 $\omega$ で回転しているときの回転エネルギーを求めよ．

[解法] 角速度ベクトル(回転軸の方向)を $a, b, c$ の 3 方向に分けて $\boldsymbol{\omega} = (\omega_a, \omega_b, \omega_c)$ と書くと，$\omega_a = \omega a/\sqrt{a^2+b^2+c^2}$ などと書ける．中心を通る，各辺に平行な軸の回りの慣性モーメントを $I_a$ 等々と表わすと，

▶ $I_a = \frac{M}{12}(b^2+c^2)$ 等を使った(章末問題 11.7(2)参照)．

$$T = \frac{1}{2}I_a\omega_a{}^2 + \frac{1}{2}I_b\omega_b{}^2 + \frac{1}{2}I_b\omega_b{}^2 = \frac{M}{12}\frac{\omega^2(a^2b^2+b^2c^2+c^2a^2)}{a^2+b^2+c^2}$$

# 11.8 オイラー角による表示

ぽいんと

前節では運動エネルギーを，主慣性モーメントと，その方向の軸(主軸)の回りの角速度によって表わした．しかし，主軸の方向というものは，剛体の向きにより変わってしまう．具体的に運動方程式あるいはラグランジュ方程式を書き表わそうとすれば，(剛体ではなく)空間に固定した座標系で考えた変数により，角速度を表わさなければならない．そのために最もよく使われるのが，ここで説明するオイラー角である．

**キーワード：オイラー角，交線**

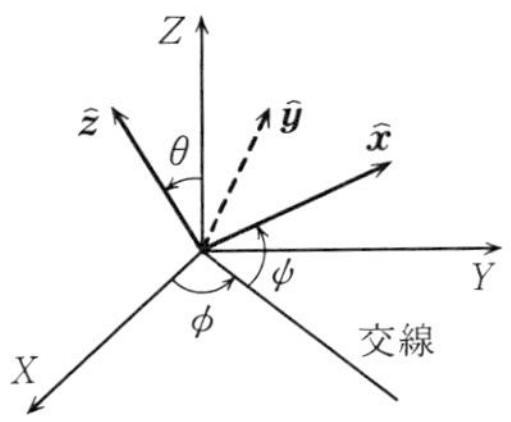

**図1**　オイラー角

## ■オイラー角

剛体の向きを表わすには，主軸の方向を指定すればよい．そしてそのためには3つの変数が必要である．空間に固定されている座標系を $X, Y, Z$ とし，主軸の方向を $\hat{\boldsymbol{x}}, \hat{\boldsymbol{y}}, \hat{\boldsymbol{z}}$ とする．

それらの間の関係を決めるために，まず $\hat{\boldsymbol{z}}$ 方向の $Z$ 軸に対する傾きを $\theta$ とする．どちらの方向に傾けるのかも指定しなければならない．傾けるときの回転軸(**交線**と呼ぶ)は $XY$ 平面内にあるが，交線と $X$ 軸との角度を $\phi$ とする．最後に，交線と $\hat{\boldsymbol{x}}$ 方向との角度を $\psi$ とする．この3つの角度 $\theta, \phi, \psi$ により，剛体の向きが完全に決まる．これを，**オイラー角**と呼ぶ．

## ■オイラー角の変化率と回転の角速度

主軸の回転の角速度 $\omega_x, \omega_y, \omega_z$ をオイラー角の変化率で表わすのが目的である．図1をよく見れば関係は容易にわかるが，1つずつ説明していこう．

(1) $\dot{\psi}$

$\psi$ の変化は，主軸 $\hat{\boldsymbol{z}}$ の回りの回転に他ならない．したがって $\psi$ の変化をもたらす回転を，各主軸方向の回転に分解すれば

$$(\omega_x, \omega_y, \omega_z) = (0, 0, \dot{\psi})$$

(2) $\dot{\theta}$

$\theta$ の変化は，交線を軸とする回転である．そして交線方向は，$\hat{\boldsymbol{x}}$ 方向と $\hat{\boldsymbol{y}}$ 方向の和として書ける．つまり

$$(\omega_x, \omega_y, \omega_z) = (\dot{\theta}\cos\psi, -\dot{\theta}\sin\psi, 0)$$

(3) $\dot{\phi}$

$\phi$ の変化は，$Z$ 軸の回りの回転である．そこでまず，$Z$ 方向のベクトルを $\hat{\boldsymbol{z}}$ 方向と，$\hat{\boldsymbol{x}}\hat{\boldsymbol{y}}$ 平面の方向に分解する．さらに後者を，$\hat{\boldsymbol{x}}$ 方向と $\hat{\boldsymbol{y}}$ 方向に分解すればよい．結局

▶ $Z$ 方向のベクトルの $\hat{\boldsymbol{x}}\hat{\boldsymbol{y}}$ 平面方向の成分は，交線と垂直である．

$$(\omega_x, \omega_y, \omega_z) = (\dot{\phi}\sin\theta\sin\psi, \dot{\phi}\sin\theta\cos\psi, \dot{\phi}\cos\theta)$$

以上を合計すると

$$\omega_x = \dot{\phi}\sin\theta\sin\psi + \dot{\theta}\cos\psi$$
$$\omega_y = \dot{\phi}\sin\theta\cos\psi - \dot{\theta}\sin\psi \qquad (1)$$
$$\omega_z = \dot{\phi}\cos\theta + \dot{\psi}$$

である．これを前節の(3)に代入すれば，運動エネルギーがオイラー角で表わされる．さらに，ポテンシャルもオイラー角を使って表わせば，オイラー角それぞれに対するラグランジュ方程式を導くことができる．

## ■対称コマの運動エネルギー

第6，7章で，惑星の運動を通して説明したように，運動量保存則とか角運動量保存則のようなものがあれば，運動方程式をいちいち書き下さなくても，それを積分した形を直接求めることができる．そのためには，循環座標というものを見つけることが重要であった．このことを，11.6節で考えた対称コマの自由運動の場合に考えてみよう．

▶循環座標は7.1節参照．

対称コマであるから，$I_x=I_y$ としよう．すると前節(3)は

$$T = \frac{I_x}{2}(\dot{\phi}^2\sin^2\theta + \dot{\theta}^2) + \frac{I_z}{2}(\dot{\phi}\cos\theta + \dot{\psi})^2$$

となる．自由運動の場合は力が働かないのだから，この運動エネルギーがラグランジアンそのものである．

これを見て，まず $\phi$ と $\psi$ が循環座標であることがわかる($\dot{\phi}, \dot{\psi}$ しか上の式には現われない)．つまり，それに対応する運動量は保存する．

$$p_\phi = I_x\sin^2\theta\,\dot{\phi} + I_z\cos\theta(\dot{\phi}\cos\theta + \dot{\psi}) = 一定$$
$$p_\psi = I_z(\dot{\phi}\cos\theta + \dot{\psi}) = 一定 \qquad (2)$$

以上の式より，11.6節で述べた結果が求まることを確認しておこう．まず角運動量ベクトル $\boldsymbol{L}$ の方向を $Z$ 軸方向とする．すると

$$p_\phi = |\boldsymbol{L}|, \qquad p_\psi = |\boldsymbol{L}|\cos\theta \qquad (3)$$

であるから，$|\boldsymbol{L}|$ が一定であること，そしてその結果として角度 $\theta$ が一定であることがわかる．また歳差運動の角速度 $\omega$ は $\dot{\phi}$ に等しいので，(2)と(3)を連立させれば(11.6.3)が求まる．

▶(3)を(2)に代入し $\dot{\psi}$ を消去する．

(2)を使えば，$\dot{\phi}$ と $\dot{\psi}$ を消去することができ，実質的に自由度が1つ($\theta$)だけの問題となる．これは惑星の問題と同様で，エネルギー保存則を使って解けばよい．実際エネルギーは

$$E = T = \frac{1}{2}I_x\dot{\theta}^2 + \frac{1}{2}\frac{(p_\phi - p_\psi\cos\theta)^2}{I_x\sin^2\theta} + \frac{1}{2}I_z p_\psi^2$$

▶ただし，第3項は単なる定数．

となる．第2,3項が有効ポテンシャルで，$\theta=0$ と $\pi$ で無限大になる．このことからも，$\theta$ の変化は限られておりコマが歳差運動することがわかる．

## 章末問題

[11.1 節]

**11.1** 互いの位置関係(距離)がすべて決まっている質点系に，自由度がいくつあるか考えてみよう．まず質点が1つだったら，その座標は3つあるから自由度は3．2つだったら，座標は合計6つあるが，その間の距離が決まっているから，自由度は1つ減って5となる．このように考え，質点の数が3以上のときは，自由度の数がすべて6であることを示せ．

[11.2 節]

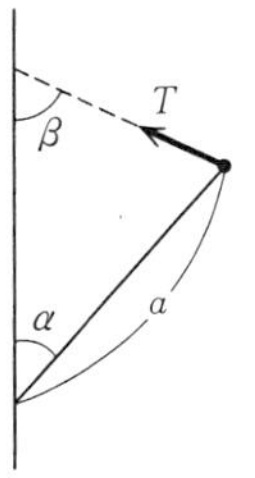

**図 1**

**11.2** 長さ $a$ の棒が一端は壁に固定され，他端に付いたひもにより $\alpha$ だけ傾いた状態で静止している(図1)．ひもの張力を求めよ．また，棒の固定点に働く力を求めよ．ただし棒の質量は $M$ とする．(棒の固定点の回りでの力のモーメントの釣り合いの式だけから，張力はすぐに求まる．)

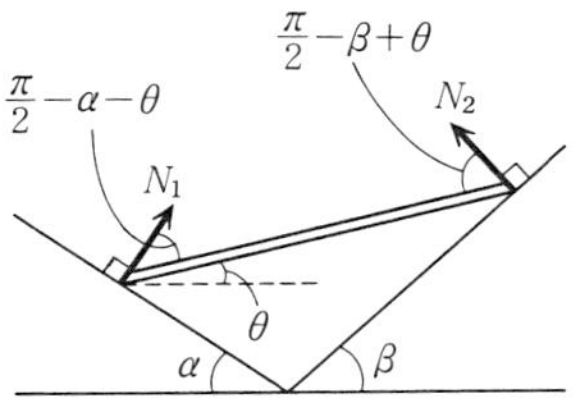

**図 2**

**11.3** 2つの斜面にまたがって，長さ $l$ の棒が置かれている．斜面の角度をそれぞれ $\alpha, \beta$ とするとき，棒の角度 $\theta$ を求めよ．ただし斜面は滑らかで摩擦力は働かないとする．(棒の重さを $M$，端点での抗力をそれぞれ $N_1, N_2$ として釣り合いの式3つを書く．図2参照.)

[11.3 節]

**11.4** 垂直に立って回転しているコマの上方を右へ押すと，コマはどのように動くか．

[11.4 節]

**11.5** 垂直軸($z$ 軸とする)を回転軸として，すべての質点を角速度 $\omega$ で回転させる．点 $\mathrm{A}(x, y, z)$ にある質点の速度ベクトルを(11.4.4)を使わずに(円運動をすることを使って)計算し，(11.4.4)と一致することを確かめよ．

[11.5 節]

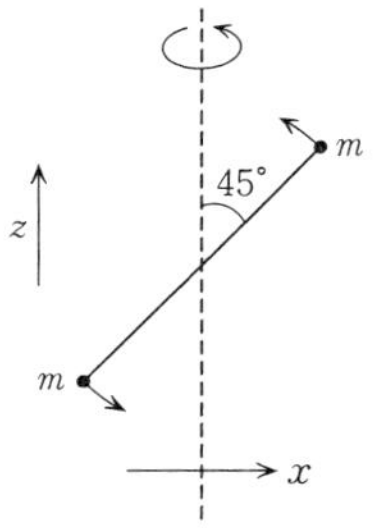

**図 3**

**11.6** 両端に質量 $m$ の質点が付いた，長さ $2l$ の質量のない棒がある．中点を座標系の原点に置き，垂直方向($z$ 方向とする)から45度傾け，$z$ 軸の回りに角速度 $\omega$ で回転させる(図3)．棒が $xz$ 平面内にある瞬間の，系全体の角運動量ベクトルを次の2つの方法で求めよ．(1)質点の角運動量の定義を考えて計算する．(2)慣性テンソルの定義を使う．

[11.6 節]

**11.7** 以下の系の慣性テンソルを求めよ．(基準点は重心とする.)

(1) 1辺が $a$ の正三角形をなす，各質量がすべて $m$ の3つの質点(垂線の方向，底辺に平行な方向，三角形に垂直な方向を考えよ)

(2) 1辺が $a, b, c$ の直方体(各辺に平行な方向を考えよ)

[11.8 節]

**11.8** 11.3節で考えた，一様な重力が働いているコマに対して，保存する量を3つ求めよ．

# 12

# 慣性系と非慣性系

きききどころ

力を受けていない物体は，等速直線運動をする．しかし，この物体を加速度運動している座標系から見たとしたら，逆向きの加速度運動をしているように見えるだろう．つまり，この本で今まで述べてきた運動の基本法則が成り立っている座標系(慣性系と呼ぶ)と，成り立っていない座標系(非慣性系と呼ぶ)があることがわかる．どのような場合に成り立っているのか，そしてもし成り立っていないとしたら，そこでは運動の法則をどのように変更したらよいのかという問題を考える．状況によっては，非慣性系で考えたほうがわかりやすい例もあり，理論上でも応用上でも重要である．地上に固定された座標系も，地球が運動をしているため非慣性系である．なぜ北半球では台風の風は左回りなのかも，この章の議論から理解できる．

# 12.1 座標系の変換と運動方程式

**ぽいんと**

今まで運動方程式を考えるときは，空間に座標系が決まっていることを前提にしてきた．しかし座標系はどのように決めても構わないのだろうか．実は運動方程式が成り立つ座標系とそうでない座標系がある．前者を慣性座標系(略して慣性系)，後者を非慣性系と呼ぶ．慣性系といっても1つに決まるわけではないが，それらは互いに静止しているか，動いていてもたかだか等速直線運動である．

**キーワード：慣性系，非慣性系，不変性，共変性**

## ■運動方程式の不変性，共変性

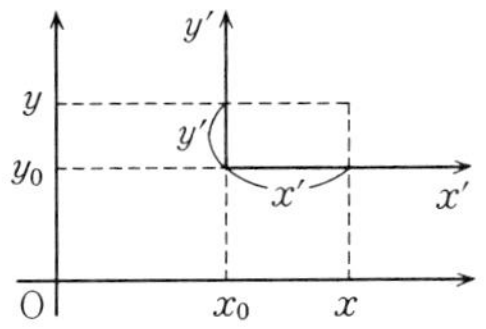


**図1**　原点の移動(2次元の場合)

まず，運動方程式

$$m\frac{d^2x}{dt^2}=F_x,\qquad m\frac{d^2y}{dt^2}=F_y,\qquad m\frac{d^2z}{dt^2}=F_z \tag{1}$$

が，ある座標系で成り立っていると仮定する(図1)．次に，この座標系の原点をずらした新しい座標系

$$x'=x-x_0$$
$$y'=y-y_0$$
$$z'=z-z_0$$

を考える．そして，このずれ$(x_0, y_0, z_0)$が一定(時刻に依らない)だとすれば

$$\frac{d^2x'}{dt^2}=\frac{d^2x}{dt^2}$$

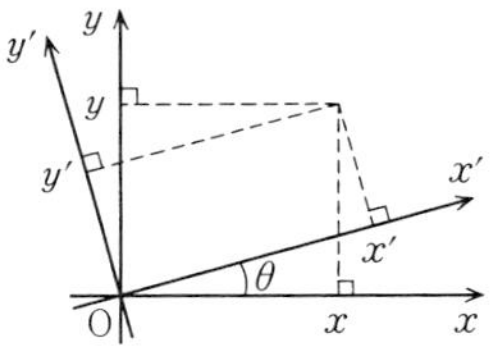


**図2**　座標軸の回転

であるから，運動方程式は同じ形で成り立っている．

$$m\frac{d^2x'}{dt^2}=F_x,\qquad \text{etc.}$$

つまり運動方程式は，原点の一定のずれに対して**不変**である．

次に，原点はずらさず座標軸を，一定の角度だけ回したとする(図2)．たとえば$xy$平面で角度$\theta$だけ回したとすると，最初の座標系で$(x, y)$であった点は，新しい座標系では

$$x'=x\cos\theta+y\sin\theta$$
$$y'=-x\sin\theta+y\cos\theta$$

となる．したがって加速度も，

$$\frac{d^2x'}{dt^2}=\frac{d^2x}{dt^2}\cos\theta+\frac{d^2y}{dt^2}\sin\theta,\qquad \text{etc.}$$

というように形が変わる．しかし右辺の力もベクトルであるから，新しい座標系では成分は変わり

$$F_x{}'=F_x\cos\theta+F_y\sin\theta,\qquad \text{etc.}$$

となる．つまり，新しい座標系では

$$m\frac{d^2x'}{dt^2} = F_x', \quad \text{etc.}$$

のように，運動方程式は同じ形のまま成立している．このように，座標系の変換に対し両辺が同じように変換することを，**共変**であるという．

## ■動いている座標系

今まで考えたのは，時間とともに変化しない，つまり互いに静止している座標系の変換であった．次に「動く」座標系を考えてみよう．とはいっても，そもそも座標系が動いているかどうかをどう判定したらいいだろうか．動いているかどうかはあくまでも他との比較の問題であり，ある座標系が動いているかどうかを絶対的に判定する基準はない．

▶歴史的には，宇宙空間に充満している仮想上の媒質を考え，それを絶対的な基準とする考えもあった．しかし，現在はそのような考えは否定されている．

しかしそれでも，勝手に動き回る任意の座標系で運動方程式がそのまま使えるわけではない．たとえば，ある座標系で運動方程式が成立していたとしよう．すると，力が働いていない質点はその座標系では，等速直線運動をするように見える．

この運動を，この座標系に対して加速度運動している別の座標系で表わしたとする．すると座標系自身の加速度運動により，この質点は逆向きに加速度運動しているように見えるだろう．しかし，力は働いていないのだから，これは運動方程式とは矛盾していることになる．つまり座標系の中には，運動方程式が成り立っているものとそうでないものがあることがわかる．そこで，運動方程式が成り立つ座標系を**慣性系**，そうでない座標系を**非慣性系**と呼び区別することにする．

## ■慣性系の条件

上の議論により，ある慣性系に対して加速度運動している座標系は，慣性系ではありえないことがわかる．また，ある慣性系に対して回転運動している座標系でも，運動方程式は成り立ちえない．それを理解するには，力が釣り合っていて静止している質点を考えればよい．この質点を，回転している座標系で見ると，座標系とは逆向きに回転しているように見えるだろう．しかし，これは運動方程式とは矛盾している．運動方程式が成り立っているのなら，力が釣り合っていれば質点の運動は等速直線運動しかありえないからである．

ある慣性系に対して他の座標系が動いているとする．一般にその動きは，座標の原点の移動と，原点の回りの回転運動の，2通りの運動に分解できる．そして，この座標系がやはり慣性系であるためには，この運動が，回転を含まない原点の等速直線的な運動でなければならないことになる．

## 12.2 原点が動いている座標系での運動方程式

ぽいんと

慣性系に対して等速直線運動をしている座標系も，やはり慣性系である．互いに等速直線運動をしている座標間の変換をガリレイ変換と呼ぶ．

また慣性系に対して加速度運動をしている座標系では，運動方程式は成り立たない．しかし，その加速度に比例した項を付け加えた運動方程式が成り立つ．この項のことを慣性力と呼ぶ．簡単な例で，慣性力の効果を調べる．

**キーワード：ガリレイ変換，慣性力**

### ■座標の変換

運動方程式(12.1.1)の成り立つ座標系が1つ($\Sigma$ 系と呼ぶ)あったとする．この座標系に対して原点が運動している座標系を考え(これを $\Sigma'$ 系と呼ぶ)，その原点の座標を $\boldsymbol{r}_0=(x_0, y_0, z_0)$ とする．一般に $\boldsymbol{r}_0$ は時刻 $t$ の関数である．原点の運動の方向は任意で構わないが，座標軸の方向は常に平行に保たれているとしよう．

すると，空間内の同じ点に対する，この2つの系での座標表示の間には

$$x' = x - x_0 \qquad (y, z \text{ についても同様}) \tag{1}$$

という関係がある．この式と(12.1.1)を使えば，$\Sigma'$ 系での運動方程式は

$$m\frac{d^2x'}{dt^2} = F_x - m\frac{d^2x_0}{dt^2} \tag{2}$$

であることがわかる．前節でも述べたが，もし原点の加速度がゼロ，つまり等速直線運動をしていれば右辺第2項がなくなり，もともとの運動方程式の形と一致する．つまり慣性系である．

▶等速直線運動は $x_0 = At + B$ ($A, B$ 定数)なので $\dfrac{d^2x_0}{dt^2} = 0$

### ■ガリレイ変換

この等速運動の速度を $\boldsymbol{v}=(v_x, v_y, v_z)$ とし，$t=0$ でのずれを $\boldsymbol{r}_0(t=0)=(u_x, u_y, u_z)$ とすれば，(1)は

$$\begin{aligned} x' &= x-(v_x t+u_x) \\ y' &= y-(v_y t+u_y) \\ z' &= z-(v_z t+u_z) \end{aligned} \tag{3}$$

となる．これに，自明と思われる式

$$t' = t \tag{4}$$

を加えたものを**ガリレイ変換**と呼ぶ．前節の言葉を使えば，ニュートンの運動方程式はガリレイ変換に対して不変である．(相対論を考えると，(3)も(4)も厳密には成り立たない．相対論では，ガリレイ変換に代わってローレンツ変換というものが登場する.)

## ■慣 性 力

慣性系に対して原点が加速度運動をしている座標系は，(2)からわかるように非慣性系である．非慣性系では，運動方程式はその元来の形では成り立っていない．(2)の右辺の第2項があるからである．別の言い方をすれば，新しい項を付け加えた，変形した運動方程式が成り立っている．この新しい項を**慣性力**と呼ぶ．

$$(\text{原点の加速度運動による})\text{慣性力} = -m\frac{d^2\boldsymbol{r}_0}{dt^2} \tag{4}$$

各時点での速度をそのまま保とうとする物体の本性(つまり慣性)に起因した効果である．前節で述べたように，慣性系に対して，原点が加速度運動をするか座標軸が回転運動をすると非慣性系になるが，この慣性力は，前者に対応する慣性力を表わしている．

簡単な例で，上記の慣性力の効果を調べよう．

［例1］ **自由落下する座標系**

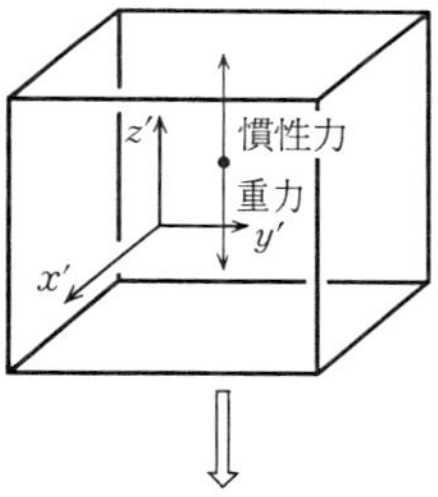


**図1**　自由落下する座標系での物体に働く力

自由落下する部屋に閉じこめられた人間が，どのような力を感じるかを考えてみよう(図1)．自由落下とは，ロープの切れたエレベータとか，墜落する人工衛星を考えればよい．

この部屋に固定された座標系での，本当の力と慣性力を調べよう．まず本当の力は自由落下を引き起こす重力であり，質量 $m$ の物体に対しては下向きで $mg$ の大きさである．また，この座標系は下向きに加速度 $g$ で運動しているので，慣性力は上向きに $mg$ となる．したがって力の和はゼロとなる．つまり，この部屋の中は無重力状態になっている．

［例2］ **加速する電車の中の吊り革**

電車が加速度 $\alpha$ で加速しているとする(図2)．電車に乗っている人(非慣性系)から見ると，後方に $m\alpha$ の慣性力が働く．重力は $mg$ だから，吊り革は $\tan\theta = \alpha/g$ だけ傾く(吊り革の張力を $T$ とすれば $T\cos\theta = mg$，$T\times\sin\theta = m\alpha$)．この現象を地上(慣性系)から見ると，吊り革は加速度 $\alpha$ で加速されている．それは張力によるが，張力の縦方向の成分は重力と釣り合っていなければならない．その条件からも，吊り革の角度が求まる．

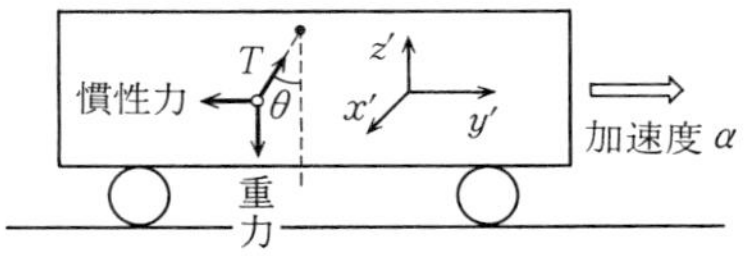


**図2**　加速する電車の吊り革の傾き

# 12.3 回転運動する座標系での慣性力

ぽいんと

こんどは，ある慣性系と原点は常に一致しているが，座標軸の方向が回転運動をしている座標系を考える．運動方程式には慣性力が加わる．それは3つの項からなるが，特に回転が一定の場合は2項だけになり，それぞれ遠心力，コリオリ力と呼ばれる．

**キーワード：（座標系の回転の）角速度ベクトル，遠心力，コリオリ力**

## ■回転する座標系

ある慣性系（$\Sigma$ 系と呼ぶ）と原点が共通で，$\Sigma$ 系に対し座標軸の方向が回転運動をしている非慣性系（$\Sigma'$ 系と呼ぶ）を考える．回転運動の速度も方向も，時刻とともに変化しても構わない．しかし座標系が回転の結果，歪んでしまうようなことは考えない．つまり各時刻では，ある特定の方向を回転軸とし，ある角速度で全体が同時に回転しているとする．

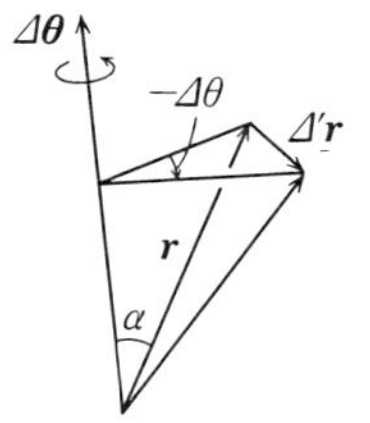


**図1**　座標の回転 $\Delta\boldsymbol{\theta}$ による位置ベクトルの見かけの変化 $\Delta'\boldsymbol{r}$

たとえば，微小時間 $\Delta t$ が経過する間に，ある方向を軸として，$\Sigma$ 系の全体が角度 $\Delta\theta$ だけ回転したとする（図1）．すると $\Sigma$ 系から見て静止している各点は，$\Sigma'$ 系から見ると，その方向を軸として $-\Delta\theta$ だけ逆に回転しているように見える．

この回転により，静止している質点の位置ベクトル $\boldsymbol{r}$ が $\Sigma'$ 系から見て見かけ上，$\Delta'\boldsymbol{r}$ だけ移動したとする（実際には動いていないので $'$ を付けて表わす）．図1からすぐにわかるように，$\Delta'\boldsymbol{r}$ は $\boldsymbol{r}$ にも回転軸にも垂直な方向で，大きさは

▶ベクトル $\boldsymbol{A}$ と $\boldsymbol{B}$ の外積 $|\boldsymbol{A}\times\boldsymbol{B}| = |\boldsymbol{A}||\boldsymbol{B}|\sin\theta$ ただし，$\theta$ は $\boldsymbol{A}$ と $\boldsymbol{B}$ のなす角．

$$|\Delta'\boldsymbol{r}| = |\boldsymbol{r}|\sin\alpha\,\Delta\theta$$

である．これを外積で表わすために，回転をベクトルで表わす．つまり，回転軸の方向（右ねじが進む方向）を向き，大きさが $\Delta\theta$ であるベクトルを $\Delta\boldsymbol{\theta}$ と書く．すると外積の定義より，

$$\Delta'\boldsymbol{r} = \boldsymbol{r}\times\Delta\boldsymbol{\theta} \tag{1}$$

であることがわかる（11.4節の，剛体の回転の角速度ベクトルとは，順序が逆になっていることに注意）．

## ■回転する座標系での速度ベクトル

質点の各時刻での位置ベクトルを $\boldsymbol{r}$ で表わす．座標の原点は共通なのだから，$\boldsymbol{r}$ もベクトルとしては $\Sigma$ 系でも $\Sigma'$ 系でも同じであるが，成分表示をすれば当然異なる．

しかし，速度ベクトルはこの2つの座標系で，ベクトルとしても異なる．$\Sigma$ 系では静止している質点を考えよう．すると $\Sigma'$ 系では微小時間に(1)だけ動くから，この質点は速度

$$\boldsymbol{v}' = \frac{\Delta' \boldsymbol{r}}{\Delta t} = \boldsymbol{r}\times\boldsymbol{\Omega} \qquad \left(\Omega \equiv \frac{\Delta\boldsymbol{\theta}}{\Delta t}\right) \tag{2}$$

で動いているように見える．この $\boldsymbol{\Omega}$ を，（座標系の回転の）**角速度ベクトル**と呼ぶ．

一般の質点は，$\Sigma$ 系でも動いている．その速度ベクトルを $\boldsymbol{v}$ とすると，$\Sigma'$ 系では(2)と合成され，速度ベクトルは次のようになる．

$$\boldsymbol{v}' = \boldsymbol{v}+\boldsymbol{r}\times\boldsymbol{\Omega} \tag{3}$$

## ■運動方程式

$\Sigma'$ 系は非慣性系であるから，運動方程式には慣性力を加えなければならない．その形を求めるには，ラグランジアン $L$ で考えるのが容易である．$\Sigma$ 系では $L$ は通常の形をしているのだから，それに(3)を代入して $\Sigma'$ 系での $L$ を求め，そこからラグランジュ方程式を作ればよい．まず

▶(9.2.6)を使う．

$$\begin{aligned} L &= \frac{m}{2}\boldsymbol{v}^2-U = \frac{m}{2}(\boldsymbol{v}'-\boldsymbol{r}\times\boldsymbol{\Omega})^2-U \\ &= \frac{m}{2}\boldsymbol{v}'^2-m\boldsymbol{v}'\cdot(\boldsymbol{r}\times\boldsymbol{\Omega})+\frac{m}{2}(\boldsymbol{r}\times\boldsymbol{\Omega})^2-U \\ &= \frac{m}{2}\boldsymbol{v}'^2+m\boldsymbol{r}\cdot(\boldsymbol{v}'\times\boldsymbol{\Omega})+\frac{m}{2}\boldsymbol{r}\cdot\{\boldsymbol{\Omega}\times(\boldsymbol{r}\times\boldsymbol{\Omega})\}-U \end{aligned} \tag{4}$$

である．これを $\Sigma'$ 系の座標およびその時間微分で微分をする．たとえば

▶(4)の2行目を使う．

▶(4)の3行目を使う．第3項には $\boldsymbol{r}$ が2ヶ所にあり，$x$ で微分すると2倍になる．

$$\frac{d}{dt}\left(\frac{\partial L}{\partial v_x'}\right) = \frac{d}{dt}\{mv_x'-m(\boldsymbol{r}\times\boldsymbol{\Omega})_x\} = m\frac{dv_x'}{dt}-m(\boldsymbol{v}'\times\boldsymbol{\Omega})_x-m(\boldsymbol{r}\times\dot{\boldsymbol{\Omega}})_x$$

$$\frac{\partial L}{\partial x} = m(\boldsymbol{v}'\times\boldsymbol{\Omega})_x+m\{\boldsymbol{\Omega}\times(\boldsymbol{r}\times\boldsymbol{\Omega})\}_x-\frac{\partial U}{\partial x}$$

である．これ以後は，$\Sigma'$ 系の座標しか使わないので ′ を省いて表わすと，結局ラグランジュ方程式は

$$m\frac{d\boldsymbol{v}}{dt} = -\frac{\partial U}{\partial x}+\underbrace{2m(\boldsymbol{v}\times\boldsymbol{\Omega})}_{\text{コリオリ力}}+\underbrace{m\{\boldsymbol{\Omega}\times(\boldsymbol{r}\times\boldsymbol{\Omega})\}}_{\text{遠心力}}+m\boldsymbol{r}\times\dot{\boldsymbol{\Omega}} \tag{5}$$

である．右辺の最初の項が本当の力であり，残りの3項は，座標系が回転運動していることにより現われた，慣性力である．特に回転が（速度も向きも）一定($\dot{\boldsymbol{\Omega}}=0$)のときは2項だけになり，それぞれ**コリオリ力**，**遠心力**という名がついている．これらの効果の意味は次節で議論する．

**注意　一般の慣性力**：上では，ある慣性系と原点が一致している場合を考えたが，原点が動いていてもそれが等速運動であるかぎり結論は変わらない．また，加速度運動の場合は，(5)の慣性力に前節(4)の慣性力を加えればよい．このことは，たとえば(4)に原点の移動の効果も加えた上で，上記と同じ議論をすれば証明することができる．

# 12.4 遠心力とコリオリ力の効果

ぽいんと

遠心力やコリオリ力の効果を，身近な例で説明する．また簡単な例で，その大きさを具体的に計算してみよう．

キーワード：低気圧での風向き

## ■遠心力の効果

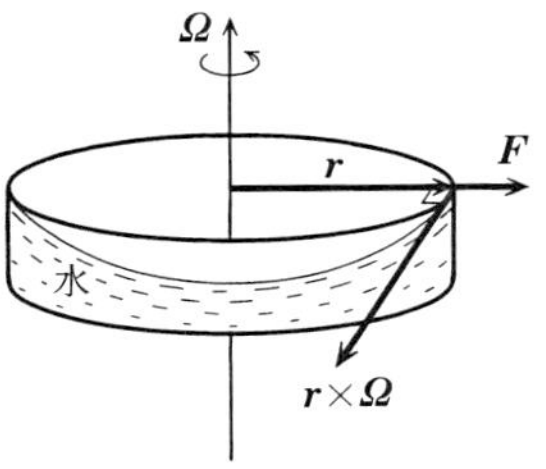


**図1** たらいの回転で水に働く遠心力

たらいに水を入れて板に乗せ，水をたらいと一緒に回転させたとする(図1)．すると水位は，中心でへこみ周辺で高くなる．これを静止系で見ると，直進しようとする水がたらいの壁にぶつかり，壁に押しつけられているという現象といえる．これを，水と一緒に回転する座標系で見るとどう解釈できるだろうか．この座標系では水は動いていないので，直進しようとする効果はない．しかし，この座標系には慣性力という見かけの力が働いている．この座標系では水の速度はゼロなのでコリオリ力は働かず，遠心力だけがある．そしてこの力が，水位に勾配をもたらしているはずである．

前節の式(5)を使って，遠心力の向きを計算してみよう．まず角速度ベクトルが上向き(水が右回転)とすると，$\boldsymbol{r}\times\boldsymbol{\Omega}$ はこちら向きになり，結局遠心力 $\boldsymbol{F}$ は $\boldsymbol{\Omega}$ と $\boldsymbol{r}\times\boldsymbol{\Omega}$ の外積だから，外向きになる．したがって，水が壁に押しつけられることも理解できる．$\boldsymbol{\Omega}$ が下向きのときも，遠心力の方向は変わらない．

## ■コリオリ力の効果

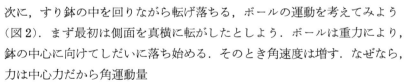

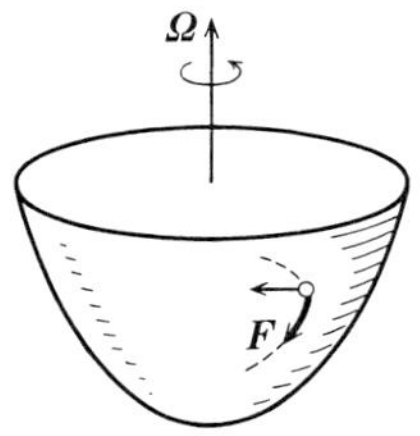


**図2** すり鉢の中を回る質点

次に，すり鉢の中を回りながら転げ落ちる，ボールの運動を考えてみよう(図2)．まず最初は側面を真横に転がしたとしよう．ボールは重力により，鉢の中心に向けてしだいに落ち始める．そのとき角速度は増す．なぜなら，力は中心力だから角運動量

$$mr^2\dot{\theta}$$

は一定であるが，中心からの距離 $r$ が減るのだから角速度 $\dot{\theta}$ は増さなければならないからである．

以上は，慣性力の不要な静止系で考えたときの説明である．では，ボールの最初の回転速度に等しい一定の角速度で回る回転座標系で見たらどうなるだろうか．ボールが最初は静止して見える座標系である．まず，ボールの運動がどのように見えるかを考えてみよう．

最初はボールが静止して見える．そして，しだいに中心に向かって落ち始める．しかし真っすぐは落ちない．静止系でボールの角速度が増すのだから，この回転座標系で見てもボールは回転し始める．しかし重力は下向きだから回転は引き起こさず，回転を引き起こす力は，この非慣性系の慣性力でなければならない．しかも遠心力は外向きにしか働かないので，回転を引き起こす慣性力はコリオリ力である．実際，前節の式(5)によれば，$\boldsymbol{v} \times \boldsymbol{\Omega}$ は左回転を引き起こす向きであることはすぐわかる（$\boldsymbol{v}$ は，鉢の中心に向かう方向）．

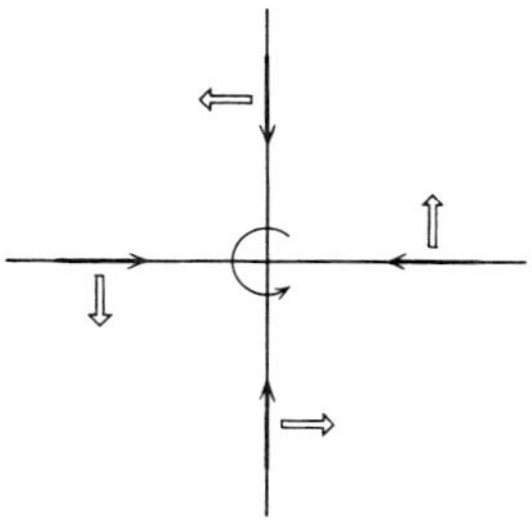


**図3**　低気圧の中心の回りの風の方向

低気圧や台風での風の渦巻く方向を決めているのが，まさにこの効果である（図3）．地表に固定した（2次元の）座標系を考えてみよう．地球が自転するとこの座標系の原点は動く．それと同時に，座標の向きも変わっていることに注意しよう．回転の速度は緯度によって異なる．北極に固定した座標は1日に1回転する．また赤道に固定した座標の原点は動くが，（地表に垂直な軸の回りには）回転していない．南半球にいくと回転は逆方向になる．

この座標の回転がコリオリ力を引き起こし，低気圧の中心に引き込まれる風の回転方向を決めているのである．北半球の低気圧では風が左回りになり，南半球では右回りである．

［例題］　**回転座標系での見え方**

慣性系で以下のように見える現象が，それに対して角速度 $\Omega$ で回転している回転座標系でどう見えるかを考え，それを慣性力により説明せよ．

（1）原点から $a$ の距離で静止している質点

（2）原点から $a$ の距離で，角速度 $\Omega$ で回転している質点

［解法］　(1) 静止しているのだから，力は働いていない．しかし回転座標系では，角速度 $-\Omega$ で回転しているように見える．円運動だから，大きさが，

$$m\Omega^2 a \qquad (1)$$

の向心力でなければならない．慣性力を計算すると

コリオリ力　$2m(a\Omega)\cdot\Omega$　内向き

遠心力　$m\cdot\Omega\cdot a\cdot\Omega$　外向き

であり，合成すると内向きに $ma\Omega^2$ になる．

(2) 慣性系で回転しているのだから，中心方向に

$$m\Omega^2 a \qquad (2)$$

の本当の力が働いている．しかし回転座標系では静止しているように見える．つまり(2)と相殺する慣性力がなければならない．実際

遠心力　$m\Omega\cdot a\cdot\Omega$　外向き

である．回転座標系では質点は静止しているので，コリオリ力はない．

# 12.5 地表に固定された座標系での運動

ぽいんと

前節でも注意したが，地表に固定された座標系は，原点が運動しているばかりでなく回転運動もしている．慣性力を含む運動方程式を，各方向ごとに具体的に示そう．また，どの慣性力がどの程度の寄与をしているのかを考えてみよう．

キーワード：フーコーの振り子

## ■地表での運動方程式

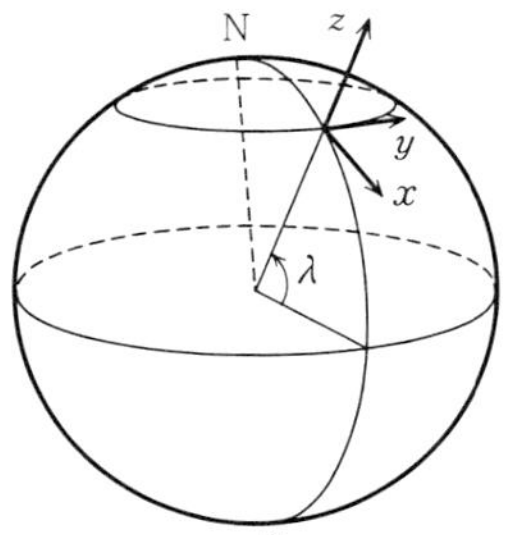


図 1

図 1 のように，緯度が $\lambda$ の地点の地表に固定された座標系を考える．これは非慣性系だから慣性力を考えなければならない．以下の話では，地球の自転の効果は取り入れるが公転のことは無視する．つまり，地球の中心に原点を持ち，座標軸の方向は自転には引きずられない座標系は，慣性系であるとする．

地表に固定された座標系の原点 O は，地表との接点にあるとする．この原点から見たときの質点の位置ベクトルを $\boldsymbol{r}$，この座標系での速度ベクトルを $\boldsymbol{v}$ と書く．また，地球の中心から見たときの原点 O の位置ベクトルを $\boldsymbol{r}_0$ と書く．$\boldsymbol{r}_0$ の絶対値は地球の半径であり，

$$|\boldsymbol{r}_0| \simeq 6{,}400\ \mathrm{km} \tag{1}$$

である．

この座標系は回転している．角速度ベクトル $\boldsymbol{\Omega}$ は地球の自転で決まっていて，向きは北極星の方向，大きさは $2\pi$ ラジアン/日である．

以上の記号を使うと，この座標系での運動方程式は，(12.3.5)より

$$m\frac{d^2\boldsymbol{r}}{dt^2} = \boldsymbol{F} - m\frac{d^2\boldsymbol{r}_0}{dt^2} + 2m\boldsymbol{v}\times\boldsymbol{\Omega} + m\boldsymbol{\Omega}\times(\boldsymbol{r}\times\boldsymbol{\Omega}) \tag{2}$$

と書ける．右辺の第 1 項は本当の力であり，重力を含む．また右辺の第 2 項は，原点が加速度運動をしている効果を表わす．原点の運動は地軸(自転の軸)の回りの円運動である．その加速度の大きさは，円運動の半径と角速度より，

$$\left|\frac{d^2\boldsymbol{r}_0}{dt^2}\right| = \Omega^2|\boldsymbol{r}_0|\cos\lambda \qquad (\lambda\text{は緯度})$$

と求まる．力の方向は地軸から離れる方向である．

この慣性力は重力(重力加速度：$g=980$ cm/秒)の約 0.3%($\lambda=0$ のとき)であり，質量に比例しているので重力に対する補正項とみなすことができる．以下の議論では，この補正項はすでに重力の効果に含まれているとする．また(2)の右辺第 4 項は遠心力である．第 2 項と同様に $\Omega$ に比例するが，$\boldsymbol{r}$ は地表の原点から質点までの距離で，(1)の $\boldsymbol{r}_0$ と比較すると圧倒的

に小さい．したがって，以下の議論では無視することにし，結局(2)は，

$$m\frac{d^2\boldsymbol{r}}{dt^2} \simeq \boldsymbol{F} + 2m\boldsymbol{v}\times\boldsymbol{\Omega} \qquad (3)$$

のようにコリオリ力だけを考えればよいことになる．

## ■成分表示

(3)を具体的に成分ごとに表わしてみよう．まず，$z$ 軸を地表に垂直上向きに取る．また $x$ 軸を南極方向，$y$ 軸を東方向に取る．すると北緯が $\lambda$ のときは，角速度ベクトル $\boldsymbol{\Omega}$ の各成分は

$$\boldsymbol{\Omega} = (-\Omega\cos\lambda,\ 0,\ \Omega\sin\lambda) \qquad (4)$$

となり，コリオリ力 $\boldsymbol{F}_c$ は次のようになる．

$$\begin{aligned} F_{c,x} &= 2m\Omega\sin\lambda\frac{dy}{dt} \\ F_{c,y} &= -2m\Omega\left(\sin\lambda\frac{dx}{dt} + \cos\lambda\frac{dz}{dt}\right) \\ F_{c,z} &= 2m\Omega\cos\lambda\frac{dy}{dt} \end{aligned} \qquad (5)$$

## ■フーコーの振り子

▶(4)の $z$ 成分．

▶振動面：振り子が振れる平面．

角速度ベクトルの成分表示(4)からわかるように，地表に接している面($xy$ 平面)は角速度 $\Omega\sin\lambda$ で回転している．北極では，1日1回転であるし，赤道上($\lambda=0$)では回転していない．このことを実際に感じさせてくれるのが，**フーコーの振り子**と呼ばれるものである．これは単なる振り子であるが，非常に大きくかつ重く作ってあるので，振動が空気などに影響されずに，一日中振れ続けるようになっている．

このような振り子を，北極で真っすぐ振らしたとする．振り子自体は一定の平面上を振れ続けるだけだが，地表が回転しているので，地表に立っていると振動面が1日に1周するように見えるだろう．緯度が下がっても，振動面は $\Omega\sin\lambda$ の角速度で回転するだろう．つまり，

$$\frac{x}{y} = \tan(\Omega\sin\lambda\cdot t)$$

である．また振り子の長さを $l$ とすれば，この振り子の振動の角速度 $\omega$ は $\sqrt{g/l}$ である．これを組み合わせれば

$$\begin{aligned} x &= A\sin(\Omega\sin\lambda\cdot t)\sin\omega t \\ y &= A\cos(\Omega\sin\lambda\cdot t)\sin\omega t \end{aligned} \qquad (\omega=\sqrt{g/l}) \qquad (6)$$

であることが予想される．実際(5)のコリオリ力と，重力を含む運動方程式を解けば，$\omega\gg\Omega$ のとき(6)は正しく，厳密には角速度 $\omega$ が少し修正されることがわかる(章末問題12.7参照)．

## 章末問題

[12.1 節]

**12.1** 質量の等しい球が等速で正面衝突したとき，これが完全弾性衝突であれば，同じ速度で跳ね返ることを証明せよ．(完全弾性衝突とは，衝突前後の全運動エネルギーが一定ということで，物体の変形や熱の発生にエネルギーが使われないことを意味する.) また，同じ球の正面衝突でも，最初に一方が静止しているときは，衝突した物体が静止し，衝突された物体が同じ速度で動きだす．これが上の現象と，別の慣性系を考えればまったく同じことであることを説明せよ．

[12.2 節]

**12.2** ひもの先に質点のついた振り子が最初静止していたとする．そして突然，振り子の支点が水平方向に等速度 $v$ で動きだした．振り子はどのような運動をするか．

[12.3 節]

**12.3** 電車が等速度 $v$ で半径 $a$ の円を描いて動いているとき，車内の人間は体をどれだけ傾ければ一番安定するか．

**12.4** 半径 $a$，質量 $M$，慣性モーメント $I$ の回転体を横向きに水平面上に乗せ，面を等加速度 $\alpha$ で動かす．回転体は滑らずに転がると仮定すると，どのような運動をするか．(10.3 節を参考にすること.)

[12.4 節]

**12.5** 振り子が角度 $\theta$ 傾いて，一定の角速度 $\omega$ で円運動している．このときの力の関係を，静止系と回転系(角速度 $\omega$)の双方で説明せよ．

**12.6** 棒に小さな輪がとおしてあり，摩擦なしで滑るようになっている．棒の一端を支点とし，棒を水平面上で一定の角速度 $\omega$ で回転させる．輪はどのような運動をするか．

[12.5 節]

**12.7** フーコーの振り子の運動方程式は，その振幅が小さければ($m$ で割って)

$$\frac{d^2x}{dt^2} = -\frac{g}{l}x + 2\Omega\sin\lambda\frac{dy}{dt}$$

$$\frac{d^2y}{dt^2} = -\frac{g}{l}y - 2\Omega\sin\lambda\frac{dx}{dt}$$

と表わされる(振幅が小さければ，$z$ はほとんど変化しない)．これに(12.5.6)を，ただし $\omega$ は任意のパラメータと考えて代入し，$\omega$ の値を定めよ．

**12.8** 初速度 0 で重力により落下する質点は，コリオリ力を考えると垂直には落ちない．運動方程式を，コリオリ力の $dz/dt$ に比例する部分だけを考慮に入れて解け($dx/dt, dy/dt$ は重力の影響を受けないので小さい)．地球の自転の方向と比較して，どちらにずれるのかを考えよ．(この軌道を**ナイルの曲線**と呼ぶ.)

# 13

# 正準形式

きききどころ

ニュートンの運動方程式，ラグランジュの運動方程式，最小作用の原理など，力学の基本法則にはいくつかの，同等の表現方法があるということを説明した．この章では，さらに2種類の表現を説明する．ハミルトン方程式（正準方程式ともいう），およびハミルトン・ヤコビの方程式である．今まで使ってきた運動方程式が，時間に関して2階の微分方程式であるのに対し，ハミルトン方程式は1階の微分方程式である．ただしその代償として，方程式の数は2倍になる．またハミルトン・ヤコビの方程式は，物体の位置座標ではなく，作用関数というものに対する新しいタイプの方程式（偏微分方程式）である．どちらも応用に役立つが，物理学の他の分野，特に量子力学を考える上でも重要な式である．

# 13.1 ハミルトン方程式

**ぽいんと**

質点の各時刻での運動の状態は，その時刻での位置座標だけでは決まらない．その微分である速度も決めなければならない．しかし位置と速度さえ決めれば，それ以後の運動は運動方程式により完全に決まる．

そこで，質点の運動を表わすために，位置座標と，速度に関係したもう1つの変数(実際には運動量を使う)という，今までの2倍の独立変数を使う方法が考えられる．そうすれば，その独立変数の値を決めるだけで，運動の状態が完全に決まる．しかし，変数が2倍あるのだから，それを決める方程式も2倍必要となる．1つは従来の運動方程式であり，もう1つは，新しく導入した変数ともとの位置座標との関係を表わす方程式である．特に新しい変数として運動量を採用すれば，この2つの方程式は対等な形で表わすことができる．この1セットの方程式をハミルトン方程式と呼び，このような形式で表わされた力学を正準形式(正準理論)と呼ぶ．

**キーワード：ハミルトニアン(ハミルトン関数)，ハミルトン方程式(正準方程式)，正準形式(正準理論)，位相空間**

## ■直線運動の正準形式

$x$ 座標で表わされる直線上の質点の運動を考える．働く力は保存力であるとし，ポテンシャルを $U(x)$ と書く．また運動量を $p$ で表わす．

次に，この系の**ハミルトニアン**(ハミルトン関数) $H$ というものを

$$H(x,p) = \frac{1}{2m}p^2 + U(x) \tag{1}$$

で定義する．これは $x$ と $p$ の2変数の関数である．この式に，実際の質点の軌道 $x(t)$ を代入し，$p=m\dot{x}$ という関係を用いれば，ハミルトニアンはエネルギーの値を与える．しかし単にハミルトニアンというときは，実際の軌道を代入するのではなく，単に(1)で表わされる2つの独立変数 $x$ と $p$ の関数とみなす．

$p=m\dot{x}$ という関係は仮定されておらず，$x$ と $p$ はあくまでも独立の変数である．したがって，$H$ の $x$ による偏微分，$p$ による偏微分(3.1節参照)というものが考えられ，それぞれ

$$\frac{\partial H}{\partial x} = \frac{dU}{dx}$$

$$\frac{\partial H}{\partial p} = \frac{p}{m}$$

である．

▶ニュートンの運動方程式
$$m\frac{d^2x}{dt^2} = F = -\frac{dU}{dx}$$

ところで，従来の運動方程式と，$p=m\dot{x}$ という関係を仮定すれば

$$\frac{\partial H}{\partial x} = \frac{dU}{dx} = -\frac{dp}{dt} \tag{2}$$

$$\frac{\partial H}{\partial p}=\frac{dx}{dt} \tag{3}$$

である．そこで逆に，従来の運動方程式と $p=m\dot{x}$ という関係は仮定せず，この式の方を力学の基本方程式であると仮定しよう．つまり

$$\frac{dp}{dt}=-\frac{\partial H}{\partial x} \tag{4}$$

$$\frac{dx}{dt}=\frac{\partial H}{\partial p} \tag{5}$$

という**ハミルトン方程式**と呼ばれる1組の式を仮定する．これにハミルトニアン(1)を代入し $p$ を消去すれば，従来の運動方程式に帰着する．

従来の立場で言えば，(3)や(5)は運動量の定義を表わす式であり，(2)や(4)が運動方程式であった．しかしハミルトン方程式の立場で言えば，$x$ と $p$ はあくまで対等であり，(4)は運動量 $p$ の運動方程式，(5)は位置 $x$ の運動方程式ということになる．このような考え方を**正準形式**，あるいは**正準理論**と呼ぶ．

従来の運動方程式は $x$ に対するもの1つだけだったが，ハミルトン方程式は，$x$ に対するものと $p$ に対するものを合わせて2つある．しかし数学的には同等であることに注意しよう．ハミルトン方程式は，どちらも時間に対して1階の微分方程式である．つまりこれを解くには，合計2回積分すればよい．従来の運動方程式は1つだけであるが，2階の微分方程式なので，やはり2回積分しなければならない．

## ■位相空間

独立変数の数を2倍にすると便利なのは，その値を決めただけで(つまりその微分の値は決めなくても)，その後の運動の状態が決まることである．したがって，$x$ と $p$ でできる平面内に1点を指定すれば，この平面内での質点のその後の軌道は決まる．この，座標とそれに対する運動量で決まる空間のことを**位相空間**と呼ぶ．1次元の運動だったら位相空間は $x$ 方向と $p$ 方向の2次元空間(つまり平面)であるが，2次元運動だったら位相空間は4次元空間となる．

たとえば単振動の場合

$$x=A\sin(\omega t+\theta_0),\qquad p=Am\omega\cos(\omega t+\theta_0)$$

であるから，位相空間内での軌道は

$$x^2+\frac{1}{m^2\omega^2}p^2=A^2$$

という楕円となる．図1からわかるように，物体のあらゆる運動は位相空間内の互いに交わることのない曲線群により表わすことができる．

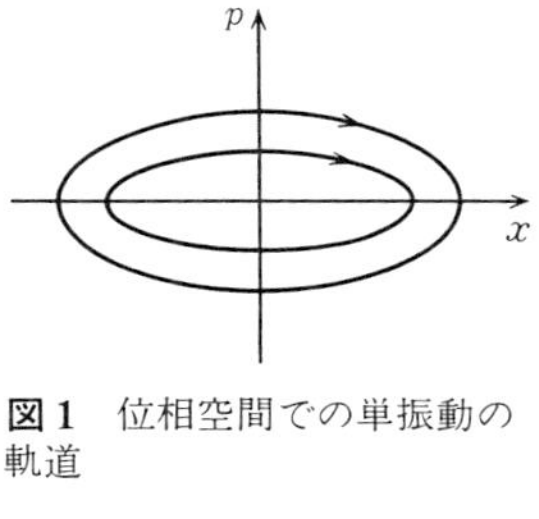

**図1**　位相空間での単振動の軌道

# 13.2 ハミルトニアン

ぽいんと

一般的な場合のハミルトニアンの定義を説明し，それがハミルトン方程式を満たしていることを証明する．出発点はラグランジュ方程式である．

## ■ラグランジアンとハミルトニアンの関係

前節では，簡単な例でハミルトン方程式というものが成り立つことを示した．その例では，ハミルトニアン $H$ は，$H=T+U$ という形をしていた．より複雑な場合でも，ほとんどはそれでかまわないのだが，例外もある．そこで一般的な場合に対して，どのようにハミルトニアンを定義すればハミルトン方程式が成り立つのかを説明しておこう．前提とするのは，ラグランジュ方程式である．

前節では質点の座標を $x$ としたが，これからは角度座標も含む一般的な場合を考えるので，座標を $q$ で表わすこととする．（座標を $q$，運動量を $p$ と表わして，$q$ と $p$ が対等な立場にあることを強調するのが，正準理論を説明するときの習慣である．）

まず，ラグランジアン $L$ が与えられていたとする．ラグランジアンは，$q$ とその時間微分 $\dot{q}$ の関数である．（座標が複数ある場合への一般化は簡単なので，ここでは $q$ が1つだけの場合の話を進める．）

まず，$q$ に対する一般化された運動量 $p$ を

$$p=\frac{\partial L}{\partial \dot{q}} \tag{1}$$

で定義する（5.4,7.1節）．この式により $p$ は $q$ と $\dot{q}$ の関数として表わされるが，その式を変形すれば，$\dot{q}$ を $q$ と $p$ の関数として表わすこともできる．

次に，ハミルトニアンをラグランジアンから

$$H \equiv p\dot{q}-L \tag{2}$$

という式で定義する．右辺第1項にも第2項にも $\dot{q}$ という変数が現われているが，それを上の関係を使って $q$ と $p$ で表わす．すると，ハミルトニアンは $q$ と $p$ の関数になる．

## ■ハミルトン方程式の導出

上のハミルトニアンからハミルトン方程式を導いてみよう．前提はラグランジュ方程式

$$\frac{d}{dt}\left(\frac{\partial L}{\partial \dot{q}}\right)-\frac{\partial L}{\partial q}=0 \tag{3}$$

である．まずハミルトニアン $H$ を $q$ で偏微分する．ハミルトニアンは $q$ と $p$ の関数とみなすので，$H$ を $q$ で偏微分するときは，（$\dot{q}$ ではなく）$p$ を定数として微分する．以下の式の中では何を定数とみなしているのかを明示するときもあるが，明示していないときは $p$ が定数と考えられている．（同様に，$p$ で偏微分するとき特に指定がなければ，$q$ が定数と考えられている．）このような約束のもとで $H$ の微分をすると，$L=L(q,\dot{q}(q,p))$ なので，

▶ $p$ を定数として偏微分する場合，$)_p$ で示す．

$$\begin{aligned}\frac{\partial H}{\partial q} &= \frac{\partial \dot{q}}{\partial q}p - \left.\frac{\partial L}{\partial q}\right)_p \\ &= \frac{\partial \dot{q}}{\partial q}p - \left\{\left.\frac{\partial L}{\partial q}\right)_{\dot{q}} + \left.\frac{\partial L}{\partial \dot{q}}\right)_q \frac{\partial \dot{q}}{\partial q}\right\} \\ &= -\left.\frac{\partial L}{\partial q}\right)_{\dot{q}} = -\dot{p}\end{aligned}$$

2行目から3行目に移るときは(1)を使い，最後に(3)を使った．これがハミルトン方程式の片方である．次に $H$ を $p$ で微分すると

$$\begin{aligned}\frac{\partial H}{\partial p} &= \left(\dot{q} + \frac{\partial \dot{q}}{\partial p}p\right) - \left.\frac{\partial L}{\partial p}\right)_q \\ &= \left(\dot{q} + \frac{\partial \dot{q}}{\partial p}p\right) - \frac{\partial L}{\partial \dot{q}}\frac{\partial \dot{q}}{\partial p} \\ &= \dot{q} + \frac{\partial \dot{q}}{\partial p}p - p\frac{\partial \dot{q}}{\partial p} = \dot{q}\end{aligned}$$

となる．結局

$$\frac{dq}{dt} = \frac{\partial H}{\partial p}, \qquad \frac{dp}{dt} = -\frac{\partial H}{\partial q} \tag{4}$$

という1組のハミルトン方程式が求まった．

座標が $q_1, q_2, q_3, \cdots$ というように複数あるときは，ハミルトニアンは

$$H = (p_1\dot{q}_1 + p_2\dot{q}_2 + \cdots) - L$$

というように定義されて，ハミルトン方程式は(4)の形のものが，それぞれ変数の数だけ成り立っている．

## ■ハミルトニアンの形

ハミルトニアンの定義は(2)であるが，もしラグランジアンが

$$L = \frac{m}{2}\dot{q}^2 - U(q)$$

という形をしていれば $p=m\dot{q}$ であり，したがって

$$H = p\dot{q} - L = \frac{1}{2m}p^2 + U(q)$$

となる．つまり $H=T+U$ となる．しかしラグランジアンの中に，速度 $\dot{q}$ の1次の項が現われることもある（磁場がある場合など）．そのような場合には定義(2)を使って計算しなければならない．

# 13.3 ポワソン括弧

ぽいんと

ハミルトン方程式を使って，$q$ と $p$ の一般の関数 $f$ の時間変化を表わす方程式を求める．また系を空間内でずらしたときの $f$ の変化率を表わす式も考える．どちらも，ポワソン括弧と呼ばれる形で表わされる．

**キーワード：ポワソン括弧，保存量，ヤコビの恒等式**

## ■一般の関数の時間微分

ハミルトン方程式は，$q$ あるいは $p$ の時間微分を表わしている．これを使って，一般の $q$ と $p$ の関数（$f(q,p)$ と書く）の時間微分を計算すると

▶合成関数の微分公式．

$$\frac{df}{dt}=\frac{\partial f}{\partial q}\frac{dq}{dt}+\frac{\partial f}{\partial p}\frac{dp}{dt}=\frac{\partial f}{\partial q}\frac{\partial H}{\partial p}-\frac{\partial f}{\partial p}\frac{\partial H}{\partial q}$$

となる．ここで，ポワソン括弧と呼ばれる記号を導入する．それは，2つの $q$ と $p$ の関数（$A, B$ と書く）に対して定義され

▶$\{A,B\}=-\{B,A\}$ であることに注意．

$$\textbf{ポアソン括弧}\quad \{A,B\}\equiv\frac{\partial A}{\partial q}\frac{\partial B}{\partial p}-\frac{\partial A}{\partial p}\frac{\partial B}{\partial q} \tag{1}$$

である．これを使えば

$$\frac{df}{dt}=\{f,H\} \tag{2}$$

と書ける．$q$ と $p$ の組が多数ある場合は

$$\{A,B\}\equiv\sum_i\left\{\frac{\partial A}{\partial q_i}\frac{\partial B}{\partial p_i}-\frac{\partial A}{\partial p_i}\frac{\partial B}{\partial q_i}\right\}$$

である．この場合も，(2)は成り立っている．

## ■空間の移動とポワソン括弧

(2)からわかるように，ハミルトニアンはポワソン括弧を通して，時間の変化に対する変化率を与える．

次に，系の位置を空間的にずらしたときの，関数 $f(q,p)$ の変化率を考えてみよう．それは $\partial f/\partial q$ であるが，ポワソン括弧を使って書けば

▶偏微分であるから
$$\frac{\partial p}{\partial p}=1,\quad \frac{\partial p}{\partial q}=0$$

$$\frac{\partial f}{\partial q}=\{f,p\} \tag{3}$$

となる．（右辺を定義(1)に従って計算すれば左辺となる．）

質点が多数あり，それ全体を $x$ 方向にずらしたとする．各質点の $x$ 座標を $x_i$ と書くと，$f$ は一般にそのすべての関数であり，変化率は

▶$q$ が $x_i$ である場合を考える．

$$\frac{df}{dx}=\sum_i\frac{\partial f}{\partial x_i} \tag{4}$$

となる．そして，$x$ 方向の全運動量を

$$P_x = \sum_i p_{i,x}$$

と書けば，(4)は(3)を使って

$$\frac{df}{dx} = \{f, P_x\}$$

であることがわかる．つまり全運動量とはポワソン括弧を通して，系全体が「空間的にずれ」たときの $f$ の変化率を与える．ハミルトニアンが「時間の変化」に対する変化率を与えたことに対応している．

まったく同じ意味で，系全体を回転させたときの変化率を与えるのが，全角運動量である(章末問題 13.4)．

## ■保 存 量

$q$ と $p$ の関数 $f(q,p)$ が保存量である．つまり時間が経過しても変化しないための条件は，(2)より

$$\{f, H\} = 0$$

であることがわかる．たとえば全運動量 $P_x$ が保存量であるための条件は

$$\{P_x, H\} = 0$$

と書けるが，これは系全体を $x$ 方向にずらしてもハミルトニアンは変わらないという条件でもある．同様にして，全角運動量が保存量であるための条件も，系全体を一定の角度だけ回転させたとき，ハミルトニアンが変わらないということになる．これらのことは，ラグランジュ方程式と循環座標との関係から考えた第 7 章の結論と合致している．

## ■ヤコビの恒等式

$q$ と $p$ の任意の関数 $f, g, h$ に対して，**ヤコビの恒等式**と呼ばれる

$$\{\{f,g\},h\} + \{\{h,f\},g\} + \{\{g,h\},f\} = 0$$

▶直接ポワソン括弧の定義を代入すれば，すぐに証明できる．

という等式が成り立つ．もし $g$ と $h$ が保存量だったとしよう．つまり

$$\{g, H\} = \{h, H\} = 0$$

である．すると上式で $f = H$ とすると

$$\{\{g,h\},H\} = 0$$

ということがわかる．これは，2 つの保存量($g$ と $h$)のポワソン括弧は，やはり保存量であることを意味している．この式により，保存量が 2 つわかっている場合に，新たな保存量を見つけることもできる．いくつかの量のポワソン括弧を示しておこう．運動量(あるいは角運動量)のどの成分が保存していたら，他のどの成分が保存しているかがわかる．

▶$L_x = yp_z - zp_y$, etc.
(9.2 節参照)

$$\{p_a, p_b\} = 0 \qquad (a, b = x, y, z)$$

$$\{L_x, p_x\} = 0, \qquad \{L_x, p_y\} = p_z, \qquad \{L_x, p_z\} = -p_y$$

$$\{L_x, L_y\} = L_z, \qquad \{L_y, L_z\} = L_x, \qquad \{L_z, L_x\} = L_y$$

# 13.4 ハミルトン・ヤコビの方程式，正準変換

ぽいんと

ニュートンの運動方程式，ラグランジュ方程式，最小作用の原理，ハミルトン方程式はすべて，互いに同等な力学の基本原理である．この他にも，ハミルトン・ヤコビの方程式と呼ばれる，やはり同等な方程式がある．これは実用的にも役に立つが，量子力学との関連で概念的にも重要な方程式である．

**キーワード：ハミルトン・ヤコビの方程式，正準変換**

## ■ハミルトン・ヤコビの方程式

3.2節で作用 $S$ という量を，ラグランジアンの積分として定義した．

$$S = \int_{t_i}^{t_f} L(q(f), \dot{q}(t))dt \tag{1}$$

そこでは，運動方程式を満たすとは限らない任意の運動 $q(t)$ を代入して $S$ を計算し，特に $S$ を最小にする運動が現実の軌道であると述べた．

この節では $S$ という量をやはり(1)で定義するが，それとは異なった使い方をする．まず，

（i）始点の時刻 $t_i$，始点の位置 $q(t_i)$ がある一定の値をとり，しかも，運動方程式を満たすもののみを代入する．

（ii）以上の条件で終点の時刻 $t_f$，その時の位置 $q(t_f)$ を定めると，運動が1つ決まる．それを(1)に代入して $S$ を計算する．この $S$ は，終点の $t_f$ および $q_f$ の関数とみなすことができる．

以上のように定義した上で，$t$ および $q$ に対する $S$ の変化率を考えてみよう．直接計算するのも難しくはないが，ここではより直観的な計算をする．まず $L = p\dot{q} - H$ という関係を使い，(1)を

▶ $\int p\frac{dq}{dt}dt = \int pdq$

$$S(q, t) = \int_{q_i}^{q} pdq - \int_{t_i}^{t} Hdt \tag{2}$$

と書き直す．この $S$ に対して $t$ や $q$ を変化させると，積分の上限が変わるのみならず，代入する運動 $q(t)$ も変わる．しかし代入する運動は，最小作用の原理を満たす現実の運動なのだから，そこにおける（積分範囲を変えないという条件での）1次の変分はゼロである（3.4節）．つまり，積分範囲の変化だけを考慮すればよく，(2)よりすぐに

$$\frac{\partial S}{\partial t} = -H, \quad \frac{\partial S}{\partial q} = p \tag{3}$$

となる．もしハミルトニアンが

$$H = \frac{p^2}{2m} + U(q)$$

という形をしていれば，(3)を代入して

$$\frac{\partial S}{\partial t}+\frac{1}{2m}\left(\frac{\partial S}{\partial q}\right)^2+U(q)=0 \tag{4}$$

という式が求まる．特にこの式の解として $t$ の1次関数のもの

$$S(q,t)=\bar{S}(q)-Et \qquad (E\ \text{は定数})$$

を考えると

▶ $q$ が複数個ある場合にも，単純に拡張できる．

$$\frac{1}{2m}\left(\frac{\partial \bar{S}}{\partial q}\right)^2+U(q)=E \tag{5}$$

となる．(4)あるいは(5)が，**ハミルトン・ヤコビの方程式**と呼ばれるものである．

## ■正準変換

ここで定義した $S$ は，実際の運動から計算されるものだが，ハミルトン・ヤコビの方程式を解いて $S$ をまず求め，それから逆に実際の運動を計算することができれば，新しい力学の解法が得られたことになる．この手順を説明する前に，まず正準変換というものを説明しておこう．

まず，ハミルトン方程式(正準理論)を思い出そう．これは座標 $q$ と運動量 $p$ を同じレベルで取り扱う理論であった．座標と運動量の役割を完全に取り替えてしまうことさえできる．新しい座標 $\bar{q}$ と運動量 $\bar{p}$ を

$$\bar{q}\equiv -p, \qquad \bar{p}=q \tag{6}$$

というように定義する．すると

$$\frac{d\bar{q}}{dt}=-\frac{dp}{dt}=\frac{\partial H}{\partial q}=\frac{\partial H}{\partial \bar{p}}$$

となる．同様に

$$\frac{d\bar{p}}{dt}=-\frac{\partial H}{\partial \bar{q}}$$

となり，(13.2.4)と形式的にまったく同じ形になる．

実は，もっと一般的な変換が可能であることが知られている．

**定理** $\{q,p,H\}$ というセットに対してハミルトン方程式(13.2.4)が成り立っているとする．そのとき，新しいセット $\{\bar{q},\bar{p},\bar{H}\}$ が，ある関数 $F(q,\bar{q},t)$ を使って

$$\frac{\partial F}{\partial q}=p, \qquad \frac{\partial F}{\partial \bar{q}}=-\bar{p}, \qquad \bar{H}=H+\frac{\partial F}{\partial t} \tag{7}$$

となっていれば，これに対してもハミルトン方程式が成り立つ．

[証明] 章末問題13.3で示した，変分を使った議論を用いる．まず，単純にラグランジアン $L$ が等しいとして

$$L=p\dot{q}-H=\bar{p}\dot{\bar{q}}-\bar{H} \tag{8}$$

としたのでは不十分であることに注意する．実際，新しい変数 $(\bar{q},\bar{p})$ を使って作用の変分 $\Delta S$ を考えると

▶ $\varDelta S = \varDelta\int_{t_i}^{t_f} L dt$

$$\varDelta S = \int\left\{\left(\dot{\bar{q}}-\frac{\partial \bar{H}}{\partial \bar{p}}\right)\varDelta\bar{p}+\left(-\dot{\bar{p}}-\frac{\partial \bar{H}}{\partial \bar{q}}\right)\varDelta\bar{q}\right\}dt+\bar{p}\varDelta\bar{q}\Big|_{t_i}^{t_f} \tag{9}$$

となる．最小作用の原理から $\varDelta S=0$ であるが，新しい変数 $\bar{q}$ の変分 $\varDelta\bar{q}$ は始点と終点で 0 とは限らないので，最後の項が残り，新しい変数でのハミルトン方程式が導けない．そこで(8)に代わり，

$$p\dot{q}-H = \bar{p}\dot{\bar{q}}-\bar{H}+\frac{dF}{dt} \tag{10}$$

という形を考える．(10)の右辺最後の項から作用 $S$ に関わる部分を計算すると，

$$\int_{t_i}^{t_f}\frac{dF}{dt}dt = F(t_f)-F(t_i)$$

というように，始点と終点しか寄与しないので，ハミルトン方程式の形には影響を及ぼさずに，この場合には(9)の最後の項を消すことが可能である．

$F$ が満たすべき条件を考えよう．ハミルトン方程式を考えるときは，2 つの変数を独立変数だと考えている．$F$ も一般に 2 つの変数の関数であり，またそれ以外に，時間 $t$ に依存していてもよい．そこで一例として，$F$ が $q$ と $\bar{q}$ と $t$ の関数であるとする．すると

$$\frac{dF}{dt} = \dot{q}\frac{\partial F}{\partial q}+\dot{\bar{q}}\frac{\partial F}{\partial \bar{q}}+\frac{\partial F}{\partial t}$$

これを(10)に代入すれば(7)が求まる．(証明終)

## ■ハミルトン・ヤコビの方程式による解法

ここで，(7)と(3)を比較してみよう．$F$ が $S$ であるとすれば，新しい変数でのハミルトニアン $\bar{H}$ が 0 になってしまう．そしてハミルトニアンが 0 ならば，

$$\bar{q} = \bar{p} = 一定$$

が解となることはすぐわかる．

具体的に考えてみよう．まず 1 変数の場合($q$ が 1 つしかない場合)，今(7)で $F$ を $S$，$\bar{q}$ を $E$ とみなす．$\bar{p}$＝一定という条件は

$$\frac{\partial S}{\partial E} = 一定 \qquad (=\beta_0 とする)$$

となる．具体的には(5)より

$$S = \int\sqrt{2m(E-U)}\,dq-Et$$

だから，

$$\frac{\partial S}{\partial E} = \sqrt{\frac{m}{2}}\int^{q}\frac{1}{\sqrt{E-U(q')}}dq'-t = \beta_0$$

となる．これはエネルギー積分を使って運動方程式を解くときの公式に他ならない(2.4節)．

▶ $N$ 個の任意定数を含む解があることは，偏微分方程式の理論からわかっている．

$q$ が $N$ 個あるときは，$S=S(q_1,\cdots,q_N\,;E,\alpha_1,\cdots,\alpha_{N-1})$ というように，$E$ を含めて任意定数が $N$ 個ある，ハミルトン・ヤコビの方程式の解を探す．そしてこの $N$ 個の定数を新しい座標 $\bar{q}_i$ とみなし

$$\frac{\partial S}{\partial E}\equiv\beta_0,\qquad \frac{\partial S}{\partial\alpha_i}\equiv\beta_i\qquad (i=1,\cdots,N-1)\tag{11}$$

$$(\beta_0,\beta_1,\cdots \text{はすべて定数})$$

▶式は $N$ 個あるので，$q_i\ (i=1,\cdots,N)$ が求まる．$2N$ 個の定数は，運動方程式を解いたときの $2N$ 個の積分定数に対応する．

という式を書く．これは，$N$ 個の座標 $q_i$ を，時間 $t$ と $2N$ 個の定数 $(E,\beta_0,\alpha_i,\beta_i)$ で表わす式であり，これを $q_i=\cdots$ という形に書き直せば，運動方程式の解が求まったことになる．

**［例］ 変数分離による解法**

ハミルトン・ヤコビの方程式を使って，第6章の惑星の問題を解いてみよう．まずハミルトニアンは(章末問題13.2(2)参照)

$$H=\frac{1}{2m}p_r{}^2+\frac{1}{2m}\frac{p_\theta{}^2}{r^2}+U(r)$$

であるから，ハミルトン・ヤコビの方程式は(5)を2変数に拡張し

$$\frac{1}{2m}\left(\frac{\partial\bar{S}}{\partial r}\right)^2+\frac{1}{2mr^2}\left(\frac{\partial\bar{S}}{\partial\theta}\right)^2+U=E$$

である．そこで，$\bar{S}(r,\theta)=\bar{S}_1(r)+\bar{S}_2(\theta)$ と和の形で書ける解を探そう．これを(11)に代入し，少し変形すると

$$r^2\left(\frac{\partial\bar{S}_1}{\partial r}\right)^2-2mr^2(E-U)=\left(\frac{\partial\bar{S}_2}{\partial\theta}\right)^2$$

となる．左辺は $r$ のみの関数であり，右辺は $\theta$ のみの関数である．それが等しいのだから，それぞれ定数でなければならない．それを $l^2$ と書けば

▶ $l$ が(11)の $\alpha_1$ に対応する．

$$\left(\frac{\partial\bar{S}_1}{\partial r}\right)^2=2m(E-U)+\frac{l^2}{r^2},\qquad \frac{\partial\bar{S}_2}{\partial\theta}=l$$

である．したがって，

$$\begin{aligned}S&=\bar{S}_1+\bar{S}_2-Et\\&=\int^r\sqrt{2m(E-U)+\frac{l^2}{r^2}}\,dr+l\theta-Et+\text{定数}\end{aligned}$$

と求まる．この $S$ を $l$ で微分したものが定数であるという式(11)は

$$\beta\equiv\int^r\frac{l}{r^2}\frac{1}{\sqrt{2m(E-U)+\dfrac{l^2}{r^2}}}\,dr+\theta=\text{定数}$$

となるが，これは惑星の軌道を求めた式(6.4.2)に他ならない．また $E$ で微分した式は，時刻 $t$ と $r$ の関係を表わす式となる．

## 章末問題

[13.1節]

**13.1** ポテンシャルが以下のような形をしているときに，位相空間での軌道の概略図を書け.（まず，位相空間内の1点を決め(つまり，ある時刻での位置と速度を決め)，その後どのように運動するか，スケッチせよ.）

(1) 山形(たとえば$y=-x^2$)のポテンシャル　(2) 2.3節のポテンシャル

[13.2節]

**13.2** ラグランジアンが次の形をしているとき，各座標に対する運動量とハミルトニアンを求めよ.

(1) $L=\dot{x}^2/2+Ax-U(x)$　(2) 極座標のラグランジアン(5.3.1)

(3) 球座標のラグランジアン(章末問題5.3)

**13.3** ハミルトン方程式もラグランジュ方程式と同様，最小作用の原理から直接導ける．作用を

$$S=\int\{p\dot{q}-H(p,q)\}dt$$

と定義し，関数$q$と$p$の汎関数とみなして，1次の変分を計算すると

$$\Delta S=\int\left\{\left(\dot{q}-\frac{\partial H}{\partial p}\right)\Delta p+\left(-\dot{p}-\frac{\partial H}{\partial q}\right)\Delta q\right\}dt$$

となることを示せ.（ただし$q$は積分範囲の両端では一定だとする.）

[13.3節]

**13.4** (1) $\{L_x,p_y\}=p_z$を示せ.

(2) 任意の関数$f(x,y,z)$に対して，

$$\{L_z,f\}=y\frac{\partial f}{\partial x}-x\frac{\partial f}{\partial y}$$

を証明せよ.

(3) (2)の右辺は，円筒座標$x=r\sin\theta$, $y=r\cos\theta$, $z=z$を使ったときの$\partial f/\partial\theta$に等しいことを証明せよ.（注：(2)と(3)は，$L_z$とのポワソン括弧が，$z$軸の回りの回転に対する変化率になることを示すものである.）

(4) 球対称な関数$f(R)$に対して$\{L_z,f(R)\}=0$であることを証明せよ.（ただし$R^2=x^2+y^2+z^2$.）

(5) 一般の$q$と$p$の関数$A,B,C$に対して

$$\{AB,C\}=A\{B,C\}+\{A,C\}B$$

が成り立つことを示せ．またこれを使い

$$\{L_x{}^2+L_y{}^2+L_z{}^2,L_z\}=0$$

を示せ.

[13.4節]

**13.5** (13.4.6)に対応する定理の$F$の形を示せ.

# さらに学習を進める人のために

この本のテーマは力学，より厳密に言えば古典力学というものであった．さらに進んだ問題としては，次のようなものがある．

(1) 多数，あるいは無限の自由度をもった力学の問題．その中でも特に重要なのが，「振動・波動」の問題である．

(2) 第13章でその一端を示した，解析力学と呼ばれる分野

(3) 量子力学

(1)については，本シリーズの第5巻「振動・波動」で扱うことになる．またそこでは，無限自由度の系を扱うための，場の力学という概念を学ぶ．

解析力学については，本巻第13章の内容を知っていれば，ほとんどの人にとっては十分だろう．解析力学の教科書としては，

[1] ゴールドシュタイン，古典力学(吉岡書店)

が名著として，昔から引用される．また

[2] 米谷民明，物理学基礎シリーズ 力学(培風館)

も，解析力学を含んだかなり高度な内容が解説されている．

古典力学の次の段階としては，量子力学というものがあり，本シリーズの第3巻も量子力学に当てられる．量子力学を学ぶにはもちろん古典力学の基礎知識が必要であるが，本書の内容程度のことを知っておけば十分過ぎるほどである．具体的に章の番号で示せば，第1〜7章，第9章および第13章だと考えればよいだろう(それも，最初からすべてを熟知している必要はない)．本書のエネルギーやラグランジアンを中心とした説明法は，量子力学を考える上でも有用であることを付け加えておく．

また，本書と同レベルだが，別の特徴をもった教科書として

[3] 藤原邦男，基礎物理学 物理学序論としての力学(東京大学出版会)

がある．普通の教科書には見られない，実験物理学者としての関心が随所に現われている．

演習書としては

[4] 山内恭彦，末岡清市，佐藤正千代，田辺行人，大学演習 力学(裳華房)

をあげておく．これはかなり本格的な演習書だが，もっと手軽なものを望む人は，書店でそれなりの良書が見つかると思う．

# 付録　逆関数・逆三角関数

$y=x^2$ という関数を考えてみよう．これは，「$x$ の値を決めたとき，その 2 乗を $y$ とする」という関係を表わしている．$y$ が決まっているときにもとの $x$ を表わすには，「$y$ の値の平方根を $x$ の値とする」，つまり $x=\sqrt{y}$ という関数を考えればよい．先に値が決まっている変数(独立変数)を $x$ と書く通常の書き方にしたがえば，$y=\sqrt{x}$ である．このように，互いに逆の関係になっている 2 つの関数を逆関数と呼ぶ．

$$y = x^2 \quad \overset{\text{逆関数}}{\longleftrightarrow} \quad y = \sqrt{x}$$
$$y = e^x \quad \longleftrightarrow \quad y = \log x$$

三角関数の場合を考えよう．$y=\sin x$ とする．これはたとえば，$x=0$ ならば $y=0$，$x=\pi/6$ ならば $y=1/2$ となるような関数である．これを逆にして，$x=0$ ならば $y=0$，$x=1/2$ ならば $y=\pi/6$ となるような関数を考えよう．(ただし，$x$ の値は $[-1,1]$ の範囲に限られ，また $y$ の範囲は $[-\pi/2,\pi/2]$ の範囲に限る.）これが sin の逆関数であり，$y=\sin^{-1}x$ または $y=\arcsin x$ と書く．

$$y = \sin x \quad \longleftrightarrow \quad y = \sin^{-1} x \ (\text{または}\ \arcsin x)$$

逆関数の微分は，

$$\frac{dy}{dx}\cdot\frac{dx}{dy} = 1$$

という公式を使えばすぐ求まる．$y=\sin x$ とすれば，

$$\frac{d\sin x}{dx} = \cos x \rightarrow \frac{dx}{d\sin x} = \frac{1}{\cos x} = \frac{1}{\sqrt{1-\sin^2 x}} \rightarrow \frac{d\sin^{-1}y}{dy} = \frac{1}{\sqrt{1-y^2}}$$

最後の式を積分すれば(ただし $y$ を $x$ と書いて)

$$\int\frac{dx}{\sqrt{1-x^2}} = \sin^{-1}x$$

となる．これの応用として($a<0$ とする)

$$\int\frac{dx}{\sqrt{ax^2+bx-c}} = -\frac{1}{\sqrt{|a|}}\sin^{-1}\frac{2ax+b}{\sqrt{b^2+4ac}} \tag{1}$$

という式も求まり(平方根の中を $a(x+b/2a)^2+$定数という形に書き直す)，さらに $x=1/r$ と変数変換すると 6.4 節の公式となる．また，

$$\int\frac{xdx}{\sqrt{ax^2+bx-c}} = \frac{1}{a}\sqrt{ax^2+bx-c} - \frac{b}{2|a|^{3/2}}\sin^{-1}\frac{2ax+b}{\sqrt{b^2+4ac}}$$

は，分子の $x$ を $(x+b/2a)-b/2a$ と考えて，(1)を使えば求まる．これは(2.5.2)あるいは(2.5.4)で $U$ を万有引力としたときに現われる積分である．(ただし(2.5.4)の定積分では，右辺第 1 項は 0 となる.)

# 章末問題解答

## 第1章

**1.1**　$t$ の2次式は一般に，$x=A+B(t-t_1)+C(t-t_1)^2$，($A, B, C$ は定数)と表わされる．そして $C$ は加速度，$B$ は $t=t_1$ での速度，$A$ は $t=t_1$ での位置であることを確かめればよい．

**1.2**　$x=A(t-t_1)+B(t-t_2)+C(t-t_1)(t-t_2)$，という形から出発すれば，$A=x_2/(t_2-t_1)$，$B=x_1/(t_1-t_2)$，$C=-(1/2)g$ と求まる．

**1.3**　各物体の運動はそれぞれ $x_A=-(1/2)gt^2$，$x_B=-(1/2)g(t-t_1)^2-v_1(t-t_1)$ となる．$x_A=x_B$ とすれば $t=(gt_1{}^2-2v_1t_1)/2(gt_1-v_1)$．$t>t_1$ であるためには $gt_1<v_1$，つまりBが出発するときAより速度が大きければよい．

**1.4**　$t\to\infty$ で指数関数が0になるから，$v=-mg/\kappa$ の等速運動となる．落下物体は重力により加速されるが，速度が増せば抵抗も増えるので，速度はある一定の値に落ち着く．その速度は，(1.3.1)で加速度=0とすればすぐに求まる．(雨の水滴も，同じ理由で等速運動をしている.)

**1.5**

$$\int\frac{1}{v^2-\alpha^2}dv = \frac{\kappa}{m}\int dt \ \left(=\frac{\kappa}{m}t+\text{定数}\right)$$

$$\text{左辺} = \frac{1}{2\alpha}\int\left(\frac{1}{v-\alpha}-\frac{1}{v+\alpha}\right)dv = \frac{1}{2\alpha}\log\left|\frac{v-\alpha}{v+\alpha}\right|$$

より初期条件も使って $\dfrac{v+\alpha}{v-\alpha}=-e^{-\gamma t}$ (ただし $\gamma\equiv 2\alpha\kappa/m$)．$\therefore\quad v=-\alpha\dfrac{1-e^{-\gamma t}}{1+e^{-\gamma t}}$.

**1.6**

$$\frac{d^2}{dt^2}(Af+Bg)+\omega^2(Af+Bg) = A\left(\frac{d^2f}{dt^2}+\omega^2 f\right)+B\left(\frac{d^2g}{dt^2}+\omega^2 g\right)$$

であるから，$f, g$ が解ならば $Af+Bg$ も解になる．(1.4.1)が $x$ の1次の項のみからできていることが重要である．これを線形性と呼ぶ．

**1.7**　(1) $x=x_0\cos\omega t+\dfrac{v_0}{\omega}\sin\omega t$

(2) $x=x_0\cos\omega(t-t_0)+\dfrac{v_0}{\omega}\sin\omega(t-t_0)$

## 第2章

**2.1**　全エネルギー $E$ は，速度が最大のときは運動エネルギーに，位置が最大のときはポテンシャルエネルギーに等しい．したがって，$E=mv_0{}^2/2=kx_0{}^2/2$ である．

**2.2**　ポテンシャルの曲線の下る方向が力の向きである．つまり遠方では斥力(=反発力，つまり右向きの力)，中間では引力(左向きの力)，さらに中心に近づくと斥力となる．

**2.3**　$M=6.0\times10^{24}$ kg．脱出速度$=\sqrt{2gx}=11$ km/sec．$x$ は地球の半径．

**2.4**　まず $n>1$ の場合を考える．

$$U = -\int_{\infty}^{x}(-kx'^{-n})dx' = \frac{k}{-n}[x'^{-n+1}]_{\infty}^{x} = -\frac{k}{n}x^{-n+1}$$

無限遠で $U=0$ とした．$E\geqq 0$ であれば脱出できるから，条件は

$$\frac{1}{2}mv^2-\frac{k}{n}x^{-n+1}\geqq 0$$

$n\leqq 1$ の場合は，無限遠で $U\to\infty$ となってしまうので，エネルギーは有限だから脱出不可能.

**2.5** (1) 等速運動だから，下方向への重力と上方向への摩擦力が釣り合っている．

$$mg\sin\theta - \mu mg\cos\theta = 0 \quad \therefore \quad \mu = \tan\theta$$

また，重力ポテンシャルの変化率は，単位時間に $v_1\sin\theta$ だけ下降するのだから $-mgv_1\sin\theta$．また，摩擦力のする仕事率は，運動の方向と力の方向が逆だからマイナスで，$-\mu mg\cos\theta\cdot v_1$．上の関係より，この2つは等しい．

(2) 物体がベルトコンベアーにする仕事率は $-\mu mg\cos\theta\cdot v_2$．また，ベルトコンベアーは等速で動いているのだから，力の釣り合いより物体がベルトコンベアーに与える負の仕事は，ベルトコンベアーの動力(モーター)がする正の仕事と等しい．この関係を，ヒントの式に使えば，$Q=\mu mg\cos\theta\cdot(v_1+v_2)$．つまり発生熱量は，物体とコンベアーの相対速度で決まる．

**2.6** $y\equiv(k/E)^{1/2}x^{n/2}$ とすると

$$T = \sqrt{2m}\int_{x_1}^{x_2}\frac{1}{\sqrt{E-kx^n}}dx = \sqrt{\frac{2m}{E}}\int_{-1}^{1}\frac{1}{\sqrt{1-y^2}}\frac{dx}{dy}dy$$
$$= \frac{2}{n}\sqrt{2m}\,k^{-1/n}E^{1/n-1/2}\int_{-1}^{1}\frac{1}{\sqrt{1-y^2}}y^{2/n-1}dy$$

## 第3章

**3.1** (1) $f_x=2x$，$f_y=2y$．(2) $f_x=\sin y$，$f_y=x\cos y$．(3) $f_x=2xye^{2y}$，$f_y=x^2e^{2y}+2x^2ye^{2y}$．

**3.2** (1) $f_{xy}=0$．(2) $f_{xy}=\cos y$．(3) $f_{xy}=2xe^{2y}+4xye^{2y}$．

**3.3** $\partial L/\partial\dot{x}=Ax\dot{x}$，$\partial L/\partial x=\frac{1}{2}A\dot{x}^2-3Bx^2$ だから，$\frac{d}{dt}(Ax\dot{x})-\left(\frac{1}{2}A\dot{x}^2-3Bx^2\right)=0$．つまり $Ax\ddot{x}+\frac{1}{2}A\dot{x}^2+3Bx^2=0$．

**3.4** まず，$t=0$ と $t=T$ での条件より，$C=0$ および $B=(X/T)-AT$ と決まり，

$$x = At(t-T)+\frac{X}{T}t, \qquad \dot{x} = 2A\left(t-\frac{T}{2}\right)+\frac{X}{T}$$

したがって作用は，$s=t-(T/2)$ として，

$$S = \int_0^T\frac{1}{2}m\dot{x}^2dt = \frac{m}{2}\int_{-T/2}^{T/2}\left(2As+\frac{X}{T}\right)^2ds = \frac{m}{2}\left(\frac{A^2}{3}T^3+\frac{X^2}{T}\right)$$

であるから，これを最小にするには $A=0$ とすればよい．つまり等速運動である．

**3.5**

$$f_x = 2(x+y+1)+2(x-2y-2) = 4x-2y-2$$
$$f_y = 2(x+y+1)-4(x-2y-2) = -2x+10y+10$$
$$\therefore \quad \Delta f(x_0,y_0) = (4x_0-2y_0-2)\Delta x+(-2x_0+10y_0+10)\Delta y$$

$\Delta x,\Delta y$ の係数を0として最小となる位置は $x=0$，$y=-1$．

**3.6**

$$\Delta F[f_0,g_0] = \int_0^1(2f_0\Delta f+2g_0\Delta g)dx$$

$\Delta f,\Delta g$ の係数を0として $f=g=0$．

## 第4章

**4.1** 速度ベクトルとその大きさ $v$ は

$$\dot{x} = -r\omega\sin\omega t, \qquad \dot{y} = r\omega\cos\omega t, \qquad v = (\dot{x}^2+\dot{y}^2)^{1/2} = r\omega$$

これと位置ベクトルの内積はゼロ $(x\dot{x}+y\dot{y}=0)$，つまり直交している．もう一度微分して加速度ベクトルとその大きさ $a$ を求めれば

$$\ddot{x} = -r\omega^2\cos\omega t, \qquad \ddot{y} = -r\omega^2\sin\omega t, \qquad a = (\ddot{x}^2+\ddot{y}^2) = r\omega^2$$

これに質量を掛ければ力になるが，向きは位置ベクトルの逆，つまり中心方向で，大きさは $|\boldsymbol{F}|=ma=mr\omega^2=mv\omega=mv^2/r$．

**4.2** $\boldsymbol{F}=-k\boldsymbol{r}$，$(F_x,F_y,F_z)=(-kx,-ky,-kz)$．

**4.3**　物体の位置座標は，垂直方向を $z$ 軸とし，飛び出した位置を原点，その方向を $xz$ 平面とすれば

$$x = vt\sin\theta$$

$$z = -\frac{1}{2}gt^2 + vt\cos\theta = -\frac{1}{2}gt\left(t - \frac{2v}{g}\cos\theta\right)$$

これより，

$$T = \frac{2v}{g}\cos\theta, \qquad X = vT\sin\theta = \frac{v^2\sin 2\theta}{g}$$

$T$ を最大にするには $\theta=\pi/2$，$X$ を最大にするには $\theta=\pi/4$ とすればよい．

**4.4**　人間の位置を原点，垂直方向を $z$，水平方向を $x$ とすれば，A の運動は

$$x_A = l, \qquad z_A = -\frac{1}{2}gt^2 + h$$

B が初速 $v$，角度 $\theta$ で投げられたとすると，

$$x_B = vt\cos\theta, \qquad z_B = -\frac{1}{2}gt^2 + vt\sin\theta$$

$x$ 座標が一致する時刻は $t=l/(v\cos\theta)$．このとき $z$ 座標が一致するためには $\tan\theta=h/l$．つまり，最初に A があった位置に向けて投げる．またこのとき $z>0$ であるためには，$v^2>g(l^2+h^2)/2h$．

**4.5**　$x$ 方向も $y$ 方向も単振動だから，一般解は $x=A_x\sin(\omega t+\theta)$，$y=A_y\sin\omega t$．ただし，時間の原点を適当に移動して $y$ 座標の初期位相をゼロとした．$x$ を加法定理で分解し $\sin^2+\cos^2=1$ を使えば

$$\frac{x^2}{A_x^2\sin^2\theta} + \frac{y^2}{A_y^2\sin^2\theta} - \frac{2\cos\theta}{A_xA_y\sin^2\theta}xy = 1$$

となる．ただし $\sin\theta=0$ のとき，つまり $\theta=2n\pi$ または $\theta=(2n+1)\pi$ のときは，それぞれ $x/y=A_x/A_y$，$x/y=-A_x/A_y$ の直線上の運動となる．

**4.6**　$\partial r^2/\partial x=2x$ などより明らか．

**4.7**　$\partial U/\partial x=2x=2\sin t$，$\partial U/\partial y=2y=2\cos t$ より明らか．

**4.8**　(1) 等ポテンシャル面は $z$＝一定(水平面)，力の方向は $z$ 方向(垂直方向)．(2) 等ポテンシャル面は $r$＝一定(同心球面)，力の方向は中心方向．

**4.9**　ヒントの条件を書けば

$$0 = U(x+\Delta x, y+\Delta y, z+\Delta z) - U(x,y,z) \simeq \frac{\partial U}{\partial x}\Delta x + \frac{\partial U}{\partial y}\Delta y + \frac{\partial U}{\partial z}\Delta z$$

これは，ベクトル $(\Delta x, \Delta y, \Delta z)$ と

$$\nabla U = \left(\frac{\partial U}{\partial x}, \frac{\partial U}{\partial y}, \frac{\partial U}{\partial z}\right)$$

が直交していることを意味する．

## 第5章

**5.1**　(1)

$$\begin{cases} A_x = A_r\cos\theta - A_\theta\sin\theta \\ A_y = A_r\sin\theta + A_\theta\cos\theta, \end{cases} \quad \text{逆に} \quad \begin{cases} A_r = A_x\cos\theta + A_y\sin\theta \\ A_\theta = -A_x\sin\theta + A_y\cos\theta \end{cases}$$

(2)

$$v_x = \frac{d}{dt}(r\cos\theta) = \dot{r}\cos\theta - r\dot{\theta}\sin\theta = v_r\cos\theta - v_\theta\sin\theta$$

$$v_y = \frac{d}{dt}(r\sin\theta) = \dot{r}\sin\theta + r\dot{\theta}\cos\theta = v_r\sin\theta + v_\theta\cos\theta$$

**5.2**　まず，問題 5.1(1)の結果より

$$a_r = a_x \cos\theta + a_y \sin\theta$$
$$a_\theta = -a_y \sin\theta + a_x \cos\theta$$

次に，問題5.1(2)の $v_x, v_y$ を使うと

$$a_x = \dot{v}_x = \ddot{r}\cos\theta - 2\dot{r}\dot{\theta}\sin\theta - r\dot{\theta}^2\cos\theta - r\ddot{\theta}\sin\theta$$
$$a_y = \dot{v}_y = \ddot{r}\sin\theta + 2\dot{r}\dot{\theta}\cos\theta - r\dot{\theta}\sin\theta + r\ddot{\theta}\cos\theta$$

以上より，

$$a_r = \ddot{r} - r\dot{\theta}^2$$
$$a_\theta = r\ddot{\theta} + 2\dot{r}\dot{\theta} = \frac{1}{r}\frac{d}{dt}(r^2\dot{\theta})$$

これに $m$ を掛けて，その方向の力と等号で結んだものが運動方程式である．

**5.3**　(1) 5.2節の極座標の場合と同様に考えればよい．

(2)

$$\frac{d}{dt}(m\dot{r}) = mr\dot{\theta}^2 + mr\sin^2\theta\,\dot{\phi}^2 - \frac{\partial U}{\partial r},\quad \frac{d}{dt}(mr^2\dot{\theta}) = mr^2\sin\theta\cos\theta\,\dot{\phi}^2 - \frac{\partial U}{\partial\theta}$$

$$\frac{d}{dt}(mr^2\sin^2\theta\,\dot{\phi}) = -\frac{\partial U}{\partial\phi}$$

**5.4**　(1) $p_\theta$ は一定だから，A点を通るときに計算すればよい．

$$p_\theta = mr^2\dot{\theta} = mrv_\theta = mr_0 v$$

(2) A点を通る時刻を $t=0$ とすれば，

$$r(t) = \sqrt{{r_0}^2 + v^2t^2} \quad\Rightarrow\quad \frac{d^2r}{dt^2} = \frac{{r_0}^2v^2}{({r_0}^2 + v^2t^2)^{3/2}} = \frac{{r_0}^2v^2}{r^3}$$

後は，(1)の結果と組み合わせればよい．

**5.5**　$\dot{\theta} = \omega$（一定）だから，面積速度$=\omega l^2/2$，角運動量$(p_\theta) = m\omega l^2$．また $r=l$（一定）だから $mr\dot{\theta}^2 = \partial U/\partial r$ でなければならないが，

$$左辺 = \frac{{p_\theta}^2}{mr^3} = \frac{(m\omega l^2)^2}{ml^3} = m\omega^2 l$$

であり，円運動に必要な向心力，つまり右辺に等しい．

**5.6**　糸がたるまないとして物体が一番上にいく角度を $\theta_m$ とすると，そのときは $\dot{\theta}_m = 0$ だから，エネルギー保存則より（(5.5.4)参照）

$$\cos\theta_m = 1 - \frac{{v_0}^2}{2gl}$$

また，$T=0$ となる角度を $\theta_0$ とすると，(5.5.5)より

$$\cos\theta_0 = \frac{2}{3} - \frac{{v_0}^2}{3gl}$$

$T<0$ とならないためには，① $\cos\theta_m > \cos\theta_0$，または② $\cos\theta_0 < -1$．

①のとき：${v_0}^2 < 2gl$　　($\cos\theta_m > 0$，つまり振り子は90度以下しか振れない)

②のとき：${v_0}^2 > 5gl$　　($\cos\theta_m < -1$，つまり物体は1周する)

**5.7**　エネルギー保存則より

$$\frac{1}{2}mv^2 + mgl\cos\theta = mgl$$

抗力は(5.5.5)と同様に考えて $N = 3mg\cos\theta - 2mg$．これが0になるのは $\cos\theta = 2/3$．この時の速度は，やはりエネルギー保存則より $v^2 = (2/3)gl$．

## 第6章

**6.1**　質点1に働く力 $F_1$ は，

$$F_1 = -\frac{\partial U}{\partial x_1} = +k(x_2-x_1-l)$$

$x_2-x_1>l$ のときは $F_1>0$，つまり右向き(プラスの方向)．これは，バネが自然長より長いときであるから正しい．他の場合も同様．

**6.2**　$\boldsymbol{r}_1$ と $\boldsymbol{r}_2$ を $\boldsymbol{R}$ と $\boldsymbol{r}$ で表わすと

$$\boldsymbol{r}_1 = \frac{\boldsymbol{R}}{A+B}-\frac{B}{A+B}\boldsymbol{r}, \qquad \boldsymbol{r}_2 = \frac{\boldsymbol{R}}{A+B}+\frac{A}{A+B}\boldsymbol{r}$$

これを運動エネルギーに代入したときに，$\boldsymbol{R}\cdot\boldsymbol{r}$ という項がなくなる条件は $A/B=m_1/m_2$．これは，$\boldsymbol{R}$ が重心ベクトルに比例しているという条件に他ならない．

**6.3**　(1) 重心は $\boldsymbol{r}_1$ と $\boldsymbol{r}_2$ の中間，$\mu=m/2$．(2) $\boldsymbol{R}\fallingdotseq\boldsymbol{r}_1$，$\mu\fallingdotseq m_2$．

**6.4**　相対座標が回転しているのだから，換算質量 $\mu$ の物体が角速度 $\omega$ で円運動していると考えればよい．したがって向心力は $\mu l\omega$．

**6.5**　角運動量は $l=mr_0v$ (章末問題 5.4 参照)．したがって遠心力のポテンシャルは $r=r_0$ で

$$\frac{1}{2}\frac{l^2}{mr^2}(r=r_0) = \frac{1}{2}mv^2$$

これは全運動エネルギーに等しい．$r=r_0$ とは質点の $r$ 方向の運動エネルギーがなくなる位置であるから，エネルギー保存則より，遠心力のポテンシャルエネルギーが全エネルギーに等しくなければならない．(遠心力の起源は，$\theta$ 方向の運動エネルギーだったことに注意.)

**6.6**　$r$=一定ならば(6.3.4)の左辺はゼロ．したがって

$$\text{右辺} = \frac{l^2}{\mu r^3}-\frac{Gm_1m_2}{r^2} = 0$$

$$\Rightarrow \quad r = \frac{1}{Gm_1m_2}\frac{l^2}{\mu} \quad \text{(円運動の半径)}$$

したがって，各エネルギーは

$$U = -\frac{Gm_1m_2}{r} = -(Gm_1m_2)^2\frac{\mu}{l^2}$$

$$T = \frac{1}{2}\mu(r\dot{\theta})^2 = \frac{1}{2}\mu\left(\frac{l}{\mu r}\right)^2 = \frac{1}{2}(Gm_1m_2)^2\frac{\mu}{l^2}$$

(円運動の場合は，一般に $U\propto r^n$ のときのビリアル定理も同様にして確かめられる．各自試みよ.)

**6.7**　まず，

$$\frac{d^2r}{dt^2} = \frac{d\theta}{dt}\frac{d}{d\theta}\left(\frac{d\theta}{dt}\frac{dr}{d\theta}\right) = \frac{l}{\mu r^2}\frac{d}{d\theta}\left(\frac{l}{\mu r^2}\frac{dr}{d\theta}\right)$$

とすれば，問題の式が求まる．またその解は $u=K+A\cos\theta$ と書ける($A$ は定数)．

**6.8**　$r=p-x$ となるから，両辺を 2 乗すればよい．

**6.9**　(1) $A=p/(1-e^2)$，$B=p/\sqrt{1-e^2}$　($\therefore$　$B^2=pA$)．

(2) 面積 $=\pi p^{1/2}A^{3/2}=\pi lA^{3/2}/(Gm_1m_2\mu)^{1/2}$．

面積速度は $l/2\mu$ だから，周期 $=\dfrac{\text{面積}}{l/2\mu}=2\pi A^{3/2}/G^{1/2}(m_1+m_2)^{1/2}$．太陽($m_1$)と惑星($m_2$)の場合は $m_1\gg m_2$ だから，周期は各惑星の A だけで決まると考えてよい．

## 第7章

**7.1**　(1) $p_x=\dfrac{\partial L}{\partial \dot{x}}=x\dot{x}$．(2) $p_x=\dot{x}-kx$．

**7.2**　(1) $x, y$ それぞれに対するラグランジュ方程式より

$$\frac{d^2}{dt^2}(Ax+By) = -A\cdot 4k\cdot(2x-y)-B\cdot 2k\cdot(y-2x)$$

これがゼロになる条件は $A/B=1/2$.

(2) 運動エネルギーは $T=\dot{X}^2+(2\dot{X}-\dot{Y})^2$ となるから,

$$p_x = \frac{\partial T}{\partial \dot{X}} = 2\dot{X}+4(2\dot{X}-\dot{Y}) = 2\dot{x}+4\dot{y}$$

**7.3** (1) $\dfrac{d^2x}{dt^2}=-t$, ∴ $x=-\dfrac{1}{6}t^3+At+B$ ($A,B$ は定数)

(2) $E=\dfrac{1}{2}\dot{x}^2+tx=-\dfrac{1}{24}t^4+\dfrac{1}{2}At^2+Bt+\dfrac{1}{2}A^2$, ∴ $\dfrac{dE}{dt}=-\dfrac{1}{6}t^3+At+B$. これは $-\dfrac{\partial L}{\partial t}=x$ に等しい.

**7.4** $\tilde{\boldsymbol{r}}_1 = -\dfrac{m_2}{M}\boldsymbol{r}$, $\tilde{\boldsymbol{r}}_2 = \dfrac{m_1}{M}\boldsymbol{r}$,

$$\therefore \quad \frac{1}{2}m_1\dot{\boldsymbol{r}}_1{}^2+\frac{1}{2}m_2\dot{\boldsymbol{r}}_2{}^2 = \frac{1}{2}\frac{m_1m_2}{M}\dot{\boldsymbol{r}}^2$$

**7.5** $\tilde{\boldsymbol{r}}_i = \boldsymbol{r}_i-\displaystyle\sum_{j=1}^{N}\frac{m_j}{M}\boldsymbol{r}_j = \sum_{j=1}^{N}\frac{m_j}{M}(\boldsymbol{r}_i-\boldsymbol{r}_j)$

**7.6** 角運動量保存則より

$$m(2l\cos\theta)\cdot v = m\cdot(l\cos\theta)\cdot v_{\parallel} \quad\Rightarrow\quad v_{\parallel} = 2v$$

エネルギー保存則より

$$\frac{1}{2}mv^2+mgl\sin\theta = \frac{1}{2}m(v_{\parallel}{}^2+v_{\perp}{}^2)$$

$$\Rightarrow \quad v_{\perp}{}^2 = 2gl\sin\theta-3v^2$$

$2gl\sin\theta<3v^2$ の場合は, $l$ までは落下しない.

## 第8章

**8.1**

$$U = \frac{1}{2}k(\sqrt{l^2+x^2}-l_0)^2 \simeq \frac{1}{2}k(l-l_0)^2+\frac{1}{2}k\left(\frac{l-l_0}{l}\right)x^2$$

だから角振動数は

$$\omega \simeq \sqrt{\frac{k}{m}}\cdot\sqrt{\frac{l-l_0}{l}}$$

**8.2** (1) 張力 $T$ の垂直成分が重力と, 水平成分が遠心力と釣り合っているとすれば

$$T\sin\theta_0 = m\omega^2a\sin\theta_0,\ T\cos\theta_0 = mg \quad\Rightarrow\quad \cos\theta_0 = g/\omega^2a$$

(2) 球座標の $\theta$ に対する運動方程式は, $r=a$, $\dot{\phi}=\omega$, $U=mga(1-\cos\theta)$ を代入すると,

$$ma^2\frac{d^2\theta}{dt^2} = ma^2\omega^2\sin\theta\cos\theta-mga\sin\theta \ (\equiv F)$$

となる. $F=0$ という条件からは(1)と同じ答が求まる. また, $\theta-\theta_0$ が小さいときは

$$F \simeq \left.\frac{dF}{d\theta}\right|_{\theta=\theta_0}\times(\theta-\theta_0) = -ma^2\omega^2\sin^2\theta_0\cdot(\theta-\theta_0)$$

であるから, 角振動数 $\Omega$ は

$$\Omega = \sqrt{\frac{ma^2\omega^2\sin^2\theta_0}{ma^2}} = \omega\sin\theta_0$$

**8.3** (略)

**8.4** 速度と外力を掛けて, その時間平均を考えればよい.

**8.5**　代入して確かめよ．

**8.6**　代入すると

$$-\omega^2 C+i\omega\gamma C+\omega_0{}^2 C=f \quad\Rightarrow\quad C=\frac{f}{\omega_0{}^2-\omega^2+i\omega\gamma}\quad(\equiv|C|e^{i\theta_0})$$

これより

$$|C|^2=\frac{f^2}{(\omega_0{}^2-\omega^2)^2+\omega^2\gamma^2},\qquad \tan\theta_0=\frac{\omega\gamma}{\omega^2-\omega_0{}^2}$$

$x$ の虚数部分は $e^{i\omega t}e^{i\theta_0}=\cos(\omega t+\theta_0)+i\sin(\omega t+\theta_0)$ の第 2 項を取る．

**8.7**

$$\frac{dx}{dt}=-\alpha_- x_- +\alpha_+ x_+,\qquad \frac{d^2x}{dt^2}=\alpha_-{}^2 x_- -\alpha_+{}^2 x_+ -\frac{F(t)}{\sqrt{\gamma^2-4\omega_0}}(\alpha_- -\alpha_+)$$

などを使えばよい．

**8.8**　(1) 振り子の長さを $r$ とすると $\omega=\sqrt{g/r}$ だから

$$A(\text{振幅})=A_0/2^{1/4},\qquad \text{エネルギーの増加}=\frac{1}{2}mA_0{}^2\frac{g}{r_0}(\sqrt{2}-1)$$

(2)

$$\frac{mg}{\cos\theta}-mg\simeq\frac{mg\theta^2}{2}=\frac{mg}{2}\left\{\frac{A}{r}\sin(\omega t+\theta_0)\right\}^2$$

$$\underset{\text{平均}}{\Longrightarrow}\quad \frac{mgA^2}{4r^2}=\frac{mgA_0{}^2 r_0{}^{-1/2}}{4r^{3/2}}$$

これを $r_0/2$ から $r_0$ まで積分すれば，(1)と一致する．

**8.9**　(1) $\xi_+\simeq m_2/m_1$，$\xi_-\simeq-1$，$\omega_+{}^2\simeq k_1/m_1$，$\omega_-{}^2\simeq k_2/m_2$

①$y_+$ の運動は(8.7.6)で $C_-=0$ とすれば

$$x_1=x_2=C_+\sin(\omega_+ t+\theta_+)$$

これは，$x_1$ と $x_2$ が一緒に動く振動で，上のバネだけが伸縮している．

②$y_-$ の運動は $C_+=0$ とすれば

$$x_2=-C_-\sin(\omega_- t+\theta_-)\ \left(=-\frac{m_1}{m_2}x_1\right)$$

これは(ほぼ) $x_2$ のみが動く振動で，下のバネだけが伸縮している．$x_1/x_2$ は $m_2/m_1$ の程度である．

(2)

$$\xi_+\simeq\frac{m_2}{m_1}\frac{k_1+k_2}{k_2},\quad \xi_-\simeq-\frac{k_2}{k_1+k_2},\quad \omega_+{}^2\simeq\frac{k_1}{k_1+k_2}\frac{k_2}{m_1},\quad \omega_-{}^2\simeq\frac{k_1+k_2}{m_1}$$

①$y_+$ の運動は

$$x_1=\frac{k_2}{k_1+k_2}x_2=\frac{k_2}{k_1+k_2}C_+\sin(\omega_+ t+\theta_+)$$

これは上下の質点が同方向に動く運動．

②$y_-$ の運動は

$$x_1=\frac{m_2}{m_1}\frac{k_1+k_2}{k_2}C_-\sin(\omega_- t+\theta_-)\ \left(=-\frac{m_2}{m_1}\frac{k_1+k_2}{k_2}x_2\right)$$

これは(ほぼ) $x_1$ のみが動く振動で，$x_2/x_1$ は $m_1/m_2$ の程度である．

## 第9章

**9.1**　$\boldsymbol{a}\times\boldsymbol{b}=\boldsymbol{c}$ と書く．

(1) $c_x=0$，$c_y=0$，$c_z=1$，$|\boldsymbol{c}|=1$

(2) $c_x = -2\sqrt{2}$, $c_y = 2\sqrt{2}$, $c_z = 0$, $|\boldsymbol{c}| = 4$

**9.2** $\boldsymbol{d} = \boldsymbol{a} \times (\boldsymbol{b} \times \boldsymbol{c})$ と書くと

$$d_x = 0, \quad d_y = -(\boldsymbol{b} \times \boldsymbol{c})_z = -b_x c_y + b_y c_x$$

$$d_z = (\boldsymbol{b} \times \boldsymbol{c})_y = b_z c_x - b_x c_z$$

これが右辺に等しいことは，各自確かめよ．

**9.3** 垂直方向を $z$ 軸とし，物体の速度を $v = -gt + v_0$ と書く．座標の原点と落下軌道との距離を $h$ とすると角運動量の大きさは $mvh$．これの微分が，力のモーメント $-mgh$ に等しいのは明らか．また向きも等しい(水平方向)．

**9.4**

$$\frac{d}{dt}\{(\boldsymbol{r}+\boldsymbol{r}_0) \times \boldsymbol{p}\} = \frac{d}{dt}(\boldsymbol{r} \times \boldsymbol{p}) + \boldsymbol{r}_0 \times \frac{d}{dt}\boldsymbol{p} = (\boldsymbol{r}+\boldsymbol{r}_0) \times \boldsymbol{F}$$

**9.5** $\tilde{\boldsymbol{r}}_1 = -\dfrac{m_2}{M}\boldsymbol{r}$，$\tilde{\boldsymbol{r}}_2 = \dfrac{m_1}{M}\boldsymbol{r}$ より明らか．

## 第10章

**10.1** 垂直方向を $z$ 方向とする．$i$ 番目の質点の $z$ 座標を $z_i$，質量を $m_i$ とする．すると全ポテンシャルは $\sum_i m_i g z_i$．また重心の $z$ 座標を $Z$，全質量を $M$ とすると，ポテンシャルは $MgZ$．この2つが等しいことは，重心の定義(7.2.1)より明らか．

**10.2** 質点の初速は $a\omega$ である．また質点が $h$ だけ上がったとすれば，その瞬間にはすべてが静止するから，ポテンシャルエネルギーだけとなり，

$$mgh = \frac{1}{2}I\omega^2 + \frac{1}{2}m(a\omega)^2$$

**10.3**

$$\omega^2 = \frac{Mg(l/2-l_1)}{M(l^2-3ll_1+3l_1^2)/3}$$

$$\omega^2 = 3g/2l \left(l_1 = 0 \text{ または } \frac{l}{3} \text{ のとき}\right), \quad 12g/7l \left(l_1 = \frac{l}{4} \text{ のとき}\right)$$

だから，この3つのうちでは $l_1 = l/4$ のとき，一番速く振れる．

**10.4** (1) 各質点の座標を $z_1, z_2$ とし，滑車の角速度を $\theta$ とすると，運動エネルギーは(質点は下がっているので，$z_1, z_2 < 0$ とする)

$$\frac{1}{2}I\dot{\theta}^2 + \frac{1}{2}m(\dot{z}_1{}^2 + \dot{z}_2{}^2) = \frac{1}{2}(I + ma^2 + mb^2)\dot{\theta}^2$$

ただし $\dot{z}_1 = a\dot{\theta}$，$\dot{z}_2 = -b\dot{\theta}$ を使った．またポテンシャルは

$$mgz_1 + mgz_2 = mg(a-b)\theta + \text{定数}$$

である．これより運動方程式は

$$(I + ma^2 + mb^2)\ddot{\theta} = -mg(a-b)$$

つまり滑車の回転は等加速度で速くなる．

(2) 運動方程式はそれぞれ $I\ddot{\theta} = -T_1 a + T_2 b$，$m\ddot{z}_1 = -mg - T_1$，$m\ddot{z}_2 = -mg - T_2$．$T$ を消去し上の関係を使って $z$ も消去すれば，(1)と同じ式が求まる．

**10.5** 加速度は，「質量＋(慣性モーメント÷半径の2乗)」に反比例するから

$$\text{円柱} : \text{円筒} = (1+1) : (1+1/2) = 4 : 3$$

**10.6** 回転軸と重心との距離を $d$ とすれば(10.2.1)と(10.4.3)より

$$\omega^2 = \frac{Mgd}{I_G + Md^2}$$

つまり，$d$ さえ決まっていれば回転軸の位置には依らない．またこれを $d$ で微分し0とおけば，$d^2 = I_G/M$ ($\sqrt{I_G/M}$ のことを，物体の回転半径と呼ぶ)．

**10.7** 円柱の重心の，水平方向の座標を $x$ とする．また回転の角速度を $\omega$ とする(右回転をプラスとし，初期条件は $\omega = 0$)．$x$ 方向には摩擦力 $F$ が働き，並進運動，

回転運動(慣性モーメント $Ma^2/2$)の運動方程式はそれぞれ,

$$M\ddot{x} = -F, \quad \frac{Ma^2}{2}\dot{\omega} = Fa$$

である．最初は円柱は平面上を滑るので，摩擦力は $F=\mu' Mg$ である．したがって重心運動は減速し($\dot{x}=v-\mu' gt$)，回転は速くなる($\omega=2\mu gt/a$)．これが一致，つまり $\dot{x}=a\omega$ となったとき，円柱は滑らずに転がりだす．この条件と上の運動方程式より $F=0$ となるので，その後，円柱は等速運動をする．

## 第 11 章

**11.1**　質点が 3 つのときは，座標は合計 9 つ．しかし互いの距離 3 つが決まっているから，自由度は 6 つ．もう 1 つ質点を追加すると，座標は 3 つ増えるが，その質点から他の 3 つの質点への距離が決まっているので，自由度は増えない．これ以上いくつ質点を増やしても同じ．

**11.2**

力のモーメントの釣り合い：$Mg\dfrac{a}{2}\sin\alpha - Ta\sin(\pi-\alpha-\beta) = 0$

(水平方向の力) $= T\sin\beta$

(垂直方向の力) $= Mg - T\cos\beta$

**11.3**

水平方向の力の釣り合い：$N_1\sin\alpha - N_2\sin\beta = 0$

垂直方向の力の釣り合い：$N_1\cos\alpha + N_2\cos\beta - Mg = 0$

重心の回りの力のモーメントの釣り合い：

$$N_1\frac{l}{2}\sin\left(\frac{\pi}{2}-\alpha-\theta\right) - N_2\frac{l}{2}\sin\left(\frac{\pi}{2}-\beta+\theta\right) = 0$$

最初の 2 式より $N_1$ と $N_2$ を求め，第 3 式に代入すれば

$$\tan\theta = \frac{1}{2}(\cot\alpha - \cot\beta)$$

**11.4**　コマの支点を原点とすると，押した力のモーメントは向こう向き．したがって回転軸(角運動量の方向)は向こうに動く．

**11.5**　点 A は，角速度 $\omega$ で半径 $\sqrt{x^2+y^2}$ の円運動を，水平面内で行なう．したがって速度は $\omega\sqrt{x^2+y^2}$．向きは水平方向でしかも $(x, y, z)$ に直交しているから $\boldsymbol{v}=(-y\omega, x\omega, 0)$．これは $\boldsymbol{\omega}=(0, 0, \omega)$，$\boldsymbol{r}=(x, y, z)$ として(11.4.4)の外積から求めたものと一致する．

**11.6**　(1) 各質点の角運動量は $m\boldsymbol{r}\times\boldsymbol{v}$ であり，$|\boldsymbol{r}|=l$，$|\boldsymbol{v}|=(l/\sqrt{2})\omega$ であることを考えると，どちらの質点も $\boldsymbol{L}=\omega(-ml^2/2, 0, ml^2/2)$ となる．このベクトルの 2 倍が全角運動量ベクトルとなる．($\boldsymbol{L}$ が回転軸，つまり $z$ 軸と一致していないことに注意.)

(2) 棒が $xz$ 平面内にある状態では，2 質点の座標はそれぞれ

$$(l/\sqrt{2}, 0, l/\sqrt{2}), \quad (-l/\sqrt{2}, 0, -l/\sqrt{2})$$

だから，慣性テンソルは

$$I = ml^2\begin{pmatrix} 1 & 0 & -1 \\ 0 & 2 & 0 \\ -1 & 0 & 1 \end{pmatrix}$$

これに角速度ベクトル $(0, 0, \omega)$ を右から掛ければ角運動量ベクトルが求まる．

**11.7**　(1) まず，頂点の 1 つと重心を結ぶ軸の回りの慣性モーメントを $I_1$，それに垂直だがこの三角形を含む平面内にある(重心を通る)軸の回りの慣性モーメントを $I_2$，そしてそのいずれにも垂直な軸の回りの慣性モーメントを $I_3$ とすると(重心

は各頂点から $a/\sqrt{3}$ の位置にあることを使って）

$$I_1 = m\left(\frac{a}{2}\right)^2 \times 2 = \frac{1}{2}ma^2$$

$$I_2 = m\left(\frac{a}{\sqrt{3}}\right)^2 + m\left(\frac{a}{2\sqrt{3}}\right)^2 \times 2 = \frac{1}{2}ma^2$$

$$I_3 = m\left(\frac{a}{\sqrt{3}}\right)^2 \times 3 = ma^2$$

（2）まず，1辺が $x, y$，質量が $m$ の長方形の，中心を通り辺 $x$ と平行な回転軸の回りの慣性モーメントは

$$2\int_0^{y/2} y'^2 \frac{m}{b} dy' = \frac{my^2}{12}$$

これを使って，後は11.6節の円柱の計算と同様に考える．たとえば辺 $a$ に平行で直方体の中心を通る回転軸の回りの慣性モーメントは

$$2\int_0^{c/2} \left(\frac{b^2}{12} + z^2\right) \frac{M}{c} dz = \frac{M}{12}(b^2 + c^2)$$

**11.8** 重力が働いていればポテンシャル $Mgl\cos\theta$ を考えなければならない．しかし，これは変数として $\theta$ しか含まないから，(11.8.2)の $p_\phi, p_\psi$ が保存することには変わりない．またエネルギーも当然保存するが，これは(11.8.3)に上記のポテンシャルを加えなければならない．

## 第12章

**12.1** 各質点の速度を $v_1, v_2$ と書く．衝突前の速度は $v_1 = -v_2$（$= v_0$）．衝突後の速度を $v_1', v_2'$ と書けば，運動量保存則とエネルギー保存則より

$$mv_1' + mv_2' = 0, \qquad mv_0^2 = \frac{1}{2}mv_1'^2 + \frac{1}{2}mv_2'^2$$

以上より，$v_2' = -v_1' = v_0$ であることがわかる．（$v_1' = -v_2' = v_0$ という解もあるが，これは衝突しないですり抜けた場合に相当する．）また，この現象を等速度 $-v_0$ で動いている別の慣性系でみると，質点の速度は，上記の速度すべてに $v_0$ を加えることになるから，衝突以前は $v_2 = 0$，衝突後は $v_1' = 0$ ということになる．

**12.2** 支点と一緒に動く座標系で考えればよい．支点が動きだしたとき，質点は最下点に速度 $-v$ で動いている状態とみなされる．この座標系も慣性系だから，あとはこれを初期条件として，普通の振り子の問題として解けばよい．

**12.3** 電車の加速度は，円の中心方向（水平方向）に $v^2/a$．それによる慣性力は外向きに $mv^2/a$．また重力は $mg$．したがって $\tan\theta = v^2/ga$ だけ体を内側に傾ければ，合力の方向が体の方向と一致するので，一番安定する．

**12.4** まず，水平面と一緒に動く座標系で考える．すると慣性力 $M\alpha$ がそれと反対方向に働き，加速度 $-M\alpha/(M+I/a^2)$ の運動をする（(10.3.6)参照）．ただし水平面の動く方向をプラスとしている．これを最初の座標系に戻せば，$\alpha$ を加えて，$\alpha(I/a^2)/(M+I/a^2)$ の，プラス向きの等加速度運動であることがわかる．

**12.5** 静止系では，重力と張力の合力が，円運動に必要な力，質量×（中心向きの加速度）になっている．角速度 $\omega$ で回転する座標系では，振り子は静止している．つまり，重力，張力，慣性力（＝遠心力）の合力がゼロとなっている．（式の具体的な形は，読者にまかせる．）

**12.6** 棒が静止して見える回転系で考える．棒の方向に働く力は遠心力であるから，支点からの距離を $r$ とすると

$$m\ddot{r} = m\omega^2 r$$

となる．この式の一般解は

$$r = Ae^{\omega t}+Be^{-\omega t} \qquad (A, B\text{ は積分定数})$$

時間が経過すると輪は，指数関数的に速く遠方に飛んでいく．

**12.7**　$\omega^2=g/l+\Omega^2\sin^2\lambda$．地球の自転の角速度よりも振り子の角速度の方がずっと速いので $\omega^2\simeq g/l$．（追記：執筆中には見落したが，(12.5.5)では無視した(12.5.2)の右辺第4項を考えると，$\omega^2=g/l$ となる．）

**12.8**　$\ddot{x}=0$，$\ddot{y}=-2\Omega\cos\lambda\dot{z}$，$\ddot{z}=-g$ を，初期条件 $\boldsymbol{r}=(x_0, y_0, z_0)$，$\boldsymbol{v}=(0,0,0)$ で解くと $x=x_0$，$z=-\dfrac{1}{2}gt^2+z_0$，$y=\dfrac{1}{3}g\Omega t^3\cos\lambda+y_0$．物体は自転の方向にずれて落下する．（上空と地表での自転の速度の違いを考えよ．）

## 第13章

**13.1**　(1)

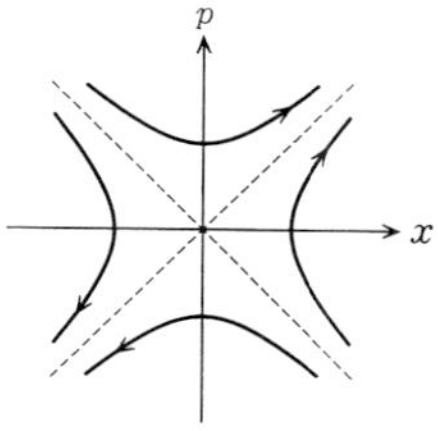


左右の軌道は，山の頂上($x=0$)を越えない運動，上下の軌道は越える運動を表わす．

(2)

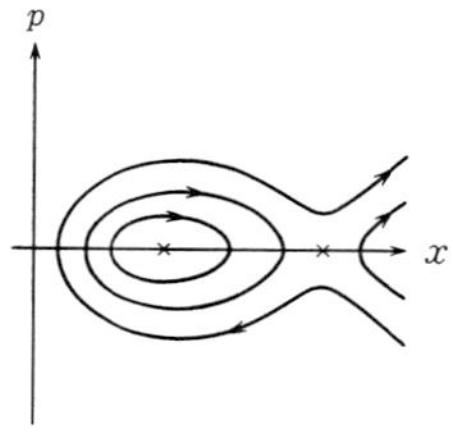


×はポテンシャルが極大・極小になる位置を示す．

**13.2**　(1) $p = \dot{x}+A$

$$H = \frac{(p-A)^2}{2}+U$$

(2) $p_r = m\dot{r}$，$p_\theta = mr^2\dot{\theta}$

$$H = \frac{p_r{}^2}{2m}+\frac{p_\theta{}^2}{2mr^2}+U$$

(3) $p_r = m\dot{r}$，$p_\theta = mr^2\dot{\theta}$，$p_\phi = mr^2\sin^2\theta\dot{\phi}$

$$H = \frac{p_r{}^2}{2m}+\frac{p_\theta{}^2}{2mr^2}+\frac{p_\phi{}^2}{2mr^2\sin^2\theta}+U$$

**13.3**　$\Delta S=\displaystyle\int\left\{\dot{q}\Delta p+p\Delta\dot{q}-\frac{\partial H}{\partial q}\Delta q-\frac{\partial H}{\partial p}\Delta p\right\}dt$．後は，$\Delta\dot{q}$ の項を部分積分する．

**13.4**　(1) $\{L_x, p_y\} = \dfrac{\partial L_x}{\partial y}\dfrac{\partial p_y}{\partial p_y}$ より

(2) $\{L_z, f\} = -\dfrac{\partial L_z}{\partial p_x}\dfrac{\partial f}{\partial x}-\dfrac{\partial L_z}{\partial p_y}\dfrac{\partial f}{\partial y}$ より

(3) $\dfrac{\partial f}{\partial \theta} = \dfrac{\partial x}{\partial \theta}\dfrac{\partial f}{\partial x}+\dfrac{\partial y}{\partial \theta}\dfrac{\partial f}{\partial y}$ より

(4) 略

(5) $\{L_z, L_z\} = 0$ 等より

**13.5**　$F = -q\bar{q}$

# 索　引

## タ　行



## ナ　行



## ハ　行



## マ　行



## ヤ　行



## ラ　行



## ワ　行

■岩波オンデマンドブックス■

物理講義のききどころ 1
力学のききどころ

1994 年 10 月 6 日　第 1 刷発行
2009 年 9 月 4 日　第 14 刷発行
2019 年 10 月 10 日　オンデマンド版発行

著　者　和田純夫（わだすみお）

発行者　岡 本 厚

発行所　株式会社 岩波書店
〒101-8002 東京都千代田区一ツ橋 2-5-5
電話案内 03-5210-4000
https://www.iwanami.co.jp/

印刷／製本・法令印刷


ISBN 978-4-00-730939-7　Printed in Japan